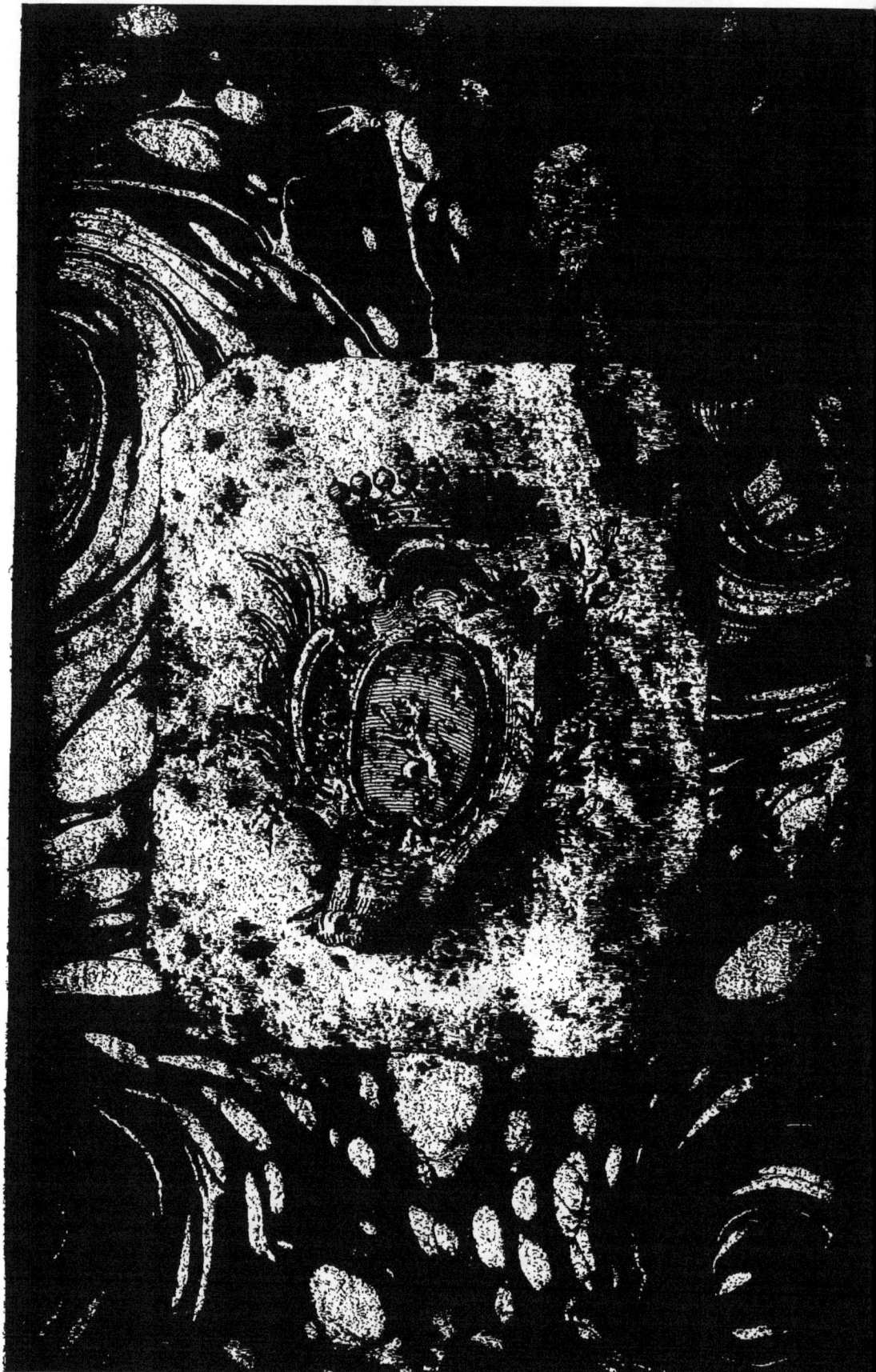

LEÇONS
DE PHYSIQUE
EXPÉRIMENTALE.

*Par M. l'Abbé NOLLET, de l'Académie Royale
des Sciences, de la Société Royale de Londres,
de l'Inſtitut de Bologne, &c. Maître de Phyſique
& d'Hiſtoire Naturelle des Enfants de France, &
Profeſſeur Royal de Phyſique Expérimentale au
Collège de Navarre.*

TOME SIXIEME.

A PARIS,

Chez Hippolyte-Louis Guerin, &
Louis-François Delatour, rue
S. Jacques, à S. Thomas d'Aquin.

M. DCC. LXIV.

Avec Approbation & Privilege du Roi.

EXTRAIT DES REGISTRES
de l'Académie Royale des Sciences.

Du 18. Janvier 1764.

Monsieur BEZOUT & moi, qui avions été nommés pour examiner *le sixieme Volume des Leçons de Physique Expérimentale* de M. l'Abbé NOLLET, en ayant fait notre rapport, l'Académie a jugé cet Ouvrage digne de l'impression : en foi de quoi j'ai signé le présent Certificat. A Paris, ce 18 Janvier 1764.

GRANDJEAN DE FOUCHY,
Secretaire perpétuel de l'Académie Royale des Sciences.

On trouvera le *Privilege* dans les Volumes précédents.

iv

AVIS AU RELIEUR.

Les Planches doivent être placées de maniere qu'en s'ouvrant elles puissent sortir entiérement du Livre, & se voir à droite dans l'ordre qui suit.

TOME SIXIEME.

LEÇONS

LEÇONS
DE PHYSIQUE
EXPÉRIMENTALE.

XVIII. LEÇON.

Sur les mouvements des Aſtres & ſur les Phénomenes qui en réſultent.

 P R E'S avoir traité de la lu-
miere dans les deux dernie-
res Leçons, il convient de
donner dans celle - ci une
idée des corps céleſtes qui en ſont
comme la ſource principale, & de
faire connoître les diverſes révolutions, ſoit réelles ſoit apparentes,
qui nous les montrent ſucceſſivement
ſous différentes phaſes, & en diffé-

Tome VI.   * A

rents lieux du Ciel. Rien aſſurément n'eſt plus digne de notre curioſité que ce brillant ſpectacle, que la nature fait éclater nuit & jour à nos yeux ; il eſt ſi beau, il eſt ſi magnifique, & le globe que nous habitons en eſt une ſi petite partie, qu'en y réfléchiſſant, un homme modeſte n'oſeroit croire qu'un ſi grand appareil ait été fait uniquement pour lui & pour ceux de ſon eſpece.

Quel dut être l'étonnement de la créature raiſonnable qui apperçut pour la premiere fois tant de merveilles autour d'elle ! Avec quel intérêt, avec quelle attention les premiers habitants de la terre ne dûrentils pas remarquer la variété de tous ces grands luminaires, leurs diſparitions, leurs retours, l'accroiſſement & la diminution ſucceſſive des uns, la ſplendeur conſtante & inaltérable des autres ! Faut-il s'étonner que l'Aſtronomie ſoit auſſi ancienne que le monde; que nous devions les premiers éléments de cette ſcience à des gens groſſiers, & qui n'avoient probablement pour toute diſpoſition à cette étude, que beaucoup de loiſir, &

la néceffité de paffer la nuit dans les champs? (ª)

La curiofité feule auroit fait fans doute des Aftronomes : mais l'infpection des aftres & la connoiffance de leurs mouvements offroient aux hommes un avantage précieux, qu'ils ne pouvoient avoir autrement; elles leur offroient un moyen commode de mefurer la durée de leur vie & celle de tout ce qui fe paffe dans la nature; les heures, les jours, les mois, les années, les fiecles, &c, ne font autre chofe que des portions de temps indiquées, mefurées par les révolutions périodiques du foleil, de la lune, des étoiles &c; fans cela tous ces mouvements artificiels que nous nommons *Horloges*, ne nous feroient prefque d'aucune utilité, parce que n'étant juftes que par imitation, ils ne le feroient plus, s'ils n'avoient point de modeles.

(*a*) On croit communément que ce furent les bergers de Chaldée, qui commencerent à obferver le Ciel avec méthode; ils y furent invités par la beauté de l'objet; & la néceffité de veiller à leurs troupeaux parqués pendant la nuit, leur en offrit l'occafion & le loifir.

Enfin la grandeur majestueuse du firmament, la magnificence & l'harmonie qui regnent dans toutes ses parties, sont autant de prodiges qui nous rappellent sans cesse la profonde sagesse & la toute - puissance du Créateur, & qui nous invitent à le reconnoître & à le glorifier : *Cœli enarrant gloriam Dei, &c.*

Ce n'est point un Traité d'Astronomie que j'entreprends de donner ici : nous en avons qui sont écrits en François & de main de maîtres (ᵃ); j'y renvoie ceux qui se destinent à être Astronomes de profession, ou qui voudront s'instruire plus amplement de ce qui concerne le Ciel, & apprendre les différentes méthodes, par lesquelles on acquiert & l'on perfectionne cette science : je n'ai en vue pour le présent que les personnes du monde à qui il convient de savoir ce qu'il y a de plus commun

(*a*) Elémens d'Astronomie, par feu M. de Cassini. 1740.

Institutions astronomiques, par M. Lemonier. 1746.

Leçons élémentaires d'Astronomie, par feu M. de la Caille. 1761.

& de plus intéreffant dans cette matiere, & qui n'ont pas le loifir ou la commodité de puifer ces connoiffances dans les fources.

Je fuppoferai cependant que l'on connoît les principaux cercles de la fphere célefte, leur correfpondance avec ceux qu'on a imaginés pour divifer la furface de la terre, les dégrés de longitude & de latitude &c, parce que ce font autant de connoiffances qu'on ne manque gueres de faire entrer dans la premiere éducation, & que l'on trouve dans tous les traités les plus élémentaires de Géographie.

ATTRIBUER aux corps céleftes, des grandeurs, des pofitions, des diftances, des mouvements tels qu'on en puiffe tirer une explication plaufible de tous les changements périodiques qu'on obferve dans le Ciel, voilà ce qu'on appelle faire un fyftême Aftronomique : il eft à préfumer que les premiers Obfervateurs ont été tentés d'en faire, & qu'on en a fait beaucoup avant que d'en trouver un qui pût s'accorder paffablement avec les obfervations, &

Syftême aftronomique.

A iij

avec les idées que les Physiciens avoient conçues des ressorts de la nature; & comme par succession de temps les uns & les autres ont acquis de nouvelles connoissances, tel système Astronomique avoit pu paroître d'abord très-heureusement imaginé, qui par la suite s'est trouvé fort défectueux, soit parce qu'il ne quadroit plus avec les nouveautés qu'on découvroit de jour en jour, soit parce qu'il supposoit des choses dont on avoit reconnu l'impossibilité.

Tel fut par exemple celui qu'on attribue à Ptolomée (ª), qui prenant toutes les apparences pour des réalités, faisoit tourner les Cieux en 24 heures autour de la terre, mouvement dont la rapidité a paru presqu'inconcevable & hors de vraisemblance quand les distances des Astres à la terre ont été mieux connues. (ᵇ)

(a) Célebre Mathématicien du deuxieme siecle qui vivoit en Egypte.

(b) Un corps qui tourne réellement autour d'un centre fait, par chaque révolution, un trajet dont l'étendue égale plus de six fois celui qu'il auroit à faire, pour aller directement au centre de sa circulation; d'où il suit que si la

Je regarde comme une chofe inutile de rappeller ici les hypothèfes de cette efpece, qui font tombées en difcrédit, & de rapporter les raifons qui les ont fait rejetter : je m'arrêterai tout d'un coup à celle qui convient le mieux à mon deffein, & qui eft généralement reçue aujourd'hui. Je fuivrai la doctrine de Copernic (a) perfectionée par Kepler & par les Aftronomes de nos jours ; & pour la rendre plus fenfible, & repréfenter plus aifément les différents mouvements qu'on attribue aux

diftance du corps *A* au point C, (*Fig.* 1) eft grande, & que la durée de la révolution entiere foit petite, comme cela eft pour la plupart des Aftres, la circonférence *A B D*, qu'il à à décrire, exige de lui qu'il fe meuve avec une rapidité exceffive & peu naturelle, qu'on ne doit point fuppofer quand on peut s'en paffer.

(a) Grand Mathématicien né à Thorn dans la Pruffe Royale fur la fin du quinzieme fiecle. Il n'eft pas le premier inventeur du fyftême qu'il a publié : fort long-temps avant lui on avoit penfé à faire tourner toutes les planetes autour du Soleil ; mais il a perfectionné ces idées ; & après lui Kepler', autre Aftronome Allemand; & Galilée, Philofophe Italien, y ont fait encore beaucoup d'améliorations.

A iv

corps céleftes, je ferai ufage d'un inftrument que je nomme *Planétaire* & que j'ai imité des *Orreries* (ª) des Anglois : c'eft une efpece de tambour à douze faces ou côtés (*Fig.* 2.) dans l'intérieur duquel eft un affemblage de roues & de poulies, que l'on met en jeu par le moyen d'une manivelle.

Planétaire ou orrerie.

Le deffus de ce tambour eft une platine de métal ordinairement peinte en bleu ; elle eft mobile fur fon centre, qui eft traverfé par une tige d'acier forée, longue d'un pouce & demi ou environ, & revêtue de deux canons de cuivre, l'un plus court que l'autre.

Ces deux canons qui tournent librement l'un dans l'autre. & fur la tige d'acier, reçoivent fucceffivement différentes pieces qui font mifes en mouvement par le rouage mentionné ci-deffus.

(ª) Le feu Docteur Defaguilliers qui faifoit conftruire de ces inftruments pour les amateurs, m'a dit qu'il les nommoit ainfi, parce que Milord Orreri, feigneur Anglois, qui avoit du goût pour l'Aftronomie, étoit un des premiers qui en eût fait faire, & qui les avoit mis en vogue.

Fig . 3 .

Fig . 1 .

D   B

C

A

Fig . 5 .

♀   ☿

S

♂   ♃

♄

A

Fig . 4 .

E   F   A

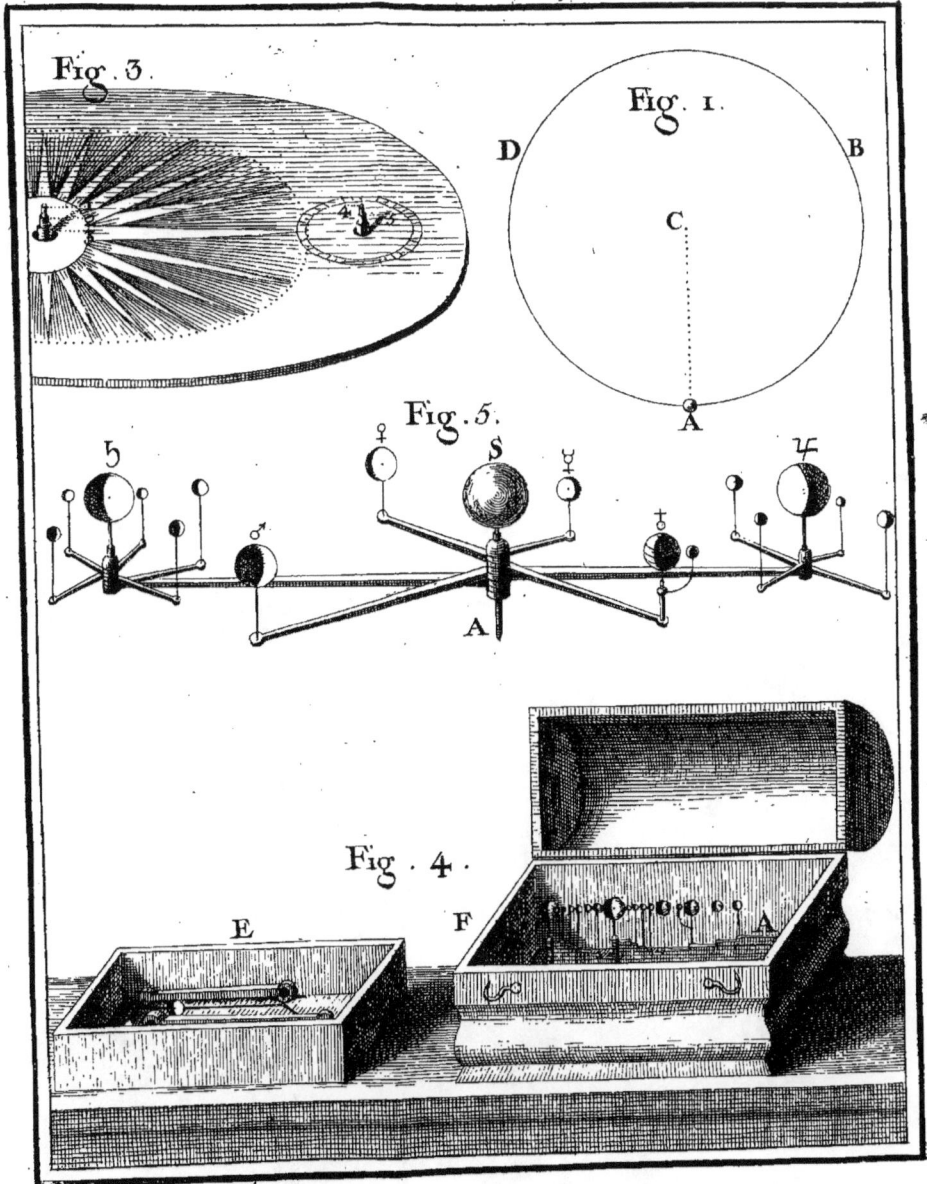

Gobin del. et Sculp.

Vers le bord de la grande platine eft un cercle divifé en autant de parties qu'il y a de jours au mois de la Lune, & au centre duquel paffe encore une tige d'acier autour de laquelle fe meut librement un canon de cuivre. La tige & le canon reçoivent certaines pieces dont nous parlerons par la fuite, & leur communiquent des mouvements, quand on fait tourner la platine. Voyez la *Figure* 3. qui repréfente 1, la tige d'acier forée au centre de la platine bleue : 2, le canon qui recouvre immédiatement cette tige : 3, le canon extérieur : 4, la tige qui eft au centre du cercle lunaire : 5, le canon qui recouvre environ la moitié de la longueur de cette tige.

La platine bleue tourne horizontalement dans un grand cercle qui forme le bord du tambour; ce cercle a un pouce $\frac{1}{2}$ de largeur, & porte deux divifions, l'une de 360 parties avec les 12 fignes du Zodiaque, & l'autre de 365 parties avec les 12 mois de l'année.

Ce premier cercle eft furmonté de deux autres tout-à-fait femblables &

elévés parallélement au-deſſus de lui à la diſtance de 8 degrés chacun, pour comprendre toute la largeur de cette Zone du Ciel étoilé, qu'on nomme le *Zodiaque*, celui du milieu repréſentant l'*Ecliptique*.

Les trois cercles ſont percés d'un trou rond chacun au ſigne du Bélier, & c'eſt par-là qu'on fait deſcendre la tige de la manivelle ſur un quarré qui déborde un peu le plan du ſecond cercle, pour faire tourner la grande platine.

Quand on veut faire tourner les canons 2 & 3 qui ſont au centre, avec les pieces dont ils ſont chargés, on fait entrer la tige de la manivelle dans un trou pratiqué à celui des côtés du tambour où eſt peint le ſigne du Bélier, & quand on a pris la précaution de faire répondre une marque * qui eſt au bord de la platine bleue juſtement à une pareille marque qui eſt au bord intérieur du premier grand cercle, la tige de la manivelle entre ſur un quarré qui ſe préſente à elle, & par lequel elle mene le rouage.

Toutes les pieces qui dépendent

de cette machine font renfermées
dans un coffret E, F (*Figure* 4.) &
diſtinguées par des lettres : nous les
ferons connoître à meſure que nous
aurons occaſion de les mettre en
uſage.

Dans cette machine, comme dans
toutes celles qui ont été faites juſqu'à
préſent pour repréſenter les mouvements des corps céleſtes, il n'a pas
été poſſible d'obſerver les proportions de grandeurs ni de diſtances ;
pour y ſuppléer en quelque façon,
j'ai fait peindre les planetes principales & le ſoleil ſur la grande platine, avec leurs grandeurs relatives ;
& les ſatellites de Jupiter & de Saturne, avec leurs orbites propor-
tionnées.

Je ne puis m'empêcher de remarquer ici que le planétaire dont je
fais uſage a un avantage très-conſi-
dérable ſur les Spheres mouvantes
qu'on a faites en France & ailleurs
depuis 50 ou 60 ans. Dans celles-ci,
on s'eſt piqué de repréſenter tout à
la fois, & de faire voir d'un coup
d'œil tout le ſyſtême céleſte en mouvement. C'eſt une choſe agréable &

curieufe pour quiconque l'entend & le connoît deja: mais un inftrument qui exécute en particulier chaque efpece de mouvement & de révolution, & qui ne met fous les yeux du fpectateur, que ce qu'on a deffein de lui faire comprendre, me femble plus utile, pour rendre fenfibles les premiers principes d'Aftronomie à ceux qui n'en ont encore aucune notion, & qui ont peine à les faifir quand leur attention fe trouve partagée : c'eft précifément ce que l'on trouve dans celui-ci, & l'expérience de 30 années m'a prouvé que cet avantage eft réel.

I. SECTION,

Dans laquelle on donne une idée générale des Phénomenes céleftes, felon le fyftême de Copernic.

PREMIERE OPERATION.

AYANT placé le Planétaire fur une table dans un lieu éclairé, prenez dans le coffret la piece *A*,

Fig. 2.

Gobin del. et Sculp.

qui eſt repréſentée ſéparément par
la *Figure* 5 ; faites entrer ſa tige de
fer dans la broche forée qui eſt au
centre de la platine bleue ; dirigez
toutes les branches vers différentes
parties du Zodiaque , & tournez les
boules de façon que tous les hémiſpheres blancs regardent la boule
dorée qui eſt au centre.

XVIII,
Leçon.

Imaginez alors que vous avez ſous
les yeux une coupe diamétrale de
notre Univers ; que de tout le Ciel
des étoiles, on n'a reſervé, que cette
bande qu'on nomme le *Zodiaque* ,
le reſte des deux hémiſpheres étant
ſupprimé ; que le Soleil repréſenté
par la boule dorée S, occupe le centre de ce vaſte eſpace ; qu'autour de
lui & à différentes diſtances, tournent toutes les planetes : ſçavoir,
Mercure, Vénus, la Terre, la Lune,
Mars ; Jupiter & Saturne avec leurs
Satellites.

Vous reconnoîtrez ces Planetes à
leurs caracteres , & vous imiterez
leurs différentes révolutions en faiſant tourner avec la main les branches de cuivre qui les portent ; de
ſorte que ſi elles laiſſoient des traces

de leur mouvement, vous auriez six cercles concentriques autour de la boule dorée, 1 autour de la terre, 4 autour de Jupiter & 5 autour de Saturne. Voyez la *Fig. 6.* ([a])

APPLICATIONS.

CETTE repréſentation, toute imparfaite qu'elle eſt, aidera beaucoup une perſonne qui n'eſt point initiée, à comprendre ce que nous avons à dire de la nature, du nombre, de la figure, de la grandeur, des phaſes, des poſitions reſpectives, des mouvements de tous les corps céleſtes.

Nous devons diſtinguer deux ſortes d'aſtres : les uns lumineux par eux-mêmes brillent de toutes parts & illuminent tout ce qui les environne, juſqu'à une certaine diſtance ; tel eſt le Soleil, telles ſont les Etoiles qu'on appelle *fixes.* Les autres

(*a*) Ceci ne doit être pris que comme une eſquiſſe groſſiere ; nous verrons par la ſuite que les révolutions des Planetes ne ſe font point dans des cercles concentriques, pas même dans des cercles.

font des corps opaques, comme la
terre que nous habitons, & ne deviennent lumineux qu'en réfléchiffant la lumiere qui leur vient d'un
autre aftre. C'eft pour cela que nous
repréfentons ici le Soleil par une
boule dorée dans toute fa furface ;
& les Planetes, par d'autres boules
moitié noires & moitié blanches,
pour fignifier qu'elles ne font lumineufes, que par celui de leurs hémifpheres qui eft tourné directement vers
le Soleil.

Les Etoiles s'appellent fixes : ce
n'eft point qu'elle foient abfolument
immobiles ; elles ont au moins des
mouvements apparents, puifque
nous les voyons tous les jours fe lever & fe coucher, &c ; mais c'eft que
toutes leurs révolutions fe font fans
qu'elles changent de pofition, refpectivement les unes aux autres :
confidérez les 7 Etoiles qu'on nomme
le *chariot* ou la *grande ourfe* ; elles font
toujours arrangées de la même maniere : il en eft de même des autres.

Planete fignifie *aftre errant* : ce n'eft
pas pour faire entendre que les Planetes n'ont point de mouvement ré-

glé, ni qu'elles se meuvent au hazard ;
on les a nommées ainsi, par oppofition aux Etoiles, qui, comme nous
l'avons dit, marchent toutes enſemble d'un mouvement commun ; au
lieu que celles-ci changent continuellement d'afpects entre elles, les
unes allant plus vîte que les autres,
& faifant leurs révolutions entieres
en moins de temps.

En confidérant le Ciel pendant
une belle nuit, nous croyons voir
toutes les étoiles attachées à une
voûte bleue ; & il nous femble que
la terre fur laquelle nous fommes,
eft juftement au centre de ce vafte
hémifphere ; il y a pourtant bien à
rabattre de ces apparences.

Ces aftres, qui nous paroiffent fixés
à la concavité d'une même fphere,
il faut croire qu'ils font placés à différentes diftances de nous, dans la
profondeur immenfe de l'efpace créé;
& c'eft probablement une des raifons
par lefquelles les uns nous femblent
plus petits que les autres.

L'efpace qui eft entre deux étoiles n'offrant à nos yeux aucun corps
éclairé ni éclairant, devroit nous paroître

roître parfaitement noir, comme il arrive lorfque nous regardons dans un trou très-profond d'où il ne vient aucune lumiere. Si le Ciel nous paroît bleu, ce n'eft pas lui qui eft caufe de cette apparence, c'eft notre atmofphere ; c'eft ce fluide compofé d'air & de vapeurs, qui fe fait appercevoir, en réfléchiffant vers nos yeux des rayons de lumiere qui n'ont point la force de percer fon épaiffeur : ceci demande d'être expliqué un peu davantage.

La lumiere telle qu'elle nous vient des aftres, eft compofée de rayons de différentes couleurs, comme nous l'avons prouvé d'après Newton ; & parmi ces différentes efpeces de lumieres, les plus foibles, les plus réflectibles font celles qui nous font voir les objets bleus & violets. La lumiere des aftres réfléchie par la furface de la terre, fe jette dans l'atmofphere, en reprenant la route du Ciel ; mais comme ce fluide qui nous enveloppe de toute part, a une épaiffeur confidérable, il n'y a que les rayons les plus forts, tels que les rouges, les jaunes, & peut-être les

Couleur bleue du Ciel.

verts, qui la traverfent entiérement ;
les bleux & les violets trop foibles
pour avoir le même fort, font renvoyés vers la terre par le fluide
même, qu'ils n'ont pu percer, &
nous le font voir, fous la couleur
qui leur eft propre.

Si l'on trouve que cette explication ait befoin d'être foutenue par
quelque exemple ; entre plufieurs
que je pourrois citer, j'en choifis un
que tout le monde peut obferver :
fi vous rencontrez une piece d'eau
bien claire, profonde de douze à
quinze pieds, & dont le fond foit
brun ou noir, elle vous paroîtra toujours d'un bleu violet. Cet effet eft
fi marqué, que quoique je m'y at-
tendiffe, je n'ai pu m'empêcher de
puifer de pareille eau dans un verre
à boire, pour m'affurer qu'elle ne
contenoit aucune matiere étrangere
qui lui pût donner cette teinte. De
tous les rayons de lumiere qui pénetrent dans une pareille maffe, il n'y
a que les rouges, les jaunes, &c, qui
arrivent au fond, & qui n'en reviennent point, fi ce fond eft de nature
à les éteindre : les bleus, les violets,

&c, qui ne vont point jufques là, font renvoyés vers l'œil du fpectateur.

Quand l'air eft chargé de brouillard, le Soleil & la Lune nous paroiffent rouges, parce que de tous les rayons de lumiere que ces deux aftres nous envoient, il n'y a alors que les plus forts qui percent juf-qu'à nous. En pareil cas, notre globe avec fon atmofphere doit paroître d'une couleur pâle & tirant fur le bleu, aux habitants de la Lune, s'il y en a.

Si nous nous croyons au centre de toutes ces étoiles qui nous entourent, & qui forment, par leur af-femblage, ce que nous appellons *le Ciel* ou *le Firmament*, c'eft qu'elles environnent un efpace fi prodigieu-fement étendu, que la diftance qui nous fépare du vrai centre de cet Univers ne doit être comptée pref-que pour rien, quoique fuivant l'ef-timation commune, elle excede 30 millions de nos lieues de France.

Pour aider le Lecteur à compren-dre ceci, faifons une fuppofition ; imaginons qu'un homme eft dans une plaine bien découverte & très-vaste, au milieu d'un pays planté d'arbres qu'il puisse compter ou distinguer les uns des autres. Quand les contours de cette plaine forme- roient toute autre figure que celle d'un cercle, cet homme, s'il n'a point d'ailleurs quelque raison de penser autrement, sera naturelle- ment porté à croire que tous ces objets qu'il apperçoit au loin & tout autour, terminent un espace circulaire, dont il occupe le centre : il se le persuadera, quand même il seroit à un quart de lieue de ce point central où il croit être. Il pensera aussi que tous les arbres qu'il apperçoit au-delà de cette plaine, sont à égales distances de lui, quoi- que les uns soient peut-être de deux ou trois cents pas plus reculés que les autres. Enfin s'il voit dans le loin- tain un autre homme entre les arbres & lui, il croira volontiers que cet homme est comme eux à l'extrémité de la plaine, quand il s'en faudroit de beaucoup. Et si au lieu d'un hom- me, il en voit deux à des distances inégales de lui, il ne pourra pas dire lequel des deux est le plus éloi-

gné, à moins qu'en cheminant,
l'un ne paffe par devant ou par derriere l'autre. L'expérience familiere
& commune de tous ces effets doit
donc nous faire penfer que les étoiles étant fi loin de nous, c'est par
l'impoffibilité où nous fommes de
connoître leur diftance abfolue, &
leurs différents degrés d'éloignement, que nous attribuons la figure
fphérique à l'efpace qu'elles renfer-
ment entr'elles, & que nous les
croyons toutes appliquées à une
même furface.

Mais comme ces étoiles font fixes,
c'eft-à-dire, qu'elles ne changent
point de pofitions refpectives entr'elles, & que l'œil eft fûr d'en
rencontrer dans tout le contour des
cieux; fi l'on fait bien les diftinguer
les unes des autres, elles peuvent
fervir au fpectateur qui eft cenfé être
au centre de l'univers, à mefurer la
marche des aftres intermédiaires, à
reconnoître ceux qui vont plus vîte
ou plus lentement, ceux qui font
plus près ou plus éloignés. On voit
par-là que l'Aftronomie a dû commencer par la connoiffance de ce
qui concerne les étoiles fixes.

S'il n'y avoit eu qu'un petit nombre d'étoiles, on les auroit distinguées toutes par des noms propres; & l'on se seroit assuré de la position de chacune, en mesurant, suivant les regles de la Trigonométrie sphérique, tous les arcs du Ciel qu'elles comprennent entr'elles, ou, ce qui revient au même, en déterminant leurs degrés de longitude & de latitude. Mais le premier catalogue qu'on en fit, il y a près de 1900 ans (a), en contenoit 1022, & il ne les contenoit pas toutes à beaucoup près. Il parut donc que c'étoit une chose trop pénible que d'imposer tant de noms, encore plus de les retenir dans sa mémoire; & la détermination du lieu de chaque étoile, étoit un ouvrage de longue haleine, sujet à révision, & qui ne pouvoit se faire & se perfectionner, qu'avec beaucoup de temps.

Ces considérations porterent les premiers Astronomes à partager toutes les étoiles connues en plusieurs

(a) Hipparque qui a le premier construit un Catalogue des Etoiles fixes, vivoit plus de 100 ans avant la naissance de Jesus-Christ.

groupes ou affemblages, que l'on
nomma *Conftellations*, & à qui l'on
donna les noms & les figures de di-
vers perfonnages célebres, & même
de plufieurs animaux, inftruments
ou machines, que la fable avoit
tranfportés au ciel ([a]).

Ptoloméé en forma 48 ; favoir, 12
autour de l'écliptique, 21 dans la
partie feptentrionale, & 15 dans la
partie méridionale du Ciel.

Les conftellations qui entourent
l'écliptique, & qui rempliffent
cette Zone du Ciel qu'on nomme le
Zodiaque, font,

Le Bélier.	♈	La Balance.	♎
Le Taureau.	♉	Le Scorpion.	♏
Les Gémeaux.	♊	Le Sagittaire.	♐
L'Écreviffe.	♋	Le Capricorne.	♑
Le Lion.	♌	Le Verfeau.	♒
La Vierge.	♍	Les Poiffons.	♓

CONSTELLATIONS *de l'Hémifphere feptentrional.*

La petite Ourfe. | La grande Ourfe.

(a) L'origine de tous ces noms, qui ont
paffé de l'antiquité jufqu'à nous, eft un point
d'érudition affez curieux, mais fur lequel je
ne puis m'arrêter ; on peut voir ce qu'en
dit M. Pluche dans fon Hift. du Ciel, &c.

XVIII.
LEÇON.

Le Dragon.	Le Cocher.
Céphée.	Le Serpentaire.
Le Bouvier.	Le Serpent.
La Couronne Bo-réale.	La Fleche.
Hercule.	L'Aigle.
La Lyre.	Le Dauphin.
L'Oiseau ou le Cygne.	Le petit Cheval.
	Pégase.
Cassiopée.	Andromedes.
Persée.	Le Triangle.

CONSTELLATIONS de l'Hémisphere méridional.

La Baleine.	La Coupe.
Orion.	Le Corbeau.
Le Fleuve Eri-dan.	Le Centaure.
Le Lievre.	Le Loup.
Le grand Chien.	L'Autel.
Le petit Chien.	La Couronne Mé-ridionale.
Le Navire.	Le Poisson Aus-tral.
L'Hydre.	

Mais toutes les étoiles connues n'ayant pu être comprises dans ces figures, celles qui se sont trouvées dehors, se sont nommées étoiles informes.

La

La Navigation a procuré aux Aftronomes modernes le moyen d'aller obferver les parties de l'hémifphere auftral, que les anciens n'avoient point connues, & que nous aurions ignorées nous - mêmes, parcequ'un grand nombre de ces étoiles ne paroiffent jamais fur l'horizon en Europe. Cela fit ajouter aux 48 conftellations de Ptolomée les 12 fuivantes.

XVIII. LEÇON.

Le Paon.	Le Caméléon.
La Grue.	La Mouche.
Le Toucan.	L'Oifeau de Pa-
Le Phénix.	radis.
La Dorade.	Le Triangle Auf-
Le Poiffon Vo-	tral.
lant.	L'Indien.
L'Hydre Mâle.	

L'invention des Lunettes contribua encore beaucoup à groffir le catalogue des étoiles, & à former de nouvelles conftellations, même dans la partie feptentrionale du Ciel ; de forte qu'au commencement de ce fiecle, Flamfted, Aftronome Anglois, avoit porté à 3000 le nombre de celles dont les lieux étoient déterminés ; & cela a été encore beaucoup augmenté depuis par l'exact & infatigable Abbé de la Caille , qu'une mort prématurée vient de nous enlever , au grand dommage des fciences , & au grand regret de tous les honnêtes gens qui l'ont connu.

Au commencement du dernier fiecle , un Allemand nommé *Jean Bayer* , fit une chofe ingénieufe & utile à ceux qui ont befoin de bien connoître le Ciel étoilé. Il publia des Cartes céleftes , où les étoiles de chaque conftellation font défignées par des lettres grecques ou latines ; deforte , par exemple , qu'au lieu de cette périphrafe , *l'Étoile de la feconde grandeur qui eft à l'extrémité de la queue de la grande Ourfe* , on dit fimplement *l'Etoile* n *de la grande Ourfe* , &c.

Quoique le nombre des étoiles connues foit fi grand , qu'on a été obligé de prendre toutes les mefures dont je viens de parler, pour y mettre de l'ordre , & pour les reconnoître ; cependant fi nous confidérons que l'on ne peut jamais voir que la moitié du Ciel à la fois ; que de toutes celles qu'on trouve fur les Catalogues, il y en a beaucoup qui ne s'apperçoivent qu'à l'aide des téléfcopes, nous ferons obligés de convenir que dans la plus belle nuit, & avec le Ciel le plus découvert, la meilleure vue n'en peut compter 1200. Ce qui paroît incroyable ; car en pareil cas, il n'y a perfonne qui ne s'imagine en appercevoir des millions. Cette illufion ou fauffe apparence, vient probablement de ce que ces lumieres vives & fcintillantes ; font des impreffions trop fréquentes, & pour ainfi dire, trop ferrées au fond de l'œil, pour faire naître des idées diftinctes. Nous nous exagérons le nombre des objets, quand nous défefpérons de pouvoir les compter.

J'ai déjà dit que toutes les étoiles ne nous paroiffent point également groffes. Cette différence peut venir de leurs différents degrés d'éloignement, & c'eft la raifon la plus naturelle qu'on en puiffe donner : mais il eft poffible auffi qu'elles différent

C ij

réellement de grandeur entr'elles, ou que les unes foient de nature à briller davantage que les autres que fait-on même fi ces aftres, au lieu d'être des globes, n'auroient pas une figure applatie, avec un mouvement fort lent de rotation, qui nous préfenteroit ceux-ci fous une plus grande face, ceux-là fous une plus petite? on feroit tenté de le croire, quand on fait que quelques-uns d'entr'eux ont difparu pour un temps, & que quelques autres ont varié par leur grandeur apparente.

Quoi qu'il en foit, les Aftronomes diftribuent en fix claffes toutes les étoiles qu'on peut voir à la vue fimple ; & ils en font encore deux ou trois de celles qu'on n'apperçoit qu'avec des lunettes. Plus ces inftruments fe perfectionneront, plus on doit s'attendre de voir augmenter ces dernieres claffes.

Les étoiles de la premiere grandeur ne font point en grand nombre; on les diftingue prefque toutes par des noms particuliers. *Sirius, Arcturus, Aldebaram, l'Epi de la Vierge,*

Procyon, *Regulus*, *Antares*, *la Lyre*, *Fomahant*, &c.

Si nous en croyons nos fens, les planetes nous femblent auffi éloignées que les étoiles ; & nous les confondons avec elles, quand on ne nous a point appris à les diftinguer. Pour ne s'y point tromper, il faut obferver qu'une étoile brille par élancement, ce qu'on appelle mouvement de fcintillation; au lieu que la lumiere d'une planete eft plus uniforme & plus tranquille : le téléfcope dépouille l'une & l'autre des rayons qui l'entourent ; mais il fait voir la planete plus groffe, & l'étoile plus petite qu'à la vue fimple.

Outre les étoiles dont je viens de parler, on voit encore au Ciel, & dans un éloignement auffi grand pour le moins que celui qu'on eft obligé de leur attribuer ; on voit, dis-je, certaines petites taches blanchâtres qu'on nomme *Etoiles nébuleufes*, & une bande ou efpece de ceinture d'une couleur laiteufe, qu'on a nommée pour cela *la voie lactée*. Les Aftronomes en font encore à favoir au jufte ce qui caufe ces ap-

C iij

parences : Galilée a dit de la derniere, que cet efpace du Ciel où elle fe fait remarquer, étoit rempli d'une infinité de petites étoiles, dont les lumieres fe confondent ; & beaucoup d'Aftronomes fuivent encore cette opinion qui eft affez probable.

Nous voyons le Ciel des étoiles fixes faire en 24 heures une révolution entiere autour de nous, d'Orient en Occident ; cependant nous devons croire qu'il eft immobile : les mouvements que nous y remarquons ne font que des apparences, qui réfultent de la rotation de la terre fur fon axe, & de fa révolution annuelle autour du Soleil, dont nous parlerons par la fuite, & fpécialement dans la feconde Section : un homme placé dans un bateau, au milieu d'un étang, pourroit s'imaginer que le rivage & tous les objets qui le bordent, tournent de gauche à droite autour de lui, fi fon bateau tournoit dans le fens contraire. La révolution diurne du Ciel étoilé n'eft pas plus réelle que celle du rivage : c'eft notre bateau qui tourne ; c'eft le lieu que nous habi-

tons fur la terre , qui nous tranfpor-
tant avec lui circulairement d'Occident en Orient , nous fait appercevoir fucceffivement tout ce qu'il y a
de vifible à la voûte des Cieux.

Le Soleil eft un globe immenfe ,
fur la nature duquel nous n'avons
aucune connoiffance précife ni certaine. Il eft la principale fource de
la chaleur qui anime notre monde ,
& de la lumiere qui l'éclaire. Delà
nous jugeons que ce peut être un
amas de matieres embrafées depuis
la création ; mais qui brûle apparemment fans fe diffiper & fans s'ob-
fcurcir , puifque fon activité & fa
fplendeur font inaltérables ; bien
différent des autres feux qui ne fubfiftent que par de nouveaux ali-
ments, & dont l'éclat fe ternit prefque toujours par le charbon & les
vapeurs noires qu'ils produifent.

L'action de cet aftre le plus beau ,
le plus utile, le plus néceffaire de
tous ceux dont nous reffentons les
influences , s'étend autour de lui à
des diftances immenfes , de forte
qu'il eft le centre d'une fphere d'activité, qu'on peut confidérer comme

C iv

étant formée par une infinité de rayons divergents de tous les points de fa furface. Ainfi, foit que le Soleil éclaire, foit qu'il échauffe, fon action fur les corps qui la reçoivent, eft d'autant plus grande qu'ils font plus près de lui ; & quant à la proportion, elle eft en raifon inverfe du quarré de la diftance, comme nous l'avons fait voïr en traitant de l'Optique *.

* Tom. V,
pag. 71.

Cet aftre central a la figure d'un globe : s'il paroît à nos yeux comme un difque circulaire, c'eft que dans un tel éloignement, rien ne nous fait fentir que les parties du milieu font plus avancées vers nous que celles des bords ; c'eft que les lignes femi-circulaires qui forment fa convexité antérieure, fe tracent au fond de nos yeux comme des lignes droites. Voyez ce que j'ai dit de ces apparences, Tom. V, pag. 117 & 118. La même explication doit fervir pour la pleine Lune, & pour les autres planetes qu'on regarde avec un téléfcope.

Le Soleil eft d'une grandeur immenfe ; fon diametre, felon les obfervations les plus récentes & les plus exactes, égale plus de 90 fois celui de la terre, qu'on eſtime être de 3000 lieues. Les ſolidités des corps ſphériques étant entr'elles comme les cubes de leurs diametres, il s'enſuit que celle du Soleil eſt environ 729000 fois plus grande que celle du globe terreſtre.

La grandeur apparente du diſque ſolaire n'eſt pas conſtante ; on la voit varier comme celle de la Lune, à meſure que ces aſtres s'élevent au-deſſus de l'horizon après leur lever, ou lorſqu'ils en approchent pour ſe coucher : nous en avons indiqué les raiſons ailleurs *. Mais cette même grandeur varie encore, parce que ces aſtres ſont tantôt plus, tantôt moins éloignés de la terre ; ce qui fait que d'un temps à l'autre, les angles ſous leſquels nous les apper-cevons, ſont plus ou moins grands : j'expliquerai ceci plus particuliére-ment en parlant des mouvements de la terre.

* Tom. V, pag. 137.

Quoiqu'il n'y ait rien dans les Cieux de comparable pour l'éclat à la ſplendeur du Soleil, elle n'eſt

pourtant pas fi pure, qu'on ne remarque de temps en temps quelques
taches fur cet aftre. Galilée (d'autres difent le P. Scheine, Jéfuite) fit
cette découverte, il y a environ cent
cinquante ans : l'imagination des
Phyficiens travailla auffi-tôt pour
deviner la caufe de ces phénomenes;
mais il n'en réfulta que des conjectures à peine vraifemblables, & qui
ne méritent gueres d'être rapportées
ici.

Les Aftronomes en tirerent un
meilleur parti ; ils obferverent que ces
taches, tant qu'elles durent, (car elles
ne fubfiftent pas toujours) che-
minent du bord oriental du Soleil
vers fon bord occidental, qu'elles
difparoiffent alors, & qu'après un
certain intervalle de temps, elles
reparoiffent pour recommencer la
même route : cela fit penfer d'abord
que ce pouvoient être des corps opaques, quelques planetes qui feroient
des révolutions comme les autres, &
fort près du Soleil ; mais ces foup-
çons fe diffiperent parce qu'on re-
marqua, premiérement que la même
tache paroît toujours plus étroite

vers les bords de l'aftre que quand
elle fe trouve plus avancée vers le
milieu. Secondement, que le temps
qu'elle met à revenir eft à très-peu
près égal à la durée de fon apparition. On en conclut & avec raifon
que les taches du Soleil font plates
& non fphériques, & qu'elles tiennent à la furface même de l'aftre ;
car fi c'étoit des globes détachés,
comme Mercure ou Vénus ; de la
terre fuppofée au point T (*Fig.* 7),
on les verroit toujours fous le même
angle, foit qu'elles répondiffent au
milieu du globe folaire S , foit qu'elles tournaffent vers les bords ; & la
partie *A B* de leur révolution, pendant laquelle on les verroit paffer
fur le Soleil, feroit plus courte que
l'autre *B C A*, pendant laquelle on
les perd de vue. On apprit par ces
obfervations & par ces raifonnne-
ments, que le Soleil, qu'on croyoit
immobile au centre de l'Univers,
tourne fur lui-même dans l'efpace
de 25 jours & demi.

Cette étendue immenfe, dont le
Soleil occupe le centre , & qui eft
terminée par le Ciel des étoiles fixes,

est remplie par un fluide très-subtil, & de nature à transmettre l'action des corps lumineux, comme nous l'avons dit en parlant de la propagation de la lumiere au commencement de la XVe Leçon. C'est dans cette matiere éthérée que flottent à différentes distances du Soleil, ces autres astres qu'on nomme *Planetes*, & qui ne sont visibles que par la lumiere qu'ils reçoivent, & qu'ils réfléchissent vers nous. Comme ces corps, à cause de leur figure sphérique, ne peuvent jamais recevoir la lumiere du Soleil que sur la moitié de leur surface, nous les perdons de vue toutes les fois que cette partie illuminée n'est pas tournée vers nous, en tout ou en partie.

On divise les planetes connues en deux classes. Celles de la premiere classe se nomment *Planetes primitives* ou *principales* : elles sont au nombre de six : savoir, *Mercure*, *Vénus*, *la Terre*, *Mars*, *Jupiter* & *Saturne*.

Celles de la seconde classe s'appellent *Planetes secondaires*, *Satellites* ou *Lunes* : on en compte dix : savoir, une qui appartient à la terre,

& qui porte fpécialement le nom de
Lune ; quatre qui accompagnent Jupiter, & cinq qui font autour de Saturne. Ces neuf dernieres ne fe diftinguent que par leur rang : celle
qui eft plus prochaine de la planete
primitive, s'appelle premier Satellite ; les autres fe nomment fecond,
troifieme, quatrieme, &c, felon
leurs degrés d'éloignement.

Saturne, outre fes cinq fatellites,
eft encore entouré d'une efpece
d'anneau, que la plupart des Aftronomes imaginent être formé par un
amas de matiere opaque de la nature
des planetes. Voyez G H, (*Fig. 6*).

Toutes les planetes, tant du premier que du fecond ordre, different
de groffeur entr'elles : Mercure eft
la plus petite des planetes primitives;
il eft à la terre à peu-près dans le
rapport de 64 à 1000 ; & Jupiter,
qui eft la plus groffe de toutes, eft
eftimé 2000 fois plus gros que la
terre (a).

_____

(a) Quand on parle de la groffeur d'un
aftre, cela s'entend de fa folidité, qui eft comme le cube du diametre ; s'il s'agit de la grandeur, c'eft par le diametre qu'on en juge. Dans

J'ai dit ci-deſſus que les planetes
étoient à différentes diſtances du Soleil. Celle qui en approche le plus,
c'eſt Mercure ; les autres en ſont plus
éloignées ſuivant cet ordre, Vénus,
la Terre avec la Lune, Mars, Jupiter avec ſes ſatellites, Saturne avec
les ſiens & ſon anneau. Delà vient
la diſtribution qu'on en fait, par
rapport à la terre, en *planetes ſupé-
rieures*, & *planetes inférieures*. On
donne le premier nom à Saturne, à
Jupiter & à Mars ; & le ſecond, à
Vénus & à Mercure.

Il y a apparence que tous ces globes ont pris dans l'eſpace des Cieux,
les places qui convenoient aux forces réſultantes de leurs maſſes : ſi
quelques - uns d'entr'eux paroiſſent
déroger à cette regle (car Jupiter eſt
plus gros que Saturne, & Mars eſt
plus petit que la Terre) ; on peut
dire qu'étant d'une matiere plus ou
moins compacte, leurs maſſes ne répondent point toujours à leurs volumes.

le cas préſent, il faut dire que les diametres
de Jupiter, de la Terre, & de Mercure, ſont
entr'eux comme les nombres 137, 10 & 4.

Mais les masses seules n'auroient pas produit cet arrangement; elles ont été aidées par le mouvement de circulation que les six planetes primitives ont autour du Soleil, & les dix autres autour de leurs planetes principales.

· Chaque planete du premier ordre tourne donc autour de l'astre central, dans un espace de temps qui est toujours le même : & si elle a un ou plusieurs satellites, ils font le même mouvement autour d'elle, dans des temps réglés & proportionnés à leurs degrés d'éloignement : c'est-là ce qu'on appelle *révolution périodique*. La courbe rentrante qui en résulteroit dans le Ciel, si l'astre laissoit des traces de sa route, & que les Astronomes conçoivent & énoncent comme subsistante, cette courbe, dis-je, est ce qu'on appelle *orbite*.

Sur ce pied-là, il faut imaginer qu'un spectateur placé au centre de l'univers, verroit chacune des six planetes principales, s'avancer d'un mouvement presqu'uniforme de droite à gauche, & répondre successivement à ces douze conſtellations qui forment, comme on l'a dit plus haut, le Zodiaque ; car premiérement elles ſuivent toutes l'ordre de ces ſignes d'Occident en Orient ; & en ſecond lieu, leurs orbites terminent des plans qui paſſent par le centre du Soleil, & dont les circonférences ne s'écartent pas de l'écliptique au-delà de 8 degrés, ſoit en s'abaiſſant au-deſſous, ſoit en s'élevant au-deſſus.

Il n'en feroit pas de même des ſatellites ; l'Obſervateur n'ayant pas l'œil ſuffiſamment élevé au-deſſus des plants de leurs orbites, il les verroit aller comme en ligne droite, tantôt d'Orient en Occident, & paſſant devant la planete à laquelle ils appartiennent, & enſuite d'Occident en Orient, & paſſant derriere (a).

Toutes ces révolutions périodiques ſe font dans des eſpaces de temps qui different beaucoup les uns des autres. Mercure emploie environ trois mois à la ſienne ; Vénus en met un peu plus de ſix ; la durée

(a) Voyez la raiſon de ces apparences, Tom. V, pag. 128 & ſuiv.

de

de celle de la Terre, eft ce que nous appellons l'*Année* ; Mars acheve fa révolution en deux ans ; Jupiter en douze, & Saturne en trente (ᵃ).

Des dix planetes fecondaires, il n'y a que notre Lune qui foit connue de tout temps ; la découverte des neuf autres eft dûe à l'Aftronomie moderne, & à l'invention des lunettes. Galilée feul, en profitant le premier de ces nouveaux inftruments, a fait connoître les 4 de Jupiter. Celles de Saturne plus difficiles à obferver, ont été apperçues fucceffivement par différents Aftronomes.

La révolution de la Lune autour du globe terreftre, fe fait en 27 jours & un tiers à peu-près : c'eft ce qu'on nomme *le mois lunaire*. Il réfulte de ce mouvement combiné avec ceux de la terre, plufieurs chofes très-remarquables dont je ferai mention par la fuite : je me contenterai d'obferver ici que toutes

(*a*) J'exprime tout ceci en nombres ronds, pour éviter des fractions dont la plupart de mes Lecteurs peuvent fe paffer, & qu'ils auroient peine à retenir.

Tome VI. D

les lunes ou satellites, changent continuellement de *phases* ([a]), par rapport aux autres planetes, parce que leurs hémispheres illuminés, se présentent à elles tantôt plus, tantôt moins directement ; au lieu que si on les regardoit de l'endroit où est le centre du Soleil, on les verroit toujours pleines : ce qui est très-aisé à comprendre, quand on jette les yeux sur toutes les parties blanches des petites boules qui les représentent dans notre planétaire artificiel.

Les satellites, & principalement ceux de Jupiter, ont été d'un grand secours pour perfectionner la Géographie : comme les révolutions de ces petits astres s'achevent en peu de temps (car le premier satellite de Jupiter fait la sienne en 42 heures & demie à-peu-près), ils s'éclipsent très-fréquemment & très-promptement en passant derriere leurs

(a) On appelle *Phases*, les différentes figures sous lesquelles nous voyons une planete, selon qu'elle nous montre plus ou moins de sa partie éclairée ; tels sont le croissant, le premier & dernier quartier, la pleine Lune, &c.

planetes primitives. Les immersions
& émersions sont au Ciel autant de
signaux, que des Observateurs placés en différents endroits sur la terre, peuvent appercevoir au même
instant ; & l'on conclut la distance
des lieux en longitude, par la différence des heures auxquelles le même phénomene a été observé.

Supposons, par exemple, que le
cercle *A B C* (*Fig.* 8), soit l'équateur
terrestre , & que deux Observateurs
placés l'un en *A*, l'autre en *B*, apperçoivent le satellite *P* à l'instant
qu'il commence à se cacher derriere
la planete ♃. S'il est alors onze
heures à la pendule du premier, &
deux heures à celle du second, la
différence des temps sera trois heures ; comme le Soleil par sa révolution apparente parcourt en 24 heures,
les 360 degrés de longitude qui di-
visent l'équateur de la terre en parties
égales, les trois heures dont il s'agit,
répondent à 45 de ces degrés, &
apprennent que les deux lieux où
l'on a observé, sont d'autant éloignés l'un de l'autre en longitude.

Les différentes distances des six

planetes primitives au Soleil , &
celles des satellites à leurs planetes
principales , ne sont point en proportion avec le rang qu'elles tiennent ; c'est-à-dire , par exemple ,
que Jupiter qui est la 5ᵉ planete en
s'éloignant du Soleil , n'en est pas
seulement cinq fois plus éloigné que
Mercure , mais bien davantage ,
comme on le peut voir par la Figure 6ᵉ ; & il en est de même de ses
satellites , & de ceux de Saturne :
chacune de ces distances n'est pas
même constante pendant toute la
durée d'une révolution. La planete
se trouve tantôt plus près , tantôt
plus loin de l'astre autour duquel
elle se meut ; ce que j'expliquerai
plus particuliérement par la suite.
Mais entre les deux extrêmes , il y a
un terme qu'on nomme *la distance
moyenne* ; & c'est de celle-là dont il
s'agit maintenant.

Képler a fait sur cela une découverte de la plus grande importance ;
il a trouvé que les cubes de ces distances sont entr'eux comme les
quarrés des temps périodiques ; de
sorte que si l'on sait combien deux

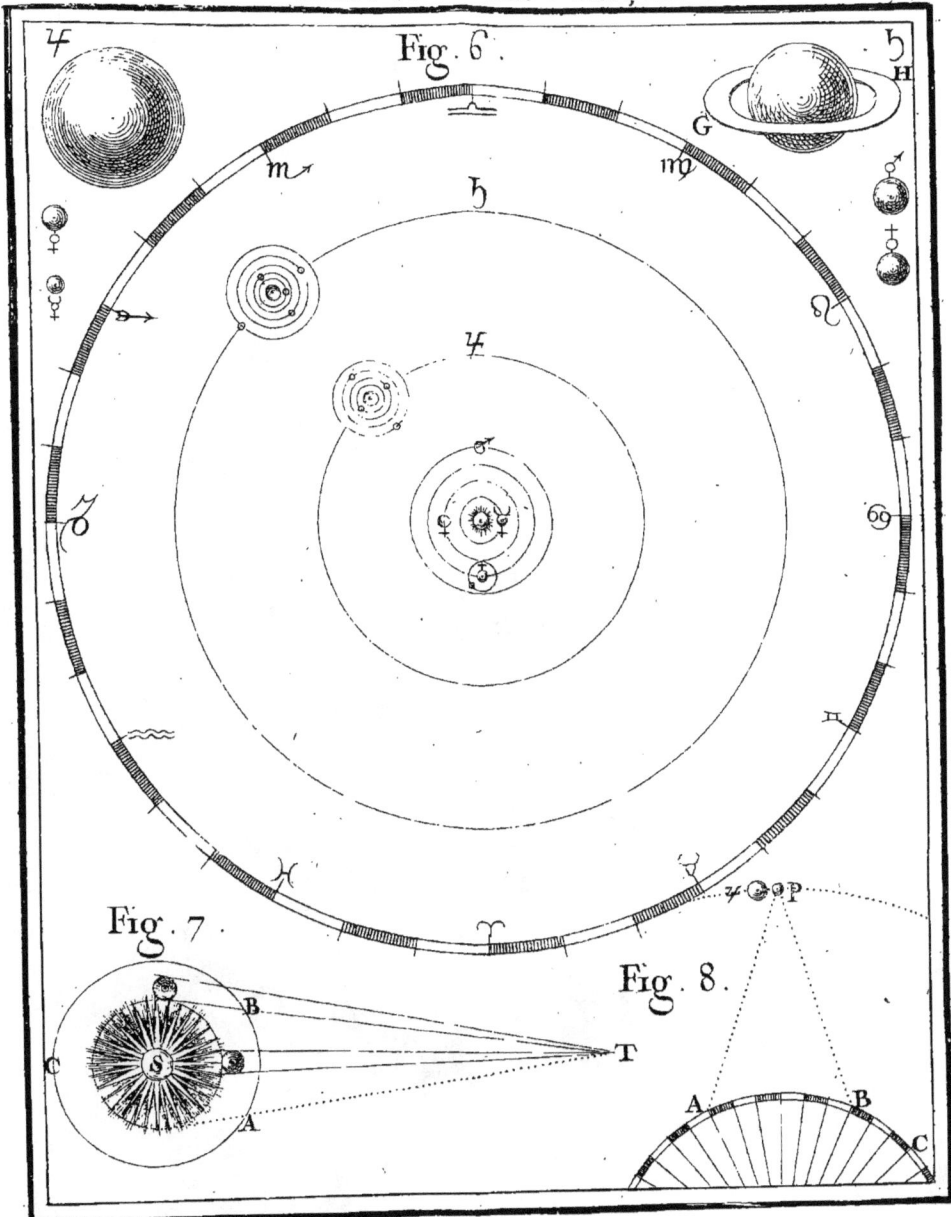

Fig. 6.

Fig. 7.

Fig. 8.

Gobin del. et Sculp.

planetes mettent de temps à faire
leurs révolutions, on fait auffi-tôt,
par cette analogie, quelles font leurs
diftances refpectivement au Soleil.
Cette même regle qu'il n'a d'abord
établie que pour les planetes primitives, a été appliquée depuis avec
le même fuccès à celles du fecond
ordre.

Une planete ne fe meut pas toujours avec la même vîteffe dans toutes les parties de fon orbite ; plus
elle fe trouve près de l'aftre autour
duquel elle tourne, plus fon
mouvement eft rapide ; & au contraire on remarque qu'elle ralentit
fa marche, à mefure qu'elle s'en
éloigne davantage ; mais avec ces
inégalités, il fubfifte une proportion conftante, entre les temps
qu'elle met à parcourir les différents
arcs de fon orbite, & les aires trian-
gulaires terminés par ces arcs, & par
deux lignes tirées de leurs extrémités à l'aftre central ; c'eft-à-dire, que
les temps que la planete emploie à
parcourir fucceffivement les deux
arcs BD, & DE, par exemple, (Fig.
9) font entr'eux comme les aires des

deux triangles mixtilignes BSD, &
DSE. C'eſt une ſeconde regle aſtronomique, dont on a encore l'obli-
gation à Képler, & dont on a fait
un grand uſage.

Outre la révolution que chaque
planete du premier ou du ſecond
ordre fait autour de ſon aſtre central, il eſt à préſumer que toutes ont
encore un mouvement de rotation
autour de leurs axes ; ce qui fait
qu'elles ont, comme la terre, toutes
les parties de leurs ſurfaces ſucceſſivement expoſées à l'action du Soleil ;
la plupart ont des taches qui ont
donné lieu d'obſerver ce mouvement, & d'en déterminer la durée ;
ainſi, de même que notre jour eſt de
24 heures, celui de Vénus eſt de
23 ; celui de Mars, de 24 deux tiers ;
celui de Jupiter, de 10 ou à peu-
près ; Mercure, parce qu'il eſt très-
près du Soleil, eſt ſi fort illuminé,
& Saturne, à cauſe de ſon grand
éloignement, l'eſt ſi peu, que leurs
taches, s'ils en ont, échappent aux
Obſervateurs, ou ne ſe montrent
point aſſez pour les mettre en état
de vérifier leur mouvement de ro-

tation ; on peut conclure par analogie qu'ils en ont un.

Celui de notre Lune est très-lent,
en comparaison de ceux dont je
viens de faire mention. Il ne s'a-
cheve qu'en 27 jours & environ $\frac{1}{3}$,
& comme elle met précisément ce
temps-là pour tourner autour de la
terre, il arrive de cet accord, que
nous voyons toujours la même partie de sa surface, comme je le ferai
voir plus particuliérement dans un
autre endroit : on remarque seulement par ses taches, qu'elle fait une
espece de balancement que les Astronomes ont nommé *libration*.

Puisque chaque planete a sa marche particuliere, & que les unes
mettent plus de temps que les autres
à faire leurs révolutions, on doit
comprendre que tous ces astres changent continuellement de positions
respectives : tels qui se trouvent aujourd'hui sur la même ligne avec le
Soleil, figureront tout autrement avec
lui dans un autre temps ; d'autres
qui répondent ensemble à la même
constellation dans le Ciel, en auront ensuite trois ou quatre entr'eux :

ce font ces différentes pofitions des planetes qu'on appelle *afpects*, & qu'on diftingue par des noms propres. Je vais rendre cela fenfible par un exemple.

Seconde Opération.

OTEZ la piece *A* ; prenez dans le coffret celle qui eft marquée *B*, & celle qui eft marquée *C*, lefquelles font repréfentées par la *fig.* 10, & défignées par les mêmes lettres. Ajuftez la tige de la premiere au canon extérieur 3, qui eft au centre de la platine bleue, & celle de la feconde au canon intérieur 2, ayant foin que les deux petites boules, dont l'une repréfente la Terre, & l'autre la planete de Mars, fe trouvent fur une même ligne entre le cercle de l'écliptique, & le centre de la grande platine, où vous placerez une boule dorée qui eft dans le coffret, & qui doit repréfenter le Soleil. Faites tourner les deux canons, 2 & 3 avec la manivelle, comme il a été dit à la page. 10.

Vous pouvez remarquer, 1°, que le petit globe qui repréfente la

Terre,

Terre, va une fois plus vîte que l'autre qui tient la place de Mars, faisant deux révolutions contre lui une.

2°, Que dans chaque révolution entiere de la Terre, ces deux corps changent continuellement de pofition refpective, répondant tous deux quelquefois au même point du Zodiaque, & plus fouvent à différents points plus ou moins éloignés les uns des autres.

APPLICATIONS.

Il eft aifé de comprendre par cet exemple, que fi l'on faifoit ainfi mouvoir enfemble toutes les boules qui repréfentent les planetes primitives, en obfervant que chacune fît fa révolution dans l'efpace de temps qui lui convient, on les verroit changer d'afpects, comme on vient de le voir faire à la Terre & à Mars. Mercure auroit fait quatre révolutions, & Vénus prefque deux avant que la Terre en eût achevé une ; & lorfque celle-ci auroit fini la fienne, Jupiter n'auroit encore parcouru que la douzieme, & Saturne la trentieme partie de fon orbite.

Tome VI.   * E

Quand deux planetes répondent au même point du Zodiaque, cet aspect s'appelle *conjonction*, & se désigne par cette marque ♂.

Quand elles sont opposées l'une à l'autre de la moitié du Zodiaque ou de six signes, cela s'appelle *opposition*, & s'exprime ordinairement par cette marque ☍.

Et lorsqu'elles répondent à différents points du Zodiaque qui comprennent entr'eux 2, 3, 4 signes, &c, on fait connoître leur aspect par le mot *opposition*, ou par la marque ☍, en ajoutant le nombre des signes ou des degrés en longitude du Zodiaque qui sont interceptés entre les deux lieux du Ciel auxquels elles répondent. On dit, par exemple, Jupiter & Mars sont en opposition de 2, de 3, de 4 signes, &c.

Phases des Planetes.

SI L'ON étoit placé au centre de l'univers, à l'endroit même qu'occupe le Soleil, pour observer les planetes, on les verroit toujours comme des disques lumineux & bien arrondis, parce qu'on découvriroit tout l'hémisphere illuminé de chacune d'elles, comme nous voyons

la pleine Lune ; mais fi l'on fuppofe
le Spectateur placé fur la terre, il
pourra arriver que les hémifpheres
éclairés par le Soleil, ne foient pas
tout entiers tournés vers lui ; & alors
n'en appercevant qu'une partie, il
verra la planete fous la figure d'un
croiffant ou d'un quartier de Lune :
& c'eft ce qu'on remarque très-bien
en obfervant Vénus avec un télef-
cope, parce que cette planete eft
affez grande, & affez près de nous
pour avoir ces différentes phafes
fenfibles, & parce que n'embraffant
point la terre dans fa révolution,
elle lui dérobe totalement fa partie
éclairée, en paffant entr'elle & le
Soleil, & ne la lui découvre que peu
à peu, à mefure qu'elle s'éloigne
d'elle en avançant dans fon orbite.
Voyez *la Figure* 11.

On remarqueroit la même chofe
à l'égard de Mercure s'il étoit plus
gros, & qu'il ne fût pas fi voifin du
Soleil ; mais quand il s'éloigne affez
de cet aftre pour qu'on puiffe obferver fa figure, tout ce qu'on peut
découvrir, c'eft qu'il n'eft pas bien
rond ; & cela prouve qu'on ne voit

point alors toute fa partie éclairée ;
car on fait d'ailleurs (ᵃ) que cette
planete eft à peu - près fphérique
comme les autres.

Chaque Pla-
nete n'eft pas
toujours d'é-
gale diftance
de fon Aftre
central.

J'ai déjà dit plus haut que la diftance d'une planete primitive au Soleil, comme celle d'un fatellite à fa
planete principale, n'eft pas conftante, & qu'elle eft tantôt plus petite,
tantôt plus grande dans le cours d'une
même révolution : il eft temps maintenant d'en dire la raifon. C'eft que,
comme l'a penfé Képler, & comme
tous les Aftronomes l'ont reconnu
depuis, chaque planete, tant du
premier que du fecond ordre, fe
meut dans une orbite, qui n'eft point
un cercle excentrique à cet aftre;
mais une ellipfe (ᵇ) qui a le Soleil à
l'un de fes foyers. Voyez *la Figure 9*,
& l'opération fuivante du planétaire.

(ᵃ) Quand Mercure fe trouve directement
entre le Soleil & la Terre, ce qui arrive rarement, il paroît alors comme une tache noire
& ronde ; ce qui fait connoître que c'eft un
corps fphérique.

(ᵇ) Il faut lire ce que j'ai dit de l'Ellipfe en
parlant des forces centrales, tom. 2, pag. 96.

TROISIEME OPERATION.

OTEZ les deux pieces *B* & *C*; mettez au gros canon 3, celle qui eſt marquée *E*, la tige ou le pivot de la petite poulie *G* dans un trou marqué de la même lettre près du centre de la platine bleue ; & faites enſorte que la corde ſans fin embraſſe d'une part cette petite poulie, & de l'autre le barillet *F* qui eſt à l'extrémité de la tige qui porte la planete, comme il eſt repréſenté par la *Figure* 12 ; & mettez en ſa place la boule dorée qui repréſente le Soleil.

Si vous tournez la manivelle, vous verrez que la planete en s'approchant, & enſuite en s'éloignant du Soleil, par des quantités ſymmétriques, décrit une courbe rentrante qui n'eſt point un cercle, mais une ellipſe peu alongée, dont la boule, qui repréſente le Soleil, occupe l'un des foyers.

APPLICATIONS.

Vous apprendrez, par cet exemple, que toutes les orbites des planetes ſont des ellipſes peu différentes du

Figure des orbites des Planetes.

cercle, & que l'astre autour duquel chacune d'elles fait sa révolution, occupant, non pas le centre, mais l'un des foyers de cette courbe, s'en éloigne d'une quantité assez considérable, & s'en rapproche de même : on appelle *excentricité* la distance qu'il y a entre le centre C de l'ellipse, (*fig. 9*), & celui des foyers qu'occupe le Soleil ou la planete principale.

Le lieu de l'orbite A, (*fig. 9*), où une planete se trouve le plus loin qu'elle puisse être du Soleil, s'appelle *l'aphélie* ; & celui où elle en est le plus près, comme P, se nomme *périhélie*. Les deux points de part & d'autre comme E G, qui tiennent le milieu entre les deux extrêmes, on les appelle *moyennes distances*.

Les planetes du second ordre ont aussi chacune leur aphélie & périhélie, qui sont de même une suite nécessaire de l'ellipticité de leur orbite.

Mais par la même raison que les planetes du premier ordre s'éloignent & se rapprochent du Soleil, celles du second ordre se trouvent dans un temps plus près, dans un autre temps plus loin de leurs planetes principales. Comme la Terre, par exemple, a son aphélie & son périhélie, de même la Lune a son *apogée* & son *périgée*. On pourroit dire aussi d'un satellite de Jupiter, qu'il est dans son *apojove*, ou dans son *périjove*, &c.

Ces deux points de l'orbite *A* & *P*, que la planete n'outre-passe point, tant pour s'éloigner, que pour s'approcher de l'astre qu'elle entoure par sa révolution, se nomment en général *les apsides*; & la ligne qui les joint, s'appelle *la ligne des apsides*, ou *le grand axe de l'orbite*.

La distance est une chose commune aux deux termes qu'elle sépare; ainsi quand une planete est dans son aphélie, réciproquement le Soleil est le plus loin d'elle qu'il puisse être; & de même il en est le plus près, quand cette planete est dans le périhélie: le Soleil est donc dans son périgée quand la Terre est dans le périhélie; & quand celle-ci est dans l'aphélie, le Soleil est dans l'apogée.

Grandeur apparente des Astres.

Nous jugeons les objets plus

E iv

grands, quand nous les voyons de plus près ; & ils nous paroissent plus petits quand nous les regardons de plus loin. Puisque les planetes ne font pas toujours à égale distance du Soleil, ni de la Terre, on doit penser que de l'un ou de l'autre de ces lieux, on ne doit pas les voir constamment de la même grandeur, & cela est sensible pour nous à l'égard du Soleil & de la Lune ; voilà pourquoi les Astronomes distinguent soigneusement le disque apparent de l'un ou de l'autre astre, relativement aux circonstances dans lesquelles on l'observe ; & nous verrons ci-après qu'il en résulte des effets remarquables dans les éclipses.

Irrégularités dans la marche des Planetes.

QUAND on supposeroit un Observateur placé au Soleil, pour examiner la marche d'une planete pendant tout le temps d'une de ses révolutions, il ne la verroit point aller d'un pas égal ; c'est-à-dire, que dans des temps égaux, il ne lui verroit point parcourir des arcs égaux du Ciel étoilé : premiérement, parce que, comme nous l'avons déjà dit, le mouvement des planetes fe ralentit à mefure qu'elles s'éloignent davantage de leur aftre central ; fecondement, parce que décrivant des ellipfes, qui ont le Soleil à l'un de leurs foyers, elles ont plus de chemin à faire pour parcourir la partie du Zodiaque *A B C*, que l'autre *C D A*, (*fig.* 13).

Mais fi on les voit de la Terre, elles ont un mouvement qui paroît encore bien plus irrégulier : tantôt la planete qu'on obferve, au lieu d'aller felon l'ordre des fignes, (ce qui s'appelle être *directe*), paroît aller dans le fens contraire, & l'on dit qu'elle eft *rétrograde ;* tantôt on diroit qu'elle féjourne vis-à-vis le même point du Ciel, & les Aftronomes difent alors qu'elle eft *ftationnaire :* on voit augmenter fa vîteffe jufqu'à un certain point ; d'autres fois on la voit diminuer de même. Toutes ces irrégularités qu'on nomme *fecondes inégalités des planetes*, ne font que des apparences, & non pas des réalités. Cela vient de ce que la Terre d'où nous obfervons, n'eft pas fixe, & de ce qu'elle n'eft pas au centre de la révolution de la planete : rendons ceci fenfible.

Quatrieme Operation.

Otez les pieces de la précédente opération ; remettez celles de la feconde & la boule dorée au centre ; prenez dans le coffret une grande aiguille qui a deux pivots ; placez dans la tige de *Mars* celui qui eft fixé à peu-près au tiers de la longueur de l'aiguille, & dans la tige de *la Terre*, celui qui eft terminé par un anneau dans lequel l'aiguille peut glisser. Ayez foin que les deux planetes foient en conjonction vis-à-vis un endroit quelconque du Zodiaque, par exemple, vis-à-vis du 1er degré de la balance, comme il eft repréfenté par la *Figure* 14. Tournez enfuite la manivelle jufqu'à ce que la Terre ait fait une révolution entiere.

Vous obferverez, 1°, que quand les deux planetes font en conjonction & en oppofition, l'aiguille qui paffe alors par le centre du planétaire où eft placé le Soleil, marque au Zodiaque le figne, vis-à-vis du

quel se trouve alors la planete de
Mars :

2°, Que dans toutes les autres
positions, le bout de l'aiguille, qui
parcourt le Zodiaque, est plus ou
moins avancé que la planete :

3°, Que quand la Terre & Mars
approchent de leur conjonction, le
mouvement de l'aiguille commence
à se faire en sens contraire de celui
de Mars :

4°, Que quand la conjonction s'a-
cheve, & un peu après, le mouvement de l'aiguille se fait sensiblement contre l'ordre des signes, &
en rétrogradant.

APPLICATIONS.

Si l'on considere l'aiguille comme
le rayon visuel de l'Observateur
placé sur la Terre, on voit tout
d'un coup que, dans les conjonctions & dans les oppositions seulement, le vrai lieu, & le lieu apparent de la planete observée ne sont
qu'un, parce que dans ces deux circonstances, ce rayon visuel pro-
céde, comme s'il venoit du centre
de l'univers, où il conviendroit d'ê-

tre pour voir toujours l'aftre en fon vrai lieu.

Après la conjonction, comme la Terre avance plus vîte que la planete de Mars qui nous fert ici d'exemple, le rayon vifuel de l'Obfervateur aboutit à un point du Zodiaque moins avancé dans l'ordre des fignes que celui où répond réellement l'aftre ; & la différence entre fon vrai lieu & fon lieu apparent, va toujours en augmentant, jufqu'à ce que la Terre & lui foient en oppofition de trois fignes, ou du quart du Zodiaque ; ainfi depuis la conjonction jufqu'à ce terme-là, le mouvement de la planete paroît retarder de plus en plus.

Enfuite l'arc de différence entre le vrai lieu & le lieu apparent, va toujours en diminuant jufqu'à l'oppofition directe, où il devient nul, comme on le peut voir par le mouvement de l'aiguille. Ainfi la planete qui avoit paru retarder de plus en plus, jufqu'à ce que la Terre & elle fuffent oppofées de trois fignes, femble retarder après cela de moins en moins jufqu'à l'oppofition de fix fignes.

La Terre recommençant alors une seconde révolution, tandis que Mars n'est encore qu'au milieu de la sienne, on voit que le rayon visuel de l'Observateur (toujours représenté par la grande aiguille) précede la planete dans les six autres signes du Zodiaque , & la fait juger plus avancée qu'elle ne l'est réellement : & cette apparence après avoir été en augmentant pendant trois signes, diminue de même pendant les trois derniers ; de sorte qu'après deux révolutions entieres de la Terre , Mars & elle se retrouvent en conjonction.

Mais il est à remarquer , & l'aiguille l'indique sensiblement, qu'aux approches de la conjonction , le rayon visuel de l'Observateur rétrograde autant que la planete observée avance , ce qui la fait paroître stationnaire pendant un certain espace de temps. Et bientôt après le mouvement de la Terre l'emportant de vîtesse sur celui de Mars, & le rayon visuel retournant en arriere , plus que la planete ne chemine en avant ou selon l'ordre des signes , il arrive que celui-ci paroît rétrograde de la quantité dont le premier de ces deux mouvements furpaffe l'autre.

On voit donc par cette 4e opération du planétaire, comment on peut rendre raifon des accélérations, retardements, ftations & rétrogradations des planetes obfervées de la Terre, en confidérant que le Spectateur eft continuellement emporté d'un lieu dans un autre par une révolution qui fe fait en plus ou en moins de temps que celle de la planete qu'il obferve ; ce qui la lui fait voir fouvent où elle n'eft pas ; & en faifant attention que les apparences réfultent non-feulement du mouvement propre de cette planete, mais de celui-ci combiné avec celui de la Terre où eft placé l'Obfervateur.

Hypothefe de Ptolomée fur le mouvement des Planetes.

Ptolomée n'en étoit pas quitte à fi peu de frais pour expliquer ces fortes d'irrégularités ; il étoit obligé de recourir à des fuppofitions ingénieufes à la vérité, mais qui dérogent beaucoup à cette fimplicité que nous reconnoiffons dans toutes les opérations de la nature, quand nous fommes affez heu-

Fig. 9.

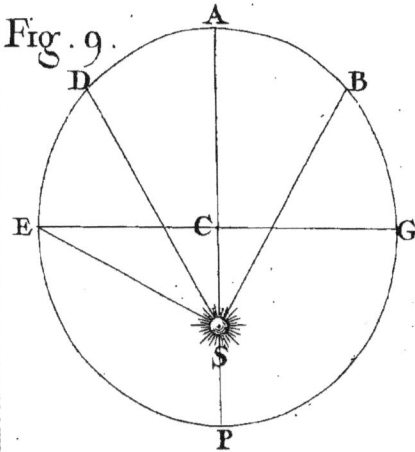

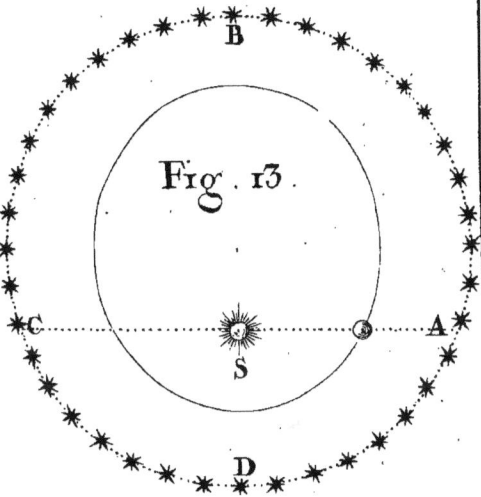

Fig. 13.

Fig. 10.

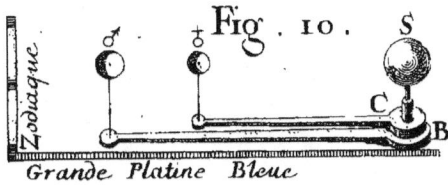

Grande Platine Bleue

Fig. 12.

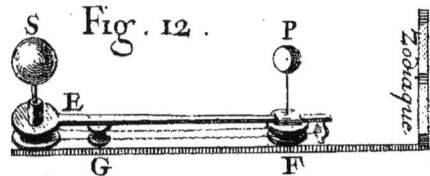

Fig. 14.

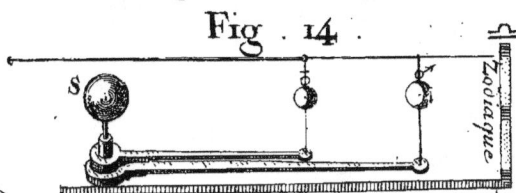

Fig. 11.

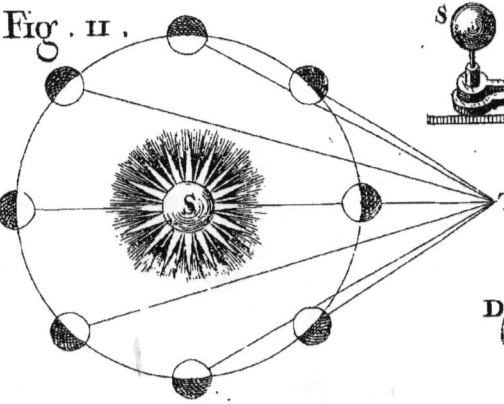

Fig. 15.

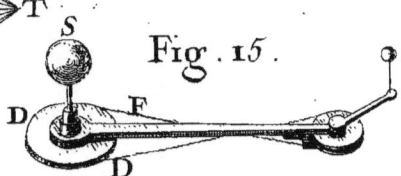

Gobin del. et Sculp.

reux pour découvrir fon fecret. On
ne fera peut-être pas fâché d'apprendre comment ce célebre Aftronome avoit imaginé que les planetes , dans le cours de leurs révolutions , devenoient accélérantes , re-
tardantes , ftationnaires , rétrogrades, &c. J'en vais donner une légere
idée par l'opération fuivante.

CINQUIEME OPERATION.

AYANT enlevé les pieces de l'o-
pération précédente , mettez la poulie D D au centre de la platine bleue,
en faifant entrer les deux pivots dans
les trous marqués des mêmes lettres.
Ajuftez au canon extérieur 3, la piece
F, ayant foin que la corde fans fin
foit croifée, & qu'elle embraffe d'une
part la poulie D D , & de l'autre
part celle qui eft à l'extrémité de la
tige qui porte la planete, comme on
le peut voir par la *Figure* 15. Imaginez de plus que la Terre ou l'Obfervateur eft au centre du planétaire S, & que la planete eft illuminée.

Tournez la manivelle pour faire
avancer la tige qui porte le petit

globe, vous verrez qu'il décrit dans son orbite une espece de courbe, (*fig.* 16), qu'on nomme *épicycloïde*, laquelle étant supposée, on peut, jusqu'à un certain point, rendre raison de ces irrégularités qu'on observe dans les révolutions de planetes.

APPLICATIONS.

LORSQUE la planete est dans la partie supérieure de son épicycloïde en *A*, par exemple, elle se meut suivant l'ordre des signes du Zodiaque, comme si elle étoit uniquement transportée par le rayon *T A*. Mais le mouvement d'épicycloïde venant à se joindre au mouvement direct, la fait avancer en *B*, en *C*, en *D*, &c, c'est-à-dire, plus qu'elle ne feroit, si elle n'avoit que le dernier de ces deux mouvements : c'est ainsi qu'on peut expliquer ses accélérations.

Vers la partie inférieure *E*, le mouvement d'épicycloïde n'ajoute presque plus rien au mouvement direct, parce que sa direction n'est plus selon l'ordre des signes, mais presque parallele au rayon *F T* de l'orbite,

bité, & cela rend raifon des retar-
demênts de la planete. Vers *F*, le
mouvement d'épicycloïde commence à fe faire en fens contraire du
mouvement direct ; d'abord l'un
compenfe juftement l'autre, & par
cette raifon, le Spectateur placé en
T , voit l'aftre pendant quelque
temps au même lieu du Ciel, & le
juge ftationnaire.

Enfin le mouvement d'*F* en *G*,
devenant plus rapide que le mouvement direct, fait plus que com-
penfer celui-ci ; & par l'excès de
l'un fur l'autre, la planete fe meut
pendant quelque temps contre l'ordre des fignes, & devient rétrograde.

Cette maniere d'expliquer les irrégularités des planetes eft tout-à-fait
ingénieufe ; c'eft dommage qu'elle
manque de cette fimplicité qui ca-
ractérife tout ce que fait la nature,
& qui exige que nous donnions la
préférence aux hypothèfes qui s'en
écartent le moins. A ce titre les explications de Ptolomée doivent le
céder à celles de Copernic, qui ne
fuppofent rien que l'inftabilité de
l'Obfervateur caufée par le mouve-

Tome VI. F

ment de la Terre autour du Soleil ,
mouvement indiqué par l'exemple
des autres planetes , & conftaté de
nos jours par les preuves les plus décifives.

Pourquoi
les Planetes
ne s'éclip-
fent que ra-
rement dans
leurs oppo-
fitions &
conjonc-
tions.

Q u a n d on penfe que toutes
les planetes , tant du premier que
du fecond ordre , font leurs révolutions les unes plus promptement que
les autres ; non-feulement on doit
conclure qu'elles changent continuellement d'afpects entr'elles, comme nous l'avons remarqué plus haut;
mais une conféquence qui fe préfente
encore naturellement à l'efprit, c'eft
que dans le temps des conjonctions,
celle qui paffe plus près du Soleil ,
doit couvrir de fon ombre & éclipfer
la plus éloignée ; & c'eft effectivement ce qui ne manqueroit pas d'arriver , fi toutes les orbites étoient
dans un feul & même plan : car alors
les planetes , en les parcourant, pafferoient à coup fûr les unes devant
les autres , & cauferoient autant d'é-
clipfes. Mais la fageffe du Créateur y
a pourvu : de toutes les orbites il
n'y en a pas deux qui foient en même plan. Elles font toutes plus ou

moins inclinées les unes aux autres,
de maniere que quand deux planetes
paſſent l'une devant l'autre, il arrive
preſque toujours que la plus éloignée reçoit les rayons du Soleil,
qui viennent par-deſſus ou par-deſſous
celle qui paſſe entre cet aſtre & elle :
vous verrez ceci d'une maniere ſenſible, en faiſant ce qui ſuit.

S I X I E M E O P E R A T I O N.

APRÉS avoir ôté ce qui a ſervi
dans l'opération précédente, prenez
dans le coffret un cercle de cuivre
qui a deux piliers H, H, (*fig.* 17);
placez leurs pivots dans les trous
marqués des mêmes lettres ſur la
grande platine, & rendez les bords
du cercle paralleles à l'écliptique.
Ajuſtez la piece 1 au canon extérieur 3, & remettez la groſſe boule
dorée au centre pour repréſenter le
Soleil, comme dans la *Figure.*

Si vous tournez la manivelle juſqu'à ce que la tige qui porte la petite boule ait fait un tour entier,
vous obſerverez que le bout qui eſt
tourné vers le Zodiaque, décrit préciſément l'écliptique, & que la pe-

tite boule *T* qui repréſente ici la Terre, parcourt une orbite qui eſt dans le plan de ce même cercle.

Inclinez enſuite le cercle de cuivre d'une médiocre quantité, au plan de l'écliptique, (*fig.* 18), & tournez de nouveau la manivelle.

Vous obſerverez que le bout de la tige qui porte la boule *P*, décrit un cercle qui coupe obliquement celui de l'écliptique en deux points diamétralement oppoſés ; ce qui fait que cette boule, qu'on doit prendre ici pour toute autre planete que la Terre, répond à des endroits du Zodiaque, tantôt plus haut, tantôt plus bas que l'écliptique.

APPLICATIONS.

Orbites des Planetes inclinées plus ou moins les unes que les autres au plan de l'écliptique.

On peut voir, par cette opération, comment toutes les planetes (en exceptant la Terre) ont des orbites plus ou moins inclinées au plan de l'écliptique ; chacune d'elles, pendant ſa révolution, s'abaiſſe donc d'une certaine quantité au-deſſous de cette ligne, pour remonter enſuite d'autant au-deſſus : ce ſont ces écartements de part & d'autre qu'on

nomme *latitude* des planetes ; plus
ces latitudes font différentes lorfque
les planetes paffent les unes devant
les autres, moins celles-ci courent
rifque de s'éclipfer.

On nomme *latitude feptentrionale*
celle que prend une planete dans la
partie du Zodiaque, appartenant à
l'hémifphere boréal ; & *latitude méridionale*, celle qu'elle a dans la
partie de cette même Zone qui dépend de l'hémifphere auftral. Or il
arrive fouvent que de deux planetes
qui font en conjonction, l'une eft
au-deffus, l'autre au-deffous de l'é-
cliptique, avec une certaine latitude ; elles font encore moins dans le
cas de l'éclipfe.

Quoique les orbites foient diver-
fement inclinées entr'elles & au plan
de l'écliptique, elles ont cela de
commun, qu'elles coupent cette ligne circulaire en deux points diamétralement oppofés, qu'on appelle *les nœuds*. Et comme chaque
planete, en parcourant fon orbite,
fe trouve dans un de fes nœuds, en
paffant de la partie inférieure du
Zodiaque à la partie fupérieure, &

Nœuds des
Orbites.

dans l'autre, en retournant de celle-ci dans celle-là, on a nommé le premier *nœud aſcendant* , & le ſecond *nœud deſcendant* , & l'on appelle *ligne des nœuds* , celle qui aboutit de l'un à l'autre en traverſant l'orbite.

A l'exception de la Lune, toutes les autres planetes ont des orbites fixes ; c'eſt-à-dire , que chacun de ces aſtres , en faiſant ſes révolutions périodiques , coupe toujours l'écliptique aux mêmes points , en montant & en deſcendant , & que ſes plus grandes latitudes ſeptentrionale & méridionale , ſont conſtamment aux mêmes endroits du Zodiaque ; ou ſi ces 4 points ſont ſujets à quelques variations , elles ſont ſi peu conſidérables qu'on peut les négliger ici. •

Cometes.
Leur nature. OUTRE les ſix planetes primitives qui tournent autour du Soleil , & que nous ne perdons point de vue, pour ainſi dire , il paroît de temps-en-temps au Ciel d'autres aſtres qu'on croit être de même nature qu'elles , mais qui ſe montrent ſous une forme différente , & pour peu de temps.

Ces corps , que l'on nomme *Co-*

metes, ne font pas des météores, comme on l'a cru d'abord, & comme quelques Auteurs l'ont prétendu depuis; il eſt prouvé d'une maniere inconteſtable, qu'ils ſont toujours plus élevés que la Lune, & par conſéquent bien au-delà de notre atmoſphere. Ils ne deviennent viſibles pour nous, que quand la partie de leur ſurface, qui eſt illuminée par le Soleil, eſt aſſez proche pour être apperçue de la Terre; & pluſieurs d'entr'eux ont paſſé ſi près de cet aſtre, que s'ils n'euſſent été bien compactes & bien ſolides, ils euſſent été immanquablement conſumés par la chaleur exceſſive qu'ils ont dû éprouver.

LA partie la plus lumineuſe d'une comete, eſt ordinairement enveloppée d'une eſpece d'atmoſphere moins brillante : pour diſtinguer ces deux parties l'une de l'autre, on appelle la premiere *le Noyau*, & la ſeconde *la Chevelure*; delà vient le nom de *Comete*, c'eſt-à-dire aſtre chevelu (ᵃ).

Leurs figures.

La comete ordinairement traîne encore après elle une queue lumi-

(a) Du mot Latin *Coma*, qui ſignifie chevelure.

neufe , qui eft quelquefois très-longue , toujours oppofée au Soleil, & qu'on croit être une vapeur occafionnée par la chaleur de cet aftre; car on remarque que cette queue augmente & diminue , fuivant que la comete fe trouve plus ou moins près de lui.

La rareté de leurs apparitions.

POUR expliquer les rares apparitions des cometes, les Aftronomes ont imaginé qu'elles faifoient leurs révolutions dans des ellipfes fort alongées. Le Soleil occupant l'un des foyers, comme aux orbites des planetes , on peut comprendre par la feule infpection de la figure 19, pourquoi ces aftres font fi long-temps à reparoître dans notre fyftême planétaire ; car premiérement la partie *A B C* leur donne bien plus de chemin à faire, que la petite portion qui embraffe de plus près le Soleil. Et en fecond lieu l'analogie des autres mouvements céleftes nous porte à croire qu'elles ralentiffent leurs marches en s'éloignant de cet aftre, comme elles l'accélerent à mefure qu'elles s'en approchent.

Il n'en eft pas des orbites des

cometes

cometes comme de celles des pla- netes; celles-ci ne s'écartent point de l'écliptique au-delà de fept à huit degrés; la largeur du Zodiaque les contient toutes, & fuffit à leur plus grande latitude; au lieu que ces el- lipfes ou paraboles, que décrivent les cometes par leurs révolutions pé- riodiques, fe portent vers des par- ties du Ciel fort différentes les unes des autres, foit dans l'hémifphere feptentrional, foit dans l'hémifphere méridional.

XVIII.
LEÇON.

Aberrations de leurs or- bites par rap- port à l'E- cliptique.

Il eft à remarquer auffi que ces aftres different encore des planetes en ce qu'ils ne marchent pas tou- jours comme elles, felon l'ordre des fignes, c'eft-à-dire, d'Occident en Orient; mais fouvent on leur voit tenir une route toute oppofée; au lieu du mouvement direct, ils ont celui qu'on nomme *rétrograde*.

Leurs rétro- gradations par rapport aux fignes du Zodiaque.

Séneque avoit raifon de dire (ᵃ) avec plufieurs Philofophes de la plus haute antiquité, que les cometes ne font point des feux accidentels & paffagers, mais de véritables aftres

(a) Queftions Naturelles, Liv. 7, Chap. III.

Prédictions
de leurs re-
tours véri-
fiées.

auſſi permanents que les autres, &
qu'un jour viendroit que le ſecret de
la nature, à l'égard de ces phénomenes, ſeroit enfin dévoilé. Cette
prédiction s'accomplit de nos jours;
Halley faiſant uſage de la théorie
de Newton, oſa le premier prédire
pour l'année 1757 ou 1758, le retour de la comete qui avoit paru en
1682; MM. Clairaut & d'Alembert,
par des méthodes plus ſûres, & par
des théories plus approfondies, ont
annoncé la même choſe avec une
préciſion que l'événement a juſtifiée;
cette comete fut apperçue à Paris le
21 Janvier 1759.

Ces feux céleſtes dont la forme
extraordinaire & l'apparition im-
prévue faiſoit naître ci-devant la
terreur ou la joie, ſuivant les affections ou le caprice de ceux qui
cherchoient à les interpréter, doivent donc être regardés aujourd'hui
par tout le monde, comme des aſtres dont le cours eſt aſſujetti à des
loix conſtantes, & qui n'influent pas
plus ſur nos affaires que Jupiter ou
Saturne.

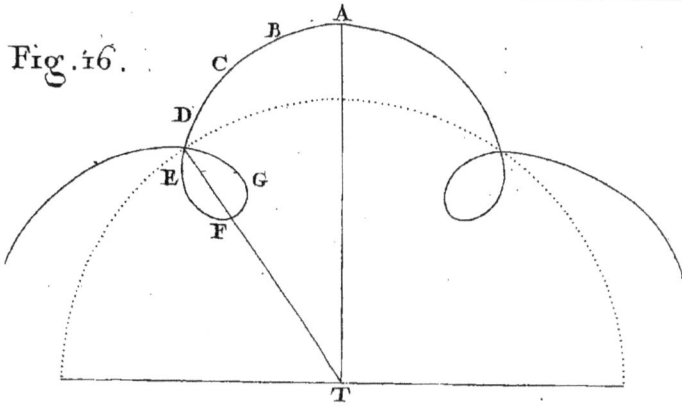

Fig . 16 .

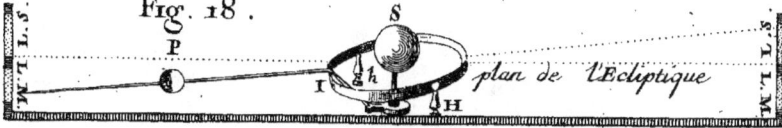

Fig . 18 .

plan de l'Ecliptique

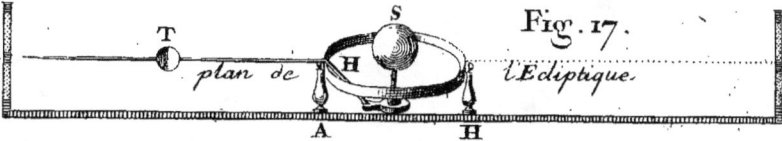

Fig . 17 .

plan de l'Ecliptique

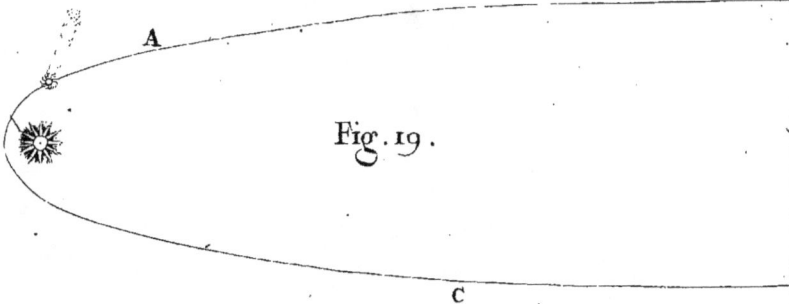

Fig . 19 .

Gobin del. et Sculp.

II. SECTION.

Où l'on fait connoître plus particu-
liérement les mouvements du So-
leil, de la Terre & de la Lune,
avec les Phénomenes qui en ré-
fultent.

LE GLOBE terreftre eft notre ha-
bitation ; le Soleil & la Lune
font les deux principaux luminaires
qui répandent la clarté fur tous les
objets qu'il nous importe de connoître, & qui vivifient par une
douce chaleur, ce qui doit s'en-
gendrer, croître & mûrir pour fatisfaire à nos befoins : le cours de
ces deux aftres mefure les temps qui
partagent notre vie, & qui reglent
nos actions. Tous ces titres, & tant
d'autres qu'il feroit fuperflu de rappeller ici, femblent exiger de nous
une attention particuliere pour ces
trois corps ; ainfi je vais reprendre &
continuer les opérations du Planétaire.

G ij

Septieme Operation.

Il faut faire descendre la tige de la manivelle par les trous qui traversent les grands cercles au signe du Bélier, pour saisir le quarré d'acier qui excéde un peu le plan du second de ces cercles.

Prenez ensuite dans le coffret un petit globe terrestre, armé d'un méridien & d'un horizon de cuivre; & dont l'axe prolongé au-delà du pole antarctique, tourne librement dans le milieu d'une espece de cadran divisé en 24 parties égales, & sous lequel est une roue dentée.

Faites entrer cette roue, qui est percée au centre, sur une tige d'acier qui excede le plan du cercle lunaire.

Faites tourner la platine bleue jusqu'à ce que le globe terrestre réponde au premier degré du Capricorne, & tournez le petit cadran au centre duquel est implanté son axe, de maniere que l'hémisphere austral réponde à ce même point du Zodiaque.

Ayez soin d'incliner aussi le petit

horizon fuivant le degré de latitude
d'un lieu quelconque, par exemple,
de Paris.

Mettez le globe doré qui repréfente le Soleil au centre du planétaire : faites paffer dans un trou qui
traverfe diamétralement cette boule, une aiguille de cuivre que vous
trouverez dans le coffret, & qui a
un fupport marqué *K*, dont il faudra
enfoncer le pivot dans un trou défi-
gné par la même lettre fur la platine : voyez *la Figure* 20 qui repréfente toutes ces pieces enfemble ; la
grande platine étant repréfentée par
fon diametre *A A*, & les deux parties
diamétralement oppofées du Zodiaque par les deux lignes *A B*,
A D.

Il faut de plus imaginer que les
grands cercles qui repréfentent le
Zodiaque ou le Ciel étoilé, font
tellement agrandis, que la diftance
qu'il y a entre le globe terreftre *T* &
la boule dorée *S*, foit prefque nulle,
& qu'on puiffe regarder la Terre
comme étant fenfiblement au centre de la machine.

Tout étant ainfi difpofé, fi vous

G iij

faites faire à la Terre un tour entier sur son axe d'Occident en Orient, vous pourrez observer, 1°, que l'aiguille qui vient de la boule dorée, & qui représente un rayon central du Soleil, trace sur le globe terrestre un cercle qui est celui qu'on nomme *le tropique du Cancer* ; & que le bout de l'aiguille parcourt d'Orient en Occident les différents points de ce cercle.

2°, Que l'horizon coupe obliquement ce cercle en deux parties inégales, dont la plus grande est au-dessus, & l'autre au-dessous.

3°, Que si l'on change la position de l'horizon, ces deux parties du cercle tracé par l'aiguille, different d'autant moins de grandeur entr'elles, que les bords de l'horizon s'approchent davantage des poles du globe ; de sorte que quand ils passent précisément par ces deux points, le cercle dont il s'agit, est divisé en deux parties parfaitement égales.

4°, Que si au contraire on approche l'horizon de l'équateur, de maniere qu'il soit contenu entre les deux tropiques du Cancer & du Capricorne , le cercle tracé par l'ai-

APPLICATIONS.

LA TERRE eft un corps fphérique, Figure de
la Terre. ou à peu - près (ᵃ). L'on n'en peut pas douter quand on confidere que les différentes parties de fa furface ne reçoivent que fucceffivement la lumiere du Soleil ; car fi elle étoit plane, tous les peuples qui l'habitent appercevroient cet aftre & tous les au-tres en même temps, comme une chan-delle allumée qu'on éleve au bord d'une table , devient vifible auffi-tôt d'un bout à l'autre.

Ce qui prouve encore la fphérici-té de la Terre, c'eft qu'en cheminant de quelque côté que ce foit dans la plaine la plus unie , nous perdons de vue les objets dont nous nous éloignons , tandis que nous en dé-couvrons de nouveaux en avançant.

Je n'infifte pas davantage fur cette vérité, parce qu'elle eft fuffifamment connue de tout le monde ; mais il

(a) Voyez ce que j'ai dit de la figure de la Terre dans la VIᵉ Leçon, Tom. II , pag. 148 & fuiv.

est à propos de remarquer que cet arrondissement de la Terre ne nous permet pas de voir bien loin autour de nous ; quand nous nous trouvons en plein champ, il nous semble toujours que nous sommes au centre d'un espace circulaire, dont le diametre, à en juger par les objets connus, peut avoir 12 ou 15 lieues, peut-être davantage si ces objets ont beaucoup de hauteur, ou que nous soyons placés dans un lieu fort élevé ; mais sur une mer calme, dans une plaine très-vaste & fort unie, il est aisé de démontrer que l'œil placé à 6 pieds au-dessus du terrein, perd de vue les objets qui sont à raze-terre, quand ils sont à une distance de 2557 toises ; ce qui ne donne pas trois lieues communes de France pour le diametre de l'espace circulaire dont il s'agit.

La circonférence de ce cercle, toute petite qu'elle est, paroît pourtant toucher le Ciel : c'est que le Spectateur placé en *a*, (*fig. 21*), n'appercevant point la distance *b h*, rapporte les objets visibles les plus éloignés au point *b* où se termine la portée de sa vue sur la Terre.

LE plan de ce cercle prolongé ou étendu jufqu'au Ciel étoilé, eft ce qu'on nomme *l'horizon* ; tout ce qui eft au-deffus eft vifible pour nous, tout ce qui eft au-deffous nous eft caché. Si l'on avoit l'œil au centre de la Terre, l'horizon repréfenté par fon diametre *H H*, partageroit exactement la fphere en deux parties égales ; quand on eft à la furface, comme en *a*, par exemple, il eft aifé de voir que l'horizon rend l'hémifphere fupérieur plus petit que l'hémifphere inférieur ; mais fi l'on confidere combien la Terre eft petite en comparaifon de la vafte étendue des Cieux, on concevra tout d'un coup que le demi-diametre *T a*, n'eft, pour ainfi dire, qu'un point, par comparaifon à la ligne *T H*, & que *h h* ne differe pas fenfiblement de celle-ci.

Cependant comme ce dernier horizon *H H*, dont le plan paffe par le centre de la Terre, n'eft fujet à aucune variation de grandeur, & que l'autre, par certaines circonftances, peut nous laiffer voir un peu plus ou un peu moins de la voûte célefte,

XVIII.
LEÇON.
Horizon
tant ratio-
nel que fen-
fible.

les Aſtronomes ont jugé à propos de les diſtinguer en appellant *H H*, *Horizon rationel*, & *h h*, *Horizon ſenſible*.

Puiſque chacun eſt au centre de ſon horizon, il faut conclure qu'on en peut compter autant qu'il y a de points à la ſurface de la Terre, & que nous en changeons à chaque pas que nous faiſons dans quelque direction que ce ſoit ; l'horizon de Paris n'eſt donc pas celui de Lyon ; une partie de l'hémiſphere céleſte, qui eſt apparent ſur celui-ci, ne ſe voit pas en même temps ſur celui-là.

LES Aſtronomes, pour certains uſages, ont imaginé une ligne droite qui paſſe perpendiculairement par le centre de l'horizon, & qui ſe termine à la voûte céleſte, d'une part au point *Z*, & de l'autre au point *N*; le premier de ces deux points s'appelle *le Zénith*, & le ſecond *Nadir*. On pourroit les regarder comme les poles de l'horizon ; ils changent comme lui pour chaque lieu.

Conſidérons maintenant ce qui doit réſulter de la rotation de la Terre autour de ſon axe, pour ces différents horizons ; ce mouvement

XVIII. LEÇON.

Poles de l'horizon, Zénith & Nadir.

suppofe à la furface du globe terreftre deux points diamétralement
oppofés fur lefquels il roule, c'eft
ce qu'on nomme *les Poles* : pour les
diftinguer entr'eux, on nomme celui
qui eft dans la partie du Nord, *le
Pole arctique*, ou *boréal*, ou *feptentrional;* on appelle l'autre *le Pole antarctique*, ou *auftral*, ou *méridional*.
Voyez *la Figure* 22 qui repréfente
les poles de la Terre, ceux de l'horizon, & les principaux cercles de
la fphere, par leurs diametres.

Poles du monde.

SUPPOSONS donc premiérement un
Obfervateur placé fur la Terre, dans
un lieu également éloigné des deux
poles, à Quito, par exemple, qui
eft une des principales villes du Pé-
rou, (*fig.* 23) : cet homme emporté
par le mouvement diurne de la Terre, paffe en 24 heures par tous les
points d'un grand cercle qui divife
le globe en deux hémifpheres égaux.
Ce cercle qu'on imagine comme
fubfiftant, parce qu'il eft d'un grand
ufage dans la Géographie, eft celui
qu'on nomme *l'Equateur terreftre :*
tout Spectateur, placé fur fa circonférence, jouit à fon tour des

Les différen-
tes pofitions
de la Sphere.

apparences céleftes dont nous allons faire mention.

Si celui que nous fuppofons ici eft tourné de maniere qu'il ait à fa gauche le pole arctique, & à fa droite le pole antarctique ; dès qu'il eft nuit, il voit toutes les étoiles qui bordent cette moitié de l'horizon qui fe préfente à lui, monter peu-à-peu d'un mouvement commun juf-qu'à un certain point, & defcendre enfuite jufqu'au bord oppofé, cha-cune ayant décrit au Ciel un demi-cercle pendant douze heures ; & après un pareil efpace de temps, il voit les mêmes étoiles reparoître, & faire un trajet femblable à celui de la nuit précédente.

Il voit faire fenfiblement la même chofe au Soleil, à la Lune, & aux autres planetes ; mais comme ces aftres, outre cette révolution com-mune qui n'eft qu'apparente, ont un mouvement qui eft particulier à cha-cun d'eux, il a des différences à ob-ferver à leur égard, dont je parlerai dans la fuite.

Quoique le mouvement du Ciel étoilé ne foit qu'apparent, il ne faut pas moins imaginer qu'il se fait sur deux points qui répondent à ceux sur lesquels le globe terrestre se meut réellement ; ces deux points s'appellent *les Poles du monde* ; ils se distinguent par les mêmes noms que ceux de la Terre, & sont tous deux dans la circonférence de l'horizon pour les habitants de l'équateur.

On étend aussi le plan de l'équateur terrestre jusqu'au Ciel étoilé, pour distinguer les deux hémisphe-res célestes qui répondent à ceux dont ce même cercle fait la sépara-tion sur la Terre. On le nomme aussi *Ligne équinoxiale*, pour des raisons qu'on verra ci-après. Revenons à notre Spectateur Péruvien.

Toutes les étoiles lui paroissent donc décrire des demi-cercles au-dessus de l'horizon, & il doit penser qu'elles en font autant au-dessous ; car cette apparence résulte de la rotation de la Terre qui est continue & uniforme, & la durée de leur absence est égale à celle de leur apparition.

Ces cercles sont paralleles en-tr'eux, puisque chaque étoile est fixe dans sa position, & que le mouvement qu'elle paroît avoir eſt commun à toutes ; c'eſt ſans doute le paralléliſme de ces cercles qui n'exiſtent qu'en idée, qui a porté les Aſtronomes & les Géographes à tracer ſur les globes terreſtres, depuis l'équateur juſqu'aux poles, toutes ces lignes circulaires, qu'on nomme *paralleles* ou *cercles de latitude*. Mais ce qui diſtingue particuliérement le climat dans lequel nous ſuppoſons ici qu'on obſerve les mouvements céleſtes, c'eſt que tous les aſtres qui ſe levent pour commencer, ou qui terminent en ſe couchant les demi-cercles dont nous venons de parler, ont toujours une direction perpendiculaire à l'horizon, ce qu'on appelle avoir *la ſphere droite*. (*Fig.* 23).

Toutes les étoiles qui ſe ſont levées en même temps, notre Spectateur les voit arriver enſemble au bout de ſix heures, à leur plus grande hauteur ; elles ſont alors rangées d'un pole à l'autre dans un demi-cercle, qu'on nomme *le méridien*, parce qu'il diviſe en deux parties égales la portion de cercle que chaque aſtre, & par conſéquent

le Soleil paroît décrire fur l'horizon, ainfi que le temps qu'il emploie à l'éclairer : comme ce demi-
cercle comprend tous les points de
plus grande hauteur des aftres, on
imagine bien que tous les points de
leur plus grand abaiffement fous
l'horizon, forment un autre demi-
cercle, qui fait avec le méridien un
cercle entier ; l'un détermine le
Midi, & l'autre le *Minuit* : ce cercle
idéal qui coupe l'horizon à angles
droits en paffant par les poles du
monde, & par le zénith de chaque
lieu, fe multiplie autant qu'il y a de
divifions à l'équateur ; & c'eft ce
qu'on nomme fur le globe terreftre,
degrés de longitude : on les compte
d'Occident en Orient, & la plupart
des Géographes modernes prennent
pour premier méridien, celui qui
paffe par l'Ifle-de-Fer la plus occi-
dentale des Canaries.

Dans la fphere droite, comme
dans la fphere oblique dont nous
parlerons bientôt, le Soleil, la
Lune, & les autres planetes ne fe
levent & ne fe couchent pas toujours
aux mêmes points de l'horizon com-

me les étoiles fixes : les orbites que
ces aftres parcourent par leurs mouvements propres, coupant obliquement l'équateur, on les voit tantôt
au Nord, tantôt au Sud de ce cercle ;
ainfi, felon qu'ils font plus ou moins
avancés de l'un ou de l'autre côté,
leurs levers & leurs couchers déclinent de l'équateur à droite ou à
gauche d'une quantité plus ou moins
grande. Cet écartement fe nomme
déclinaifon, & fe mefure par l'arc du
méridien intercepté entre l'équateur
& le point où l'aftre coupe le méridien.

Mais ce qu'il y a de remarquable
à cet égard dans la fphere droite,
c'eft que quelque déclinaifon feptentrionale ou méridionale qu'un
aftre puiffe avoir, fa préfence fur
l'horizon eft toujours de 12 heures ; la durée du jour par conféquent y eft perpétuellement égale à
celle de la nuit. Delà vient, fans
doute, que dans ces climats que
l'on nomme *la Zone torride*, la chaleur qui devroit être exceffive, eu
égard à l'action directe du Soleil, y
eft cependant fupportable ; la longueur

gueur des nuits donne le temps à la Terre & à l'atmofphere de fe rafraîchir.

Tranfportons à préfent notre Obfervateur dans quelque endroit de la Terre, qui foit fitué entre l'équateur & l'un des deux poles ; à Paris, par exemple, & voyons comment le mouvement diurne du globe lui fera voir le Ciel.

Il faut confidérer, avant toutes chofes, que fon zénith n'étant éloigné du pole que d'environ 41 degrés, le point feptentrional de fon horizon doit être abaiffé de 49 degrés ou environ au-deffous de ce même pole : car il faut que ces deux diftances, celle du zénith au pole, & celle du pole à l'horizon, égalent enfemble 90 degrés, qui eft la quantité dont le Zénith eft toujours éloigné de l'horizon ; & comme le plan de l'équateur coupe l'axe de la Terre à angles droits, on doit penfer que ce cercle s'éloigne du zénith, & s'incline à la partie auftrale de l'horizon de la même quantité dont le pole arctique eft élevé au-deffus de la partie oppofée H, (*fig.* 22).

Tome VI. H

Quand l'équateur & ſes paralleles ſont inclinés à l'horizon, cela s'appelle avoir *la ſphere oblique* ; & cette obliquité peut augmenter depuis la ſphere droite juſqu'à celle où l'horizon & l'équateur ſont dans le même plan, & qu'on nomme pour cela *la ſphere parallele* ; de ſorte que ſuivant la poſition des lieux, le pole peut s'élever ſur l'horizon depuis o juſqu'à 90 degrés. Revenons à la poſition de Paris, où le pole eſt élevé d'environ 49 degrés comme je l'ai dit plus haut.

Le Spectateur tournant avec la Terre, paſſe par tous les points d'un cercle plus petit que l'équateur terreſtre, incliné comme lui à l'horizon, & qui coupe le méridien au 49e degré de latitude ſeptentrionale; & il met à faire cette révolution autant de temps que s'il étoit dans l'équateur, c'eſt-à-dire 24 heures. Voilà ce qu'il y a de réel, & ce qu'il n'apperçoit pas cependant ; parce que tout ce qui eſt autour de lui, eſt emporté avec lui d'un mouvement commun, qui ne cauſe aucun changement dans la poſition reſpective

XVIII. Leçon.

La Sphere oblique.

des objets qui l'environnent auffi loin que fa vue peut s'étendre.

S'il confidere le Ciel pendant la nuit, il voit une partie des étoiles fortir du bord oriental de l'horizon, monter au méridien, defcendre vers l'Occident pour fe coucher, & reparoître la nuit fuivante pour recommencer la même révolution.

Il peut remarquer, 1°, que chacune de ces révolutions fe fait dans un cercle parallele à l'équateur, par conféquent incliné de la même quantité que lui à l'horizon.

2°, Que ceux de ces aftres qui appartiennent à l'hémifphere feptentrional, décrivent depuis leur lever jufqu'à leur coucher des portions de cercles plus grandes, & demeurent plus de temps fur l'horizon que ceux de l'hémifphere méridional.

3°, Que ces différences vont en augmentant à proportion que ces aftres font plus loin de l'équateur de part & d'autre.

4°, Qu'à latitudes égales, ceux de l'hémifphere auftral, demeurent autant de temps fous l'horizon que ceux de l'hémifphere boréal en paffent deffus. H ij

5°, Que les étoiles qui réponden à une diftance de l'équateur vers le Sud plus grande que de 41 degrés, ne paroiffent jamais fur l'horizon; & que celles qui s'écartent de ce cercle de 41° vers le Nord, font leurs révolutions entieres fur l'horizon, & ne fe couchent jamais.

Quant aux aftres qui paffent comme nous l'avons déja dit, d'un hémifphere à l'autre, tels que le Soleil, la Lune, & les autres planetes, les arcs qu'ils décrivent fur l'horizon, & le temps qui s'écoule depuis leur lever jufqu'à leur coucher, ont les mêmes rapports entr'eux que ceux des étoiles qui font dans les mêmes zones du Ciel. C'eft-à-dire, par exemple, que quand le Soleil a paffé l'équateur, & qu'il eft dans l'hémifphere feptentrional, il eft plus long-temps fur l'horizon que deffous, les jours font plus longs que les nuits, & d'autant plus longs que cet aftre eft plus avancé dans cet hémifphere; c'eft tout le contraire avec les mêmes proportions, lorfqu'il eft dans l'hémifphere auftral; & il en eft de même de la Lune.

On voit aifément que tout ce qu'il y a de particulier pour cette pofition de la fphere, réfulte néceffairement du mouvement diurne & réel de la Terre, eu égard à l'obliquité de fon axe de rotation : car chaque lieu du globe terreftre faifant une révolution circulaire, l'aftre qui fe trouve vis-à-vis de lui, quand il la commence, doit répondre fucceffivement & en fens contraire à tous les points d'un pareil cercle. Cette correfpondance fuivie, donne donc à l'aftre une apparence de circulation qui doit imiter en tout le mouvement réel qui en eft la caufe. Voilà pourquoi les étoiles qui correfpondent à ceux des parallèles terreftres, que l'élévation du pole tient tout entier hors de l'horizon, paroiffent circuler de maniere qu'elles ne fe couchent jamais ; & que celles qui font dans le cas oppofé ne fe levent point. Voilà pourquoi tous les autres aftres intermédiaires paroiffent circuler obliquement à l'horizon, & demeurent deffus d'autant plus long-temps, qu'ils répondent à des parallèles moins diftants du pole arctique. Difons un mot de la fphere parallele.

J'ai déja dit qu'on appelle ainfi la fphere d'un lieu dont l'horizon eft dans le plan même de l'équateur, (*fig.* 24) : il faut pour cela avoir fon zénith au pole du monde ; un homme placé en tel endroit fur la terre , par exemple, au pole arcti-que , ne pourroit voir que cette moitié du Ciel qu'on nomme *l'hé-mifphere feptentrional ;* toutes les au-tres étoiles feroient perpétuellement cachées pour lui , puifqu'elles fe-roient à fon égard au-delà de l'é-quateur qu'on fuppofe confondu avec l'horizon. Cet homme debout tourneroit comme fur un pivot de droite à gauche ; mais comme ce mouvement , qui feroit très-égal & fort lent , puifqu'il ne lui feroit faire qu'un tour en 24 heures , ne changeroit rien au rapport qu'ont avec lui les objets terreftres ; il ne manqueroit pas de l'attribuer aux différentes parties du Ciel , parce qu'il leur verroit changer continuel-lement de pofition relativement à lui , & dans un fens oppofé ; il croi-

roit donc les voir tourner de gauche
à droite autour de lui.

Les étoiles lui paroîtroient décrire des cercles entiers, tous paralleles entr'eux & à l'horizon ; parce
que dans cette pofition de la fphere
dont il s'agit ici, le zénith qui eft
le pole de l'horizon, fe trouve être
auffi celui du monde, fur lequel
roulent tous ces mouvements apparents : & par la même raifon les aftres les moins élevés lui paroîtroient
faire leurs révolutions dans de plus
grands cercles que les autres.

Les planetes ayant leurs mouvements propres dans des orbites qui
ne s'écartent pas bien confidérablement du plan de l'écliptique, fe
trouvent par conféquent comme ce
cercle, tantôt d'un côté de l'équateur, tantôt de l'autre, c'eft-à-dire,
dans un temps au-deffus, & dans un
autre temps au-deffous de l'horizon.
Chacune d'elles ayant, comme les
étoiles, des révolutions apparentes
& circulaires de 24 heures, ne ceffe
pas d'être vifible pendant la moitié
du temps qu'il lui faut pour parcourir fon ellipfe. L'habitant du pole ,

s'il y en a, voit donc circuler le Soleil pendant fix mois autour de lui,
& la Lune pendant 14 jours &
quelque chofe de plus ; après quoi
il feroit autant de temps fans les
revoir , fi des caufes particulieres,
dont je parlerai par la fuite, ne pro-
longeoient la préfence de ces aftres
au-delà du temps qu'ils ont à être
fur l'horizon ; mais tout ceci s'entendra mieux après l'opération fuivante du planétaire.

Huitieme Operation.

Remettez toutes les pieces du
planétaire dans l'état où elles étoient
au commencement de l'opération
précédente, & comme elles font repréfentées par *la Figure* 20.

Faites tourner la grande platine
avec la manivelle, jufqu'à ce que le
globe terreftre ait fait un tour entier
autour de la boule dorée qui repréfente le Soleil ; mais ayez foin d'arrêter de temps en temps, pour faire
tourner avec la main la Terre fur
fon axe.

En procédant ainfi, vous obferverez, 1°, que la Terre en faifant
une

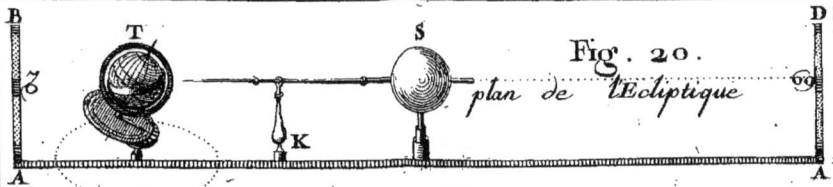

Fig. 20.

plan de l'Ecliptique

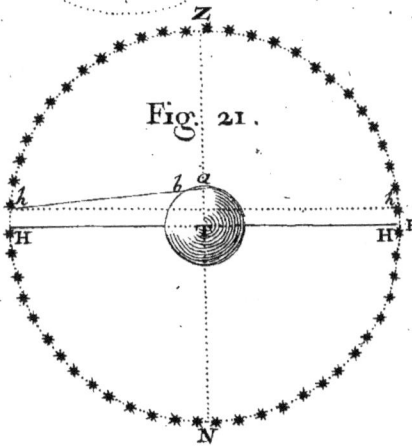

Fig. 21.

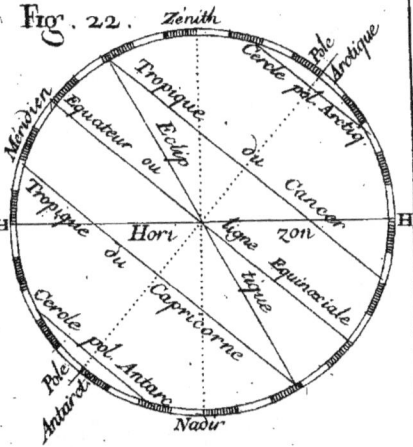

Fig. 22.

Zénith

Méridien
Cercle pol. Arctiq.
Pôle Arctique
Tropique
Equateur ou
Eclip
du Cancer
tique
Tropique du Capricorne
Hori
Ligne Equinoxiale
zon
tique
Cercle pol. Antarc.
Pôle Antarct.
Nadir

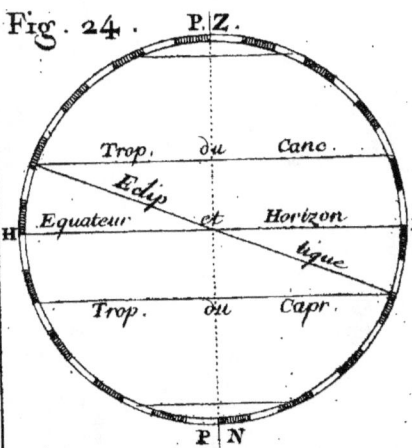

Fig. 24.

P. Z.

Trop. du Canc.
Eclip
Equateur et Horizon
tique
Trop. du Capr.

P N

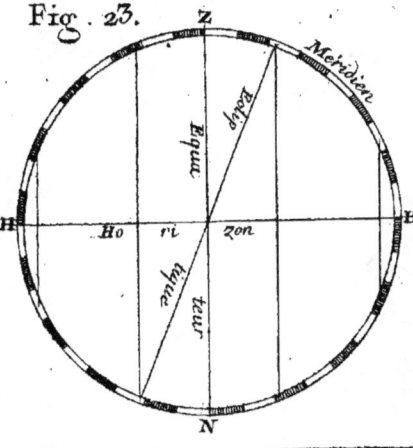

Fig. 23.

Z

Méridien
Equa
teur
Ho ri zon
Equa
tique
teur

N

Gobin del. et Sculp.

une révolution entiere autour du
Soleil, d'Occident en Orient; ou
ce qui est la même chose, suivant
l'ordre des signes du Zodiaque, voit
cet astre répondre successivement,
& dans le même sens, à tous ces
mêmes signes; & comme l'orbite
qu'elle décrit est dans le plan de l'é-
cliptique, cette ligne ou ce cercle
représente dans le Ciel la circulation apparente du Soleil, ou ce
qu'on appelle *son mouvement annuel*. Le Lecteur qui n'aura pas sous
les yeux notre planétaire artificiel,
comprendra aisément ceci par l'infpection de la *Figure 25*. Car quand
la Terre est en *a*, vis-à-vis du signe
du Capricorne, elle rapporte le Soleil à celui du Cancer qui est le
point du Zodiaque, diamétralement
opposé à celui auquel elle répond;
& à mesure qu'elle avance en *b* &
en *c*, &c, ce qui la met successivement vis-à-vis des signes du Verseau,
des Poissons, &c. le Soleil qu'elle
voit toujours dans un lieu du Ciel,
directement opposé à celui auquel
elle répond, lui semble passer du
Cancer au Lyon, de celui - ci à la

Vierge , &c. En un mot , tandis qu'elle décrit par un mouvement réel l'arc *a b c* de son orbite , il lui semble voir le Soleil parcourir l'arc *A B C* de l'écliptique.

2°. , Vous remarquerez que la Terre pendant tout le temps de sa révolution autour du Soleil , maintient constamment son axe incliné de 23 degrés & demi au plan de l'écliptique ; ce qui fait que l'aiguille qui représente un rayon central du Soleil , ne répond pas toujours aux mêmes parties du globe.

Car , par exemple , lorsque le globe terrestre répond au signe du Capricorne comme *T*, (*fig.* 20), & qu'il voit le Soleil *S* vis-à-vis du signe de l'Ecrevisse (ou du Cancer;) si on lui fait faire un tour entier sur son axe , le bout de l'aiguille décrit sur l'hémisphere septentrional un des paralleles de l'équateur , celui qui en est éloigné de 23 degrés & demi à peu-près , & qu'on nomme *le tropique du Cancer.*

Qu'on fasse avancer le petit globe d'un ou deux signes, en faisant tourner la grande platine , alors le Soleil

à son égard paroîtra s'être avancé
d'autant dans la partie oppofée de
l'écliptique ; & s'il fait une révolution fur fon axe , on verra que l'aiguille ne trace plus le même parallèle que ci-devant , mais un autre
qui eft plus près de l'équateur.

Quand il fera arrivé au premier
degré du Bélier , s'il tourne encore fur fon axe , l'aiguille fe
trouvera directement vis-à-vis l'é-
quateur, & parcourra tous les points
de ce cercle dans une révolution
entiere.

En continuant de faire ainfi avancer le globe terreftre dans fon orbite , & en le faifant tourner de
temps en temps fur fon axe , on
peut aifément remarquer que l'aiguille décrit enfuite dans l'hémifphere méridional des paralleles qui
s'éloignent de plus en plus de l'é-
quateur , jufqu'à la diftance de 23
degrés & demi. Le dernier qui touche ce terme eft ce qu'on nomme *le
tropique du Capricorne*, parce qu'alors
la Terre répondant au figne de l'E-
creviffe , voit le Soleil comme fi
cet aftre étoit dans le figne qui eft
diamétralement oppofé.   I ij

Après cela on verra l'aiguille se rapprocher peu-à-peu de l'équateur, & tracer encore une fois ce cercle, quand le globe terreftre répondra au premier degré de la balance ; & il continuera de tracer des paralleles qui s'éléveront de plus en plus au-deffus de l'équateur , jufqu'au tropique du Cancer ; ce qui arrivera quand le globe fera revenu au premier degré du Capricorne d'où il étoit parti.

3°, On peut voir de même ce qui réfulte des deux mouvements annuel & diurne de la Terre, par rapport aux différentes pofitions de la fphere, en faifant varier l'horizon du petit globe terreftre : on reconnoîtra, par exemple, pourquoi dans la fphere droite il regne un équinoxe perpétuel ; car en quelqu'endroit de fon orbite que foit la Terre, en la faifant tourner fur fon axe, on verra toujours que les paralleles tracés par l'éguille qui repréfente le rayon central du Soleil, font coupés en deux parties égales ; ce qui fignifie que dans tous les temps de l'année, les jours font égaux aux nuits,

Si la fphere eft parallèle, on reconnoîtra par le même moyen comment dans toute une année il n'y a
qu'un feul jour de fix mois, & une
feule nuit qui dure autant, à en juger par la préfence du Soleil fur
l'horizon, & par fon abfence: car
l'aiguille qui repréfente cet aftre où
fon action directe, trace des paralleles dans l'hémifphere feptentrional,
qui eft dans cette fuppofition tout
entier au-deffus de l'horizon, pendant les fix mois que la Terre met
à parcourir la partie de fon orbite
qui répond aux fix fignes méridionaux; & elle ne ceffe de les tracer
dans l'autre hémifphere, quand la
Terre parcourt l'autre moitié de
fon orbite qui répond aux fignes
feptentrionaux.

Enfin l'on peut voir de même
comment fe font les accroiffements
& décroiffements des jours & des
nuits dans la fphere oblique, ainfi
que les deux équinoxes. Car tous
les parallèles décrits par l'aiguille
qui tient lieu de rayon folaire, étant
coupés obliquement par l'horizon,
il eft évident qu'il n'y a que ceux

qui paſſent ſur l'équateur même qui ſoient partagés en deux parties égales, & que les arcs de ces paralleles qui ſont au-deſſus de l'horizon, & qui repréſentent la durée de chaque jour, ſont plus grands dans celui des deux hémiſpheres qui a le pole élevé, que dans l'autre dont le pole eſt abaiſſé au-deſſous de l'horizon; différences qui vont en augmentant depuis l'équateur juſqu'aux tropiques de part & d'autre.

Et comme le petit globe terreſtre, en parcourant toute ſon orbite, préſente deux fois ſon équateur à l'éguille, ſavoir, lorſqu'il répond au 1er degré du Bélier, & lorſqu'il eſt vis-à-vis le premier degré de la Balance, il eſt aiſé de comprendre pourquoi, avec cette poſition de la ſphere, il y a dans le cours d'une année, deux équinoxes à ſix mois l'un de l'autre.

APPLICATIONS.

Mouvement annuel du Soleil.

ON VOIT donc, par la huitieme opération du planétaire que dans le ſyſtême dont nous avons fait choix, la révolution annuelle du

Soleil dans l'écliptique, n'est qu'une apparence, comme le mouvement diurne de cet astre ; cependant il est passé en usage d'en parler comme d'une réalité : ainsi pour nous conformer au langage reçu, nous dirons que dans le cours d'une année, le Soleil parcourt les douze signes du Zodiaque en se contenant toujours dans l'écliptique ; qu'il passe deux fois sur l'équateur, en allant & en revenant d'un tropique à l'autre ; qu'il n'excede jamais ces deux termes, & que les deux jours où il s'y trouve s'appellent pour cela l'un *le solstice d'Eté*, l'autre *le solstice d'Hiver* ; comme les deux intersections de l'équateur avec l'écliptique, qui sont au premier point du signe du Bélier, & au premier point du signe de la Balance, se nomment *l'équinoxe du Printemps*, & *l'équinoxe d'Automne*.

XVIII. LEÇON.

SUR QUOI il est bon de remarquer qu'il ne faut pas confondre au Ciel, le signe avec la constellation dont il porte le nom. Lorsque les anciens Astronomes imaginerent de former le Zodiaque, ils le diviserent en douze parties égales de 30

Distinction à faire entre les Signes & les Constellations dont ils portent les noms.

I iv

degrés chacune , & prirent pour premier point de ce cercle une étoile qui eſt à l'oreille du Bélier ; alors cette conſtellation occupoit aſſez exactement la premiere des 12 diviſions du Zodiaque, le Taureau répondoit à la 2ᵉ, les Gémeaux à la 3ᵉ , & ainſi des autres ; mais ce point du Ciel où ſe fait l'équinoxe du Printemps, & où étoit autrefois l'étoile dont je viens de faire mention, ce point, dis-je, par des cauſes que je ſuprime ici, recule tous les ans de 50 ſecondes de degrés (ᵃ); ce qui fait que tout le Ciel étoilé paroît avancer d'autant. Or cet effet s'étant multiplié avec le temps, aujourd'hui les conſtellations du Zodiaque ſont avancées preſque d'une douzieme partie de ce cercle ; de ſorte que chacune d'elles ne répond plus à la diviſion à laquelle elle appartenoit autrefois ; celle du Bélier, par exemple, ſe trouve preſ-

(a) C'eſt ce mouvement qu'on nomme en Aſtronomie *la préceſſion des Equinoxes.* Voyez les Leçons Elémentaires d'Aſtronomie de l'Abbé de la Caille, Nᵒˢ 28. 491, 630, 764, 767.

que toute entiere à la place du Taureau , celui-ci à celle des Gémeaux , &c.

Mais malgré ce déplacement des
figures , on a toujours confervé les
12 premieres divifions du Zodiaque ;
& c'eft-là , à proprement parler , ce
que les Aftronomes appellent les 12
fignes, & qu'ils diftinguent toujours
par les noms de ces conftellations
qui leur appartenoient ancienne-
ment.

Pour faciliter l'intelligence des
principaux phénomenes , qui réfultent des deux mouvements annuel
& diurne de la Terre , nous avons
alternativement fufpendu l'un pour
confidérer l'autre ; ce qui a donné
lieu à quelques inexactitudes qu'il
eft à propos de corriger. Nous avons
regardé les révolutions apparentes
& diurnes du Soleil, comme autant
de cercles paralleles à l'équateur ; &
cela feroit en effet, fi la Terre de-
meuroit fixe dans un point de fon
orbite , tandis qu'elle fait un tour
fur fon axe devant le Soleil ; car
alors les points de fa furface éclairés fucceffivement par le rayon cen-

tral de cet aftre, formeroient enfemble un vrai cercle, une courbe rentrante fur elle-même. Mais fi l'on
confidere que la Terre s'avance dans
fon orbite en même temps qu'elle
tourne devant le Soleil, on conviendra que la trace que laifferoit
fur fa furface un feul & même rayon
folaire, doit être une efpece de fpi-
rale qui vient finir à côté de l'endroit où elle a commencé, & qui
s'éloigne ou s'approche de l'équateur, fuivant que le Soleil va vers
l'un des tropiques, ou qu'il en revient. Imaginez une pelote qu'on
fait tourner devant vous pour recevoir en devidant un fil qui vient de
votre main, & qu'on la fait avancer
infenfiblement de droite à gauche,
ou dans le fens contraire afin que
les circonvolutions du fil, s'arran-
gent les unes à côté des autres; voilà
l'image des révolutions diurnes du
Soleil autour de la Terre; celle-ci
eft la pelote, votre main eft l'aftre,
le fil eft le rayon central ou direct.

Mouvement diurne du So-leil plus lent que celui des étoiles fixes. Si le Soleil n'avoit que le mouvement apparent qui réfulte de la
rotation de la Terre fur fon axe, ce

mouvement qui lui feroit commun avec les étoiles, auroit la même durée pour lui que pour elles, & ne feroit fujet à aucune variation ; ainfi celles qui auroient une fois paffé au méridien avec lui, y pafferoient toujours ; la nuit d'Eté comme la nuit d'Hiver, nous offriroit conftamment les mêmes conftellations ; mais cet aftre, à caufe du mouvement annuel de la Terre, & parce qu'elle a toujours fon axe incliné du même fens, paroît décrire d'Occident en Orient, dans l'efpace d'une année, un grand cercle que nous avons nommé *l'Ecliptique*, & qui par fon obliquité s'écarte de 23 degrés & demi de part & d'autre de l'équateur ; delà il arrive que quand l'étoile, avec laquelle le Soleil étoit parti du méridien, revient y paffer après une révolution diurne, il s'en faut d'une certaine quantité que le Soleil n'y foit encore parvenu ; & les quantités fe multipliant tous les jours, font que les étoiles précédent de plus en plus le Soleil : de forte qu'au bout de fix mois elles ont gagné douze heures d'avance fur lui, & qu'à une

XVIII.
Leçon.

Effet de ce retardement.

heure donnée de la nuit, l'hémiſphere étoilé qui eſt ſur l'horizon
eſt celui qui ſix mois auparavant
étoit deſſous, à pareille heure ; cela
eſt exactement ainſi pour ceux qui
ont la ſphere droite ; & dans le cours
d'une année les habitants de la
ſphere oblique voient ſucceſſivement toutes les conſtellations qui
peuvent paſſer ſur leur horizon ; car
celles qui y ſont de jour dans une
ſaiſon, s'y trouvent de nuit dans
une autre. Quant à ceux de la ſphere
parallele, leur horizon concourant
avec l'équateur, ils ne voient jamais que le même hémiſphere du
Ciel étoilé.

Le Soleil
plus long-
temps dans
les ſignes
ſeptentrio-
naux, que
dans les ſi-
gnes méri-
dionaux.

Comme le mouvement annuel
du Soleil n'eſt qu'une apparence
cauſée par le mouvement réel de la
Terre dans ſon orbite, & que cette
orbite eſt, comme nous l'avons dit,
une ellipſe dont l'un des foyers eſt
occupé par le centre du Soleil ; il eſt
aiſé de voir, en jettant les yeux ſur
la *Figure 25*, que cet aſtre doit
paroître plus long-temps dans les
ſix *ſignes ſeptentrionaux*, le Bélier,
le Taureau, les Gémeaux, l'Ecre-

viſſe, le Lion & la Vierge, que
dans les ſix autres, qu'on appelle
méridionaux (ᵃ) ; car la Terre ayant
ſon aphélie dans la partie de ſon
orbite qui regarde ceux-ci, doit y
ſéjourner plus long-temps par deux
raiſons : la premiere, parce que
cette partie de l'ellipſe eſt plus
grande que l'autre ; la ſeconde,
parce que, comme je l'ai dit dans la
1ᵉʳᵉ Section, le mouvement d'une
planete quelconque ſe ralentit à
meſure qu'elle s'éloigne de ſon aſtre central.

Le Soleil étant de tous les aſtres que nous pouvons voir, le plus
grand, le plus lumineux, le plus
commode à obſerver, il étoit naturel de choiſir de préférence ſes
mouvements pour meſurer le temps ;
auſſi voyons-nous que dès les premiers âges du monde, tous les peuples, d'un commun accord, ont
compté par les révolutions de cet
aſtre la durée des êtres & celle des
actions : on a fait ſervir la Lune aux
mêmes uſages, parce qu'elle eſt viſible auſſi par toute la Terre, &

Meſure du temps tirée des mouve-ments du Soleil, & de ceux de la Lune.

(*a*) La différence eſt de *9* jours

qu'elle offre par ſes différentes phaſes des époques très-remarquables ; mais les ſecours qu'on en tire ne ſont ni auſſi généralement, ni auſſi facilement employés, que les apparences périodiques du Soleil.

Diviſion du temps. Le temps ſe diviſe en ſiecles, en années, en mois, en ſemaines, en jours, en heures, en minutes, en ſecondes, en tierces, &c. Ceci eſt ſuffiſamment connu de tout le monde ; mais il y a quelque choſe à remarquer au ſujet des jours, des mois & des années.

Le jour naturel ou aſtronomique. Chaque tour entier de la Terre ſur ſon axe, occaſionne, comme je l'ai déja dit pluſieurs fois, une révolution apparente du Soleil autour de la Terre. C'eſt-là ce qu'on nomme *le jour naturel* ou *aſtronomique* : c'eſt la quantité de temps qui s'écoule entre l'inſtant où le Soleil paſſe au méridien, & l'inſtant où il y arrive le lendemain. Mais j'ai fait obſerver ci-deſſus que le Soleil à chaque révolution revient un peu plus tard au méridien, que le point du Ciel ou de la Terre avec lequel il y a paſſé le jour précédent ; & ce petit

XVIII.
Leçon.

retard n'eſt pas toujours de la même quantité. Delà il arrive que les jours naturels, dans les différents temps de l'année, ne ſont point égaux en- tr'eux. Les Aſtronomes les rappel- lent à l'égalité en diviſant la ſomme du temps que le Soleil emploie à parcourir l'écliptique dans le cours d'une année, en autant de parties égales qu'il en faut pour en aſſigner 24 à chaque jour.

AU MOYEN de cette équation, nous avons deux ſortes d'heures à diſtinguer, les unes qui ſont tou- jours égales entr'elles, c'eſt ce qu'on appelle *le temps moyen*; les autres qui ſont affectées des inégalités qui ſe trouvent dans le mouvement diurne du Soleil; c'eſt ce qu'on nomme *le temps vrai*. Un bon cadran ſolaire montre les heures du temps vrai; une montre ou une pendule bien réglée, montre celles du temps moyen; il y en a dont le rouage eſt tellement conſtruit, qu'elles mar- quent l'un & l'autre temps par dif- férentes aiguilles; on les nomme pour cela *Horloges*, ou *Pendules à équations* ([a]).

(*a*) Voyez dans le Livre que l'Académie

XVIII.
LEÇON.

Temps vrai & temps moyen; dif- férence de l'un à l'au- tre.

En Aſtronomie, on eſt dans l'uſage de compter les 24 heures de ſuite d'un midi à l'autre, ainſi après mi-nuit on continue par les nombres 13, 14, &c. Mais dans l'uſage civil on partage ordinairement le jour na-turel en deux parties égales de 12 heures chacune : cependant il y a encore quelques nations qui font ſonner les 24 heures de ſuite aux horloges publics ; ce qui eſt très-incommode, ſur-tout quand on fait, comme les Italiens, finir & recom-mencer le jour au coucher du Soleil; car dans la ſphere oblique, cette époque varie continuellement.

Le jour ar-tificiel ou ci-vil; la nuit, les crépuf-cules.

DANS tous les endroits de la Terre où le Soleil fait une partie de ſa révolution diurne ſur l'horizon, & l'autre deſſous, on appelle la pre-miere *le jour artificiel ;* & la ſeconde eſt ce qu'on nomme *la nuit.* En par-lant des trois principales poſitions de la ſphere, nous avons vu dans

Royale des Sciences fait publier tous les ans, ſous le titre de *Connoiſſance des Temps,* ou *des Mouvements céleſtes,* les différences du temps vrai au temps moyen pour chaque jour de l'an-née, 5e *&* 6e *colonnes de la ſeconde page de chaque mois.*

quel

quel rapport l'un eſt à l'autre pour la durée, eu égard ſeulement à la préſence & à l'abſence du Soleil dé-terminée par l'horizon; mais il me reſte à dire que la clarté ou l'illumi-nation cauſée par cet aſtre, com-mence avant qu'il ſoit levé, & ſub-ſiſte encore quelque temps après qu'il eſt couché, parce que la lu-miere qu'il lance dans la partie haute de l'atmoſphere, s'y répand d'une maniere vague, & ſe réfléchit en grande partie vers la ſurface de la Terre; c'eſt ce que l'on nomme *les Crépuſcules* : celui du matin ſe diſtin-gue de celui du ſoir par le nom d'*Au-rore* qu'on lui donne, & le commen-cement de l'aurore eſt *le point du jour*.

On a obſervé que le crépuſcule commence le matin lorſque le So-leil eſt encore à 18 degrés au-deſſous de l'horizon, & qu'il ne finit le ſoir que quand cet aſtre eſt deſcendu de la même quantité au-deſſous : or comme le Soleil parcourt par heure 15 degrés de l'équateur ou d'un de ſes paralleles, il faut conclure, 1°, que dans la ſphere droite au temps

XVIII.
LEÇON.

des équinoxes, les crépuscules doivent durer chacun une heure & 12 minutes, comme cela arrive en effet: ainsi le jour qui n'y devroit durer que 12 heures, eu égard seulement à la présence du Soleil, se trouve augmenté par-là de deux heures 24 minutes : & dans les autres temps de l'année, cela varie à proportion de la distance du Soleil à l'équateur.

2o, Que les crépuscules en Eté, sont d'autant plus longs que le pole est plus élevé ; de sorte que si la latitude du lieu est telle que le Soleil à minuit ne soit pas tout-à-fait de 18 degrés au-dessous de l'horizon, comme cela est dans le climat de Paris, il n'y a point de nuit close pendant tout le mois de Juin & une partie de Juillet.

3°, Et quant à la sphere parallele, il est évident, par le même principe, que l'Aurore doit y durer environ deux mois, & qu'il doit y faire clair encore autant de temps après le coucher du Soleil.

Indépendamment des crépuscules qui augmentent, comme on vient de le voir, la durée du jour artificiel, il eſt encore une cauſe qui concourt au même effet, en nous faiſant voir le Soleil ſur l'horizon avant qu'il y ſoit réellement, & qui retarde ſon coucher apparent : c'eſt la réfraction que la lumiere de cet aſtre éprouve en entrant obliquement dans l'atmoſphere terreſtre, & qui plie ſes rayons vers la ſurface de la Terre ; voyez ce que j'ai dit de la réfraction par rapport aux aſtres en général. *Tom. V, pag. 268 & ſuiv.*

SEPT jours naturels ou aſtronomiques compoſent une ſemaine, & ſe diſtinguent par des noms que tout le monde ſait ; *Lundi , Mardi , &c.* Nous avons reçu ces noms des anciens Aſtronomes, qui avoient conſacré les jours de la ſemaine aux principales planetes ; le 1er au Soleil, *dies Solis,* que les Chrétiens ont appellé le jour du Seigneur, *dies Dominica,* en François *Dimanche* ; le 2e à la Lune, *Lunæ dies, Lundi* ; le 3e à Mars, *Martis dies, Mardi* ; le 4e à Mercure, *Mercurii dies, Mercredi* ; le 5e à Jupiter, *Jovis dies, Jeudi* ; le 6e à Vénus, *Veneris dies , Vendredi* ; & enfin le 7e à Saturne, *Saturni dies ,*

Jours de la
ſemaine.

K ij

dont nous avons fait le mot *Samedi*.

XVIII.
LEÇON.

L'Eglife appelle *féries*, tous les autres jours de la femaine après le Dimanche, & elle les diftingue par leur rang ; ainfi le Lundi eft la 2ᵉ férie, le Mardi la 3ᵉ, le Mercredi la 4ᵉ, &c.

Mois fo-
laires.

IL Y A dans chaque mois la valeur de 4 femaines, & quelques jours de plus dans le mois folaire ; car il y en a communément 30 ou 31, pour répondre à peu-près au temps que le Soleil met à parcourir un figne ou la 12ᵉ partie du Zodiaque. On faura tout d'un coup les mois qui ont 31 jours, & ceux qui n'en ont que 30, en retenant les quatre vers qui fuivent.

Trente jours a Novembre
Juin, Avril & Septembre :
De vingt - huit il y en a un,
Tous les autres ont trente & un.

Tout le monde fait que celui de 28 jours eft *Février*.

Les Romains n'eurent d'abord que dix mois, dont le premier étoit celui de Mars. C'eft pourquoi nos quatre derniers mois portent aujourd'hui des noms qui ne répondent plus au rang qu'ils tiennent, mais bien à celui qu'ils avoient autrefois, *Septembre*, *Octobre*, *Novembre*, *Décembre*, c'est-à-dire, le septiéme, le huitiéme, le neuviéme, le dixiéme. Mais comme ces dix mois ne remplissoient pas, à beaucoup près, le temps que le Soleil met à parcourir les douze signes du Zodiaque, les saisons se trouvoient par-là fort dérangées d'une année à l'autre; on sentit bientôt cet inconvénient, & l'on y remédia en partie, en ajoutant deux nouveaux mois, *Janvier & Février*, que l'on plaça immédiatement avant celui de Mars : de forte que celui-ci, qui jusques-là avoit été le premier de l'année, devint le troisieme par cette addition.

XVIII.
Leçon.

Tandis que la Terre fait une révolution entiere dans son orbite, elle tourne sur son axe 365 fois & un quart, à peu-près : cela veut dire, selon les mouvements apparents, & selon les expressions usitées, que l'année solaire est de 365 jours & près de 6 heures; en prenant ces six heures excédentes pour completes, on convint de les employer, en faisant tous les quatre ans une année qui

L'année solaire, commune, & bissextile.

auroit un jour de plus que les autres.

Cette année de 366 jours fut nommée *Biſſextile*, parce que le jour qu'elle avoit de plus que l'année commune, fut placé immédiatement après le 23 de Février, qui ſuivant la maniere de compter des Romains, étoit le 6ᵉ avant les Calendes de Mars : ainſi, parce qu'on diſoit *deux fois* cette année-là, *ſexto Calendas Martii*, le jour intercalé fut nommé *bis-ſexte*, & l'année où il avoit lieu, *bis-ſextile*.

CET arrangement, qui ſe fit ſous l'Empire de Jules-Céſar (ᵃ), ſuppoſoit, comme on voit, que les ſix heures excédentes de l'année commune, étoient completes ; mais elles ne le ſont pas, & quoiqu'il n'y manque que quelques minutes, cette petite quantité répétée pendant un grand nombre d'années, devint pourtant ſi conſidérable qu'à la fin du 16ᵉ ſiecle, les équinoxes étoient dérangés de 10 jours. Le Pape Grégoire XIII ordonna, par une Bulle du 24 Février 1582, que ces 10

(ᵃ) C'eſt delà que vient le nom d'année *Julienne*.

Marginal notes:

XVIII. LEÇON.

Réforme du Calendrier ſous le Pontificat & par les ſoins de Grégoire 13.

jours de trop feroient retranchés, & que le 5 Octobre fuivant feroit le 15 du même mois. La plupart des Etats Catholiques reçurent cette réforme. Henri III ordonna par un édit publié à Paris au mois de Novembre 1582, que le 9 Décembre fuivant étant expiré, le lendemain fût compté pour le 20 du même mois. Mais l'Angleterre (ᵃ) & quelques autres nations ne voulant point fe conformer à cette correction, continuerent de dater leurs actes felon l'ancien Calendrier ; & c'eft ce qui a donné lieu à la diftinction du *vieux* & du *nouveau ftyle*, dont on a coutume de faire mention par ces lettres V. S. & N. S. dans les écrits qui doivent paffer d'une nation à l'autre.

Les Aftronomes employés par Grégoire XIII à la réformation du Calendrier, non-feulement remédierent aux erreurs que le temps paffé avoit introduites, mais ils prévinrent encore

(ᵃ) Par un acte émané du Parlement, la nation Angloife au mois de Septembre 1752 a adopté la réforme faite au Calendrier par le Pape Grégoire XIII.

celles que l'avenir pourroit caufer : ayant obfervé que le biffexte ajoutoit en 4 ans 40 minutes plus que le Soleil n'emploie à retourner au même point du Zodiaque, ils fupputerent que ces minutes raffemblées compoferoient un jour entier au bout de 133 ans. Ainfi, pour empêcher que cet excédent ne fît encore quelque dérangement ; ils propoferent, & d'après leur avis il fut arrêté, que dans le cours de 400 ans, on omettroit trois biffextes. L'année 1700 pour cette raifon ne fut point biffextile ; 1800 & 1900 ne le feront point encore ; mais 2000 le fera.

Le Cycle folaire.

Les 365 jours dont l'année commune eft compofée, forment 52 femaines & un jour : d'où l'on voit que s'il n'y avoit point d'année biffextile, les quantiemes des mois, & les jours de la femaine fe retrouveroient les mêmes de fept en fept ans ; mais l'année biffextile étant de 52 femaines & deux jours, le concours des quantiemes des mois avec les jours de la femaine, recule encore d'un jour tous les

quatre

quatre ans; enforte que ce n'eft qu'au bout de 28 ans que le même quantieme peut fe retrouver au même jour de la femaine, après en avoir parcouru tous les autres jours. Le même quantieme pourra bien revenir au même jour plus d'une fois dans cet intervalle, mais il n'aura pas encore parcouru tous les jours de la femaine. Cet intervalle de 28 ans eft ce qu'on appelle *le Cycle folaire.*

L'année de la naiffance de Jefus-Chrift étoit la 10ᵉ du cycle folaire; ainfi pour trouver l'année du cycle folaire, qui répond à une année propofée de l'Ere Chrétienne; pour trouver, par exemple, le cycle folaire pour l'année 1764, il faut ajouter à 1764 le nombre 9, & divifer la fomme par 28, le refte 9 de la divifion indique qu'en 1764 le cycle folaire eft 9.

Dans le Calendrier de chaque année, il y a une lettre qui défigne le Dimanche, & qu'on nomme pour cela *Lettre Dominicale*; c'eft toujours une des initiales des mots latins que voici, *Dei, cœlum, bonus, accipe, gratis, filius, efto.* On trouvera la lettre

Lettre Dominicale.

dominicale qui convient à une année propofée, fi l'on compte le cycle folaire de cette année circulairement fur quatre doigts en prononçant de fuite les mots précédents, *Dei*, *Cælum*, *&c*, chaque fois qu'on tombe fur le premier doigt on prononce deux de ces mots , & un feulement fur chacun des autres ; la lettre que l'on cherche eft la lettre initiale du mot qu'on prononce le dernier ; en 1765 , par exemple, où le cycle folaire eft 10 , le mot *filius* qui tombe au fecond doigt , indique que la lettre dominicale de cette année eft *F*.

Quand l'année eft biffextile , il y a deux lettres dominicales, dont la premiere fert jufqu'au 24 de Février, & la feconde pendant le refte de l'année ; ainfi en 1764 le doigt par où l'on finit de compter étant le premier , on y prononce deux mots, qui dans le cas préfent font *accipe* , *gratis* ; ce qui défigne que *A* & *G* font les deux lettres dominicales de cette année.

Le cycle folaire fert encore à trouver par quel jour de la femaine

commence tel ou tel mois. Il faut
pour cela connoître *la Lettre Fériale*,
chaque mois à la sienne : ces lettres
sont les initiales des mots suivants,
*A, Dieu, Donc, Gassion, Brave, Et,
Généreux, Commandant, Fidele, Appui,
Des, François.* La premiere *A*, est
celle de Janvier, la seconde *D*, est
celle de Février, &c.

Il faut comparer la lettre fériale à
la lettre dominicale ; si elle est la
même, le mois commence par un
Dimanche ; si la fériale suit immédiatement la dominicale, ou si elle
la précede, selon l'ordre alphabé-
tique, le mois commencera par un
Lundi dans le premier cas, ou par
un Samedi dans le second, &c.

S'il étoit question, par exemple,
de savoir par quel jour de la se-
maine commencera le mois d'Août
de l'année 1764 ; le cycle solaire
étant 9, la lettre dominicale sera *G* ;
la lettre fériale est *C*, laquelle répond au Mercredi ; ainsi le premier
d'Août 1764 doit être un Mercredi.

L'ANNÉE se partage en quatre
saisons, qui sont le Printemps, l'Eté,
l'Automne & l'Hiver ; chacune

Les Saisons.

L ij

d'elles dure autant de temps que le Soleil en met à parcourir trois fignes du Zodiaque, ce qui comprend l'efpace de trois mois. Pour les climats qui font entre l'équateur & le pole arctique, le Printemps commence lorfque le Soleil entre au figne du Bélier ; ce qui arrive le 20 de Mars ou environ ; & finit quand cet aftre arrive au figne de l'Ecreviffe, le 21 de Juin ; alors l'Eté commence & dure jufqu'au 22 de Septembre, jour auquel le Soleil entre au figne de la Balance ; l'Automne commence ce jour-là, & finit quand le Soleil fe trouve au 1er degré du Capricorne, c'eft-à-dire, au 21 Décembre ; l'Hiver commence alors, & dure jufqu'au 20 Mars.

Quand il eft l'Hiver pour les climats feptentrionaux, il eft l'Eté pour ceux de l'hémifphere méridional qui leur correfpondent ; il en eft de même pour l'Automne & pour le Printemps. Entre les deux tropiques il n'y a dans toute l'année, à proprement parler, qu'un Hiver & un Eté, fi l'on en juge par le chaud & le froid. Mais au-delà des tropiques, les quatre faifons fe diftinguent très-fenfiblement ; l'Hiver par le grand froid, l'Eté par la grande chaleur, le Printemps & l'Automne par des températures moyennes.

Le froid qui fe fait fentir en Hiver, la chaleur qu'on éprouve en Eté, ne viennent point, comme on pourroit fe l'imaginer, de ce que le Soleil eft plus ou moins éloigné de la Terre ; car au contraire c'eft dans la derniere de ces deux faifons que cet aftre eft dans l'apogée, c'eft-à-dire, qu'il eft alors plus éloigné de nous, que dans tout autre temps de l'année. La caufe principale de ces deux effets oppofés, c'eft qu'en Eté les rayons folaires tombent fur la furface de la Terre moins obliquement qu'en Hiver, d'où il arrive que l'horizon en reçoit une plus grande quantité. Ajoutez à cela que les jours d'Eté font plus longs que ceux d'Hiver ; le Soleil reftant plus long-temps fur l'horizon, l'échauffe davantage, & les nuits qui font proportionelle-ment plus courtes, caufent moins de réfroidiffement : cette derniere confidération nous laiffe à penfer

que les peuples les plus voifins des
poles, lefquels, eu égard à la grande
obliquité des rayons folaires, ne devroient avoir, pour ainfi dire, que
des Etés froids, ne laiffent pas que
d'éprouver des chaleurs affez grandes, parce que le Soleil eft fur leur
horizon pendant cinq à fix mois,
& qu'il y agit fans relâche.

La longueur des nuits entre les
deux tropiques, avec les pluies qui
y font très-fréquentes, modere beaucoup la chaleur qui devroit y régner, eu égard à la direction des
rayons folaires ; ce qui la rend le
plus incommode, c'eft qu'elle dure
toute l'année ; car, pour l'intenfité,
les thermometres comparables que
nous faifons voyager depuis environ
30 ans, nous apprennent conftamment que fous l'équateur même (ce
que les Marins appellent *la Ligne*) le
plus grand chaud n'excede pas celui qu'on éprouve quelquefois en
France.

Cependant comme dans cette
partie de la Terre, la grande chaleur eft perpétuelle, que dans le
voifinage des poles le froid eft tou-

jours exceffif en hiver, & que par-tout ailleurs le froid & le chaud font ordinairement modérés, on a partagé à cet égard la furface de la Terre en cinq Zones, ou bandes circulaires, favoir, une qu'on nomme la Zone *torride* qui eft contenue entre les deux tropiques ; deux qu'on appelle les Zones *glaciales* ou *froides*, qui s'étendent depuis les poles jufqu'au 66^e $\frac{1}{2}$ degrés de latitude où eft le cercle polaire, & deux à qui l'on a donné le nom de Zones *tempérées*, & qui ont pour limites dans chaque hémifphere, le tropique d'une part, & le cercle polaire de l'autre.

Il ne nous convient pas d'entrer dans un plus grand détail, touchant la furface de la Terre, c'eft dans les traités de Géographie qu'il faut chercher ce qui manque ici ; voyons ce qui concerne la Lune.

NEUVIEME OPERATION.

OTEZ le globe terreftre : ajuftez au canon de cuivre qui eft au centre du cercle lunaire, la piece marquée *L* que vous trouverez dans le coffret, & qui eft repréfentée par la

L iv

Figure 26. Tournez cette piece de façon que la petite boule qui repréfente le globe de la Lune, fe trouve directement entre le centre du cercle lunaire, & la boule dorée S qui repréfente le Soleil au milieu de la grande platine, & que fa partie blanche regarde la boule dorée : remettez le globe terreftre comme il étoit pour la 8e opération : toutes ces pieces enfemble font repréfentées par *la Figure* 27.

Si vous faites tourner la grande platine par le moyen de la manivelle, vous pourrez obferver ce qui fuit :

1°, Tandis que le globe terreftre parcourt un figne entier du Zodiaque, la petite boule qui repréfente la Lune, fait prefque une révolution autour d'elle.

2°, La petite boule lorfqu'elle eft entre la Terre & la boule dorée S, a fa partie blanche entiérement tournée vers celle-ci, & fa partie noire regarde le globe terreftre.

3°, Quand la Terre fe trouve entre la boule dorée & la petite Lune, celle-ci a toute fa partie blanche tournée directement vers la Terre.

4°, Dans toutes les autres pofi- tions, l'hémifphere blanc de la petite boule ne fe préfente à la Terre qu'en partie, & plus ou moins fui- vant qu'elle eft plus près ou plus éloignée de fon oppofition avec la boule dorée.

APPLICATIONS.

SI L'ON imagine le planétaire affez grand pour que le globe ter- reftre puiffe être réputé fenfiblement au centre, on concevra aifément qu'un Obfervateur placé fur la fur- face de la Terre, doit voir la Lune répondre fucceffivement à tous les fignes du Zodiaque, dans l'efpace de temps qu'il faut à cette derniere planete pour faire une révolution entiere autour d'elle : car l'orbite lu- naire n'étant d'ailleurs inclinée que d'environ 5 degrés au plan de l'é- cliptique, elle fe contient comme toutes les autres dans les limites de cette zone célefte.

Mouvements de la Lune.

Si l'on fe rappelle maintenant ce que nous avons dit plus haut, que tous les aftres fans exception paroif- fent fe mouvoir en 24 heures d'Orient en Occident, en vertu de la rotation diurne & réelle de la Terre, laquelle se fait en sens contraire, on verra tout d'un coup pourquoi la Lune se leve & se couche comme le Soleil.

Et puisque la Lune fait en moins d'un mois ce que le Soleil n'acheve qu'en un an, il faut que dans ce petit espace de temps, elle aille & revienne d'un tropique à l'autre, en passant deux fois sur l'équateur ; que toutes ses révolutions diurnes soient sensiblement des paralleles à ce grand cercle ; que dans la sphere droite, elle soit toujours autant de temps dessus que dessous l'horizon ; que dans la sphere oblique, elle se fasse voir pendant un demi-mois dans les signes septentrionaux, & pendant le reste de sa lunaison dans les signes méridionaux, restant tantôt plus, tantôt moins sur l'horizon que dessous ; qu'enfin dans la sphere parallele elle soit sur l'horizon environ 14 jours de suite, & autant dessous avant que de reparoître : ce qui est très-conforme aux observations.

LE TEMPS que la Lune emploie à faire une révolution entiere dans son orbite, eſt de 27 jours 7 heures & environ 43 minutes. C'eſt ce qu'on appelle ſon *mois périodique*.

XVIII.
LEÇON.
Mois pério-
dique.

MAIS le temps qui s'écoule entre deux de ſes conjonctions avec le So- leil, eſt de 29 jours & demi, parce que cet aſtre s'avance d'environ 27 degrés dans l'écliptique ; tandis qu'elle fait ſa révolution autour de la Terre ; ainſi il faut à celle-ci quel- ques jours de plus pour ſe retrouver en conjonction avec lui. Cet eſpace de temps de 29 jours & demi s'ap- pelle le *Mois ſynodique* de la Lune ou *Lunaiſon*.

Mois ſyno-
dique.

LA LUNE étant un corps opaque & ſphérique, ne peut jamais avoir que la moitié de ſa ſurface illuminée par le Soleil, comme nous l'avons remarqué au ſujet des planetes en général : & comme l'hémiſphere éclairé ſe préſente diverſement à nous dans le cours d'une lunaiſon, cela donne lieu à pluſieurs phaſes remarquables, qui ſont comme au- tant de points de diviſion pour le mois ſynodique.

Phaſes de la
Lune.

Quand la Lune est en conjonction avec le Soleil, alors son épaisseur empêche totalement que sa partie éclairée ne puisse être apperçue de la Terre ; cela s'appelle *nouvelle Lune.*

Après quelques jours de marche dans son orbite, la Lune nous laisse appercevoir un peu de sa partie lumineuse, sous la forme d'un *Croissant* 1, (*fig.* 28) qui a sa convexité tournée vers l'Occident, parce que le Soleil est alors de ce côté-là.

Sept jours ou un peu plus après la nouvelle Lune, nous voyons la moitié de la partie éclairée sous la forme d'un demi-cercle, quoique ce soit le quart d'une sphere ; cette apparence vient de ce que la convexité de la ligne *a b*, (2), ne peut s'appercevoir, l'œil étant à une trop grande distance, & dans le même plan qu'elle. Cette phase s'appelle *le premier quartier* de la Lune.

Quatorze jours & demi après la conjonction, la planete ayant parcouru la moitié de son orbite, a toute sa partie illuminée vers la Terre, & nous la voyons comme un difque circulaire (3), quoique ce foit un hémifphere ; mais comme rien n'indique à l'œil que les parties du milieu font plus avancées vers lui que celles des bords, il les juge toutes fur un même plan ; c'eft ce qu'on nomme la *pleine Lune*. Alors la planete eft en oppofition avec le Soleil.

Enfin à compter de cette phafe, la partie lumineufe va toujours en décroiffant pour nous, à mefure que la Lune continue d'avancer dans fon orbite, comme il eft aifé de le comprendre par l'infpection feule de la *Figure* (4, 5, 6) ; de forte qu'au 22 on n'apperçoit plus qu'un quartier de la Lune, femblable à celui du 7 ; avec cette différence qu'il a fa convexité apparente vers l'Orient, d'où lui vient alors la lumiere du Soleil : c'eft *le dernier quartier*.

Lorfque le croiffant eft encore fort étroit, on voit affez diftinctement le refte du corps de la Lune ; ce qui produit ce phénomene, c'eft la lumiere du Soleil réfléchie par la furface de la Terre ; car notre globe fait à cet égard pour cette planete ce qu'elle fait pour nous ; comme nous avons clair de Lune, elle a clair de Terre, & avec des phases semblables à celles qu'elle nous présente.

Retard de la Lune dans son mouvement diurne.

Le lever de la Lune ou plutôt son passage au méridien, retarde tous les jours d'une quantité de temps qui varie : en prenant le terme moyen, ce retard est de 48 minutes; cela vient de la même cause dont j'ai fait mention précédemment, pag. 107. en observant que le Soleil fait sa révolution diurne un peu plus lentement que le Ciel des étoiles fixes. Le retard de la Lune est beaucoup plus considérable, parce que la marche de cette planete dans son orbite est bien plus rapide, que celle du Soleil dans l'écliptique.

Jour de la Lune, ou son mouvement de rotation sur son axe.

J'ai remarqué dans la 1ere Section que la Lune nous montre toujours le même hémisphere ; on s'en apperçoit par les taches qui paroissent toujours situées à peu-près de même; il faut, pour cet effet, qu'elle tourne sur son axe précisément dans le même espace de temps qu'elle emploie à faire sa révolution autour de la Terre.

CEPENDANT les Aſtronomes apperçoivent par un petit mouvement
de ces mêmes taches, une ſorte de
balancement qu'ils appellent *libra-*
tion, & qu'ils attribuent, 1°, à ce
que la Lune, comme les autres planetes, va tantôt avec plus, tantôt
avec moins de vîteſſe dans ſon orbite, tandis que ſa rotation ſur ſon
axe eſt uniforme ; 2°, à ce que le
plan de ſon équateur eſt un peu incliné à celui de ſon orbite ; de ces
deux cauſes, il réſulte, ſelon eux,
que la Lune incline un peu tantôt
l'un de ſes poles, tantôt l'autre vers
la Terre.

XVIII.
LEÇON.
Mouvement
de libration
de la Lune.

PAR CE QUE je viens de dire de la
marche & des phaſes de la Lune, on
voit que dans l'eſpace d'un mois
cette planette ſe trouve une fois en
conjonction, & une fois en oppo-
ſition avec le Soleil ; ces deux poſitions ou paſſages, que les Aſtronomes appellent *Syzygies*, ſembleroient
devoir occaſionner autant d'éclipſes ;
car la Lune étant un corps opaque,
eſt bien capable de faire ombre ſur
la Terre en paſſant entr'elle & le
Soleil, & de lui dérober pour un

La latitude
de la Lune
rend les é-
clipſes plus
rares.

temps la vue de cet aftre. Et la Terre à fon tour fe trouvant entre les deux aftres, au temps de leur oppofition, pourroit bien par la même raifon empêcher la lumiere de l'un de parvenir jufqu'à l'autre. Cependant les pleines Lunes fe paffent très-fouvent fans être éclipfées, ainfi que les nouvelles Lunes, fans que le Soleil le foit. Et quand l'un ou l'autre de ces deux aftres s'éclipfe, ce n'eft pas toujours de la même quantité, ni par le même bord du difque.

XVIII. Leçon.

Mouvement des nœuds de fon orbite, contribue encore à rendre les éclipfes moins fréquentes.

CE QUI fait qu'il n'y a pas toujours éclipfe aux nouvelles & aux pleines Lunes, c'eft premiérement que l'orbite de la Lune eft inclinée, comme je l'ai déja dit, d'environ 5 degrés au plan de l'écliptique, & en fecond lieu, que les nœuds de cet orbite ont un mouvement progreffif qui les fait changer de place à chaque lunaifon. Arrêtons-nous un moment à ce dernier phénomene.

Le Cycle lunaire ou le Nombre d'or.

LE RÉTOUR de la Lune au Soleil fe faifant après 29 jours 12^h. 44$'$, les 12 lunaifons, au lieu de faire une année commune, ne font que 354 jours $\frac{1}{2}$, d'où il fuit que fi la Lune eft nouvelle

velle au commencement de l'année, elle ne le fera pas au commencement de l'année fuivante ; elle fera alors âgée de 11 jours. Au bout de 3 ans, il y aura 37 lunaifons & environ trois jours de plus ; mais au bout de 19 ans, les nouvelles & pleines Lunes fe retrouvent aux mêmes quantiémes, & prefqu'aux mêmes heures, parce que 19 ans ou 228 de nos mois, répondent à un nombre exact de lunaifons, favoir, à 235. Cette révolution de 19 ans eft ce qu'on nomme *le Cycle lunaire*, ou *le Nombre d'or*.

L'année de la naiffance de Jefus-Chrift étoit la 2ᵉ du Nombre d'or ; c'eft pour cela que pour avoir le Nombre d'or qui répond à telle ou telle année de l'Ere chrétienne, il faut ajouter 1 à cette année, & divifer le tout par 19 ; ce qui refte eft le nombre qu'on cherche. Ainfi pour l'année 1764, par exemple, il faut divifer la fomme 1765 par 19, il refte 17 qui eft le Nombre d'or pour l'année 1764.

LES lunaifons ne reviennent pas précifément à la même heure tous les 19 ans ; la différence monte à

Les Epactes.

un jour dans l'espace de 304 ans. C'est pourquoi l'on a imaginé depuis la découverte du Nombre d'or, d'autres nombres qu'on nomme *Epactes*, qu'on fait répondre au Nombre d'or, & qui servent à trouver l'âge de la Lune avec plus de précision. Les épactes expriment pour chaque année l'âge qu'avoit la Lune à la fin de l'année précédente. A la fin de l'année 1759, par exemple, la Lune étoit âgée de 12 jours, c'est-à-dire, qu'il y avoit 12 jours écoulés depuis la nouvelle Lune; ces 12 jours font ce qu'on appelle *Epacte* pour l'année 1760.

Suivant ce qui a été dit ci-dessus, on voit que l'épacte augmente de 11 jours chaque année. Si l'on veut trouver les épactes pendant ce siecle, il faut diviser le Nombre d'or par 3, s'il reste 1 à la division, on ôte 1 du Nombre d'or pour avoir l'épacte: s'il reste 2, on ajoute 9 au Nombre d'or; & s'il reste 3, on ajoute 19, & l'on a l'épacte. Si la somme excede 30, l'excès sera l'épacte. En 1764, par exemple, le Nombre d'or est 17, lequel nombre étant divisé par 3, il reste 2. C'est pourquoi au Nombre

d'or 17, j'ajoute 9 ; la fomme 26
eft l'épacte que je cherche.

Par-là, il eft aifé de trouver l'âge
de la Lune pour un jour propofé ;
il n'y a qu'à ajouter enfemble ces
trois chofes, l'épacte de l'année,
le nombre des mois écoulés depuis
Mars inclufivement, & le quantieme
du mois ; la fomme fera l'âge de la
Lune. Mais fi cette fomme furpaffe
30, le furplus eft l'âge de la Lune fi
le mois a 31 jours ; mais s'il n'en a
que 30, ce fera le furplus au-delà de
29 qu'il faudra prendre. Suppofons,
par exemple, qu'on demande l'âge
de la Lune pour le 25 Avril 1764,
on additionnera enfemble 26 d'épacte,
2 pour le nombre des mois, & le
quantiéme qui eft 25 ; la fomme fera
53, d'où l'on ôtera 29, parce qu'A-
vril n'a que 30 jours ; le refte 24
eft l'âge de la Lune pour le 25
Avril 1764.

Pour en revenir aux éclipfes, je
dis que ces deux caufes combinées,
favoir, l'inclinaifon de l'orbite de la
Lune, & le mouvement progreffif
des nœuds de cet orbite les rendent
poffibles, & en diminuent en même

M ij

XVIII.
LEÇON.

temps la fréquence ; car de ce que l'orbite eft inclinée d'un certain nombre de degrés, il arrive très-fouvent qu'aux temps de l'oppofition & de la conjonction, la Lune a affez de latitude, ou, ce qui eft la même chofe, eft affez élevée au-deffus, ou affez abaiffée au-deffous du plan de l'écliptique, pour que la lumiere du Soleil parvienne fans obftacle jufqu'à elle dans le premier cas, & jufqu'à la terre dans le fecond. Mais parce que les nœuds, au lieu d'être fixes, parcourent fucceffivement les différents points de l'écliptique, il

Caufes des Eclipfes. peut arriver, & il arrive en effet de temps en temps, qu'ils fe rencontrent avec les Syzygies, c'eft-à-dire, que la Lune fe trouve, ou dans le plan même, ou fort près du plan de l'écliptique, lorfqu'elle entre en oppofition ou en conjonction avec le Soleil : dans le premier cas l'ombre de la Terre la couvre en tout ou en partie ; dans le fecond, c'eft elle qui nous cache le Soleil plus ou moins. Aidons-nous d'une figure.

Eclipfes de Lune. COMME le Soleil & la Terre ne fortent point du plan de l'écliptique, le centre de l'ombre de celle-ci y est aussi : je représente ici cette ombre par les taches noires & circulaires *A*, *B*, *C*, *N* (*fig.* 29) que je fais couper diamétralement par une portion *E E* de la circonférence de l'écliptique. Soit présentement *L L* une portion de l'orbite de la Lune, & l'un de ses nœuds au point *N*.

Lorsque la planete ayant beaucoup de latitude comme *F*, se trouve en opposition avec le Soleil, elle reçoit librement la lumiere de cet astre par-dessus l'ombre de la Terre si l'opposition arrive avant le nœud descendant, comme nous le supposons dans *la Figure* ; ou par-dessous, si c'est avant le nœud montant. Si elle a moins de latitude comme *G*, une partie de son disque est couvert par l'ombre de la Terre, & cette éclipse n'est que *partiale*, parce que la planete n'est éclipsée qu'en partie. Si elle a encore moins de latitude comme *H*, l'éclipse devient presque *totale*. Enfin si l'opposition arrive justement lorsque la Lune est dans le nœud de son orbite, l'éclipse est non-seulement totale, mais *centrale*.

XVIII.
Leçon.

La Lune totalement éclipsée, ne cesse pas pour cela d'être visible ; elle paroît sous une couleur de cuivre rouge, ou d'un fer ardent qui commenceroit à s'éteindre. Cet effet vient des rayons solaires qui se réfractent dans l'atmosphere terrestre, & qui se croisant après, vont illuminer foiblement l'astre qui ne reçoit plus les rayons directs. Cette lumiere est foible, parce qu'elle est en petite quantité ; & elle est rouge, parce qu'il n'y a gueres que les rayons propres à produire cette couleur, qui ayent la force de percer entiérement l'épaisseur de notre atmosphere en pareille circonstance.

Éclipses du Soleil.

Par une figure à peu-près semblable à la précédente, & en supposant le disque solaire aux places des taches noires par lesquelles j'ai représenté l'ombre de la Terre, on peut comprendre aisément comment la nouvelle Lune peut se passer sans éclipse de Soleil, comment elle peut l'occasionner, & pourquoi celles qui ont lieu ne sont pas toujours ni de la même grandeur, ni de la même forme. Car quand la Lune

au temps de fa conjonction, a une
latitude fuffifante comme F (*fig.* 30),
elle n'empêche pas que le Soleil qui
eft plus loin qu'elle par rapport à
nous, ne nous éclaire comme dans
tout autre temps, parce que la lumiere de cet aftre paffe ou par-def-
fous ou par-deffus ; fuivant que la latitude de cette planete eft boréale ou
auftrale. Quand elle en a moins comme G ou *H*, elle nous couvre en paffant une partie plus ou moins grande
du difque folaire : fi la conjonction
fe fait à l'endroit même du nœud
comme *I*, alors l'éclipfe eft centrale : mais elle n'eft pas pour cela
totale ; parceque fi le difque apparent de la Lune n'eft point affez
grand pour couvrir entiérement celui du Soleil, celui-ci déborde l'autre tout autour comme un anneau
lumineux, ce qui fait qu'on appelle
cette éclipfe *annulaire*, I N (*fig.* 30).

Cet anneau eft plus ou moins large, felon que les difques apparents
du Soleil & de la Lune font plus ou
moins grands au temps de l'éclipfe.
Pour bien entendre ceci, il faut fe
fouvenir que ces deux aftres en parcourant leurs orbites, font tantôt

plus loin, tantôt plus près de la
Terre, ce que j'ai fait connoître ci-
devant fous les noms d'apogée & de
périgée : or felon les loix de l'Optique, les objets nous paroiffent plus
grands quand ils font plus près de
nous, & plus pètits quand ils en
font plus éloignés. Le difque apparent d'un aftre éft donc plus petit
dans l'apogée que dans le périgée ;
fi lorfque l'éclipfe arrive, la Lune
fe trouve dans fon apogée, ou qu'elle
en approche, & qu'au contraire
dans le même temps le Soleil foit
au périgée ou à peu-près, le difque
de la Lune fuffira moins que jamais,
pour couvrir entiérement celui du
Soleil ; & l'on doit comprendre qu'il
le couvrira davantage, ou entiérement, quand les deux circonftances
que je viens de fuppofer feront moins
complettes, que l'une des deux
manquera, ou que même les circonftances oppofées auront lieu,
c'eft-à-dire, quand le Soleil étant
dans fon apogée, la Lune fera dans
fon périgée : alors l'éclipfe de Soleil fera non-feulement totale, mais
encore *avec demeure.*

La

Fig. 27.

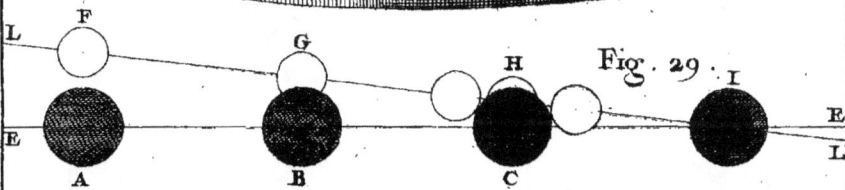

Fig. 29.

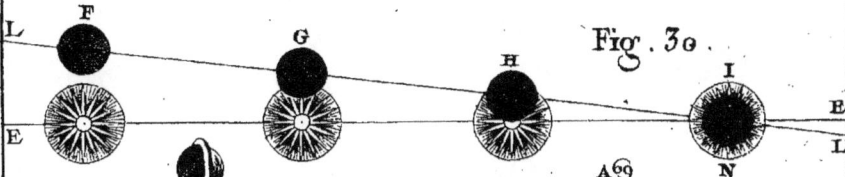

Fig. 30.

Fig. 26.

Fig. 28.

Fig. 25.

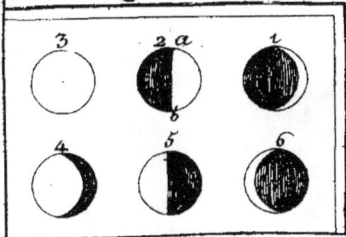

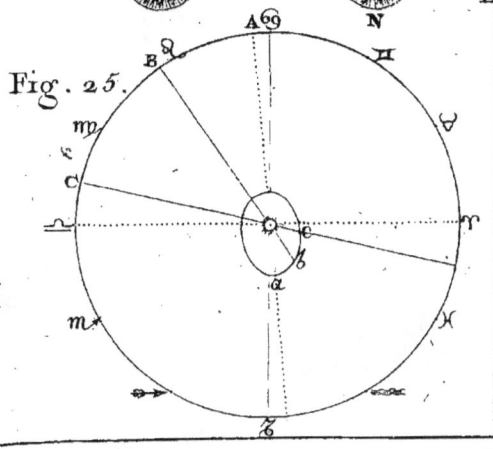

Gobin del. et Sculp.

La Lune paſſe devant le Soleil, parce qu'elle chemine plus vîte dans ſon orbite, que lui dans l'écliptique; mais comme l'un & l'autre mouvement ſont dirigés d'Occident en Orient, c'eſt auſſi dans ce ſens que le premier de ces deux aſtres gagne le ſecond de vîteſſe : c'eſt pourquoi l'on voit toujours le Soleil commencer à s'éclipſer par ſon bord occidental. Et par la même raiſon dans l'éclipſe de Lune, c'eſt toujours le bord oriental de cette planete, qui ſe plonge le premier dans l'ombre de la Terre; car cette ombre, qui ne va point plus vîte que le Soleil, doit être rencontrée par la Lune ſuivant la direction du mouvement reſpectif de celle-ci, laquelle eſt, comme je viens de le dire, d'Occident en Orient.

Dans chaque éclipſe de Soleil ou de Lune, il y a principalement trois choſes à obſerver, ſur leſquelles les Aſtronomes ſont très-attentifs, & qui exigent de leur part certaines précautions aſſez délicates; ſavoir, l'immerſion, le milieu de l'éclipſe, & l'émerſion : l'immerſion eſt l'entrée d'un aftre dans l'ombre de celui qui doit l'éclipfer ; il faut en faifir le commencement, & la fin qui fe nomme *l'immerfion totale* : l'émerfion eft la fortie hors de l'ombre ; on fait pareillement tout ce qu'on peut, pour en obferver exactement le commencement, & la fin qui s'appelle *l'émerfion totale*.

Pour mefurer la grandeur d'une éclipfe, on fuppofe qu'on a divifé en 12 parties égales, qu'on nomme *doigts*, la largeur de l'aftre éclipfé, ou plutôt celui de fes diametres qui coupe l'ombre par fon centre au moment même du milieu de l'éclipfe; puis en comptant combien de ces parties font couvertes par l'ombre, on dit telle éclipfe a été de 3, de 4, de 6 doigts, &c.

Comme la Lune eft de beaucoup plus petite que la Terre, fon ombre forme auffi un cône bien moins gros, & fi court que quand cette planete eft dans fes moyennes diftances feulement, la pointe n'atteint pas jufqu'à la furface de la Terre ; delà il arrive deux chofes qu'il eft bon de remarquer : 1°, qu'une éclipfe de

Soleil, fût-elle centrale, n'eſt pas viſible pour toutes les parties de la Terre qui doivent être alors éclairées par cet aſtre, & que celles-là même qui l'apperçoivent, ne voient pas le Soleil éclipſé de la même quantité ; au lieu qu'une éclipſe de Lune par la raiſon contraire, s'apperçoit par-tout où cette planete feroit viſible ſi elle n'étoit point éclipſée. 2°, Que l'anneau lumineux qui entoure le diſque de la Lune, lorſqu'il couvre concentriquement le Soleil, ne dure que quelques minutes pour le même lieu, parce que, pour le voir parfaitement, il faut avoir l'œil dans l'axe prolongé de l'ombre lunaire, lequel chemine auſſi vîte que le mouvement de la Lune ſurpaſſe en vîteſſe celui du Soleil.

J'AI expoſé dans les deux Sections précédentes, les phénomenes céleſtes les plus connus, ou qu'il importe le plus de connoître ; je les ai déduits immédiatement des mouvements réels ou apparents que les Obſervations nous garantiſſent. Je ſens bien que cette Leçon feroit plus

complete fi je pouvois développer
ici , & faire connoître les premiers
refforts de ces mouvements, les caufes phyfiques , par lefquelles tout le
fyftême planétaire s'entretient dans
l'état où l'Auteur de la nature l'a
mis en lui donnant l'exiftence ; mais
quelque parti que je priffe fur cela,
je ne pourrois offrir à mes Lecteurs
que des hypothèfes ou défectueu-
fes & prefque abandonnées , ou plus
heureufes à la vérité , mais qu'on ne
peut , fans leur faire tort , renfermer
dans les limites que ces Leçons élémentaires exigent.

Je me contenterai donc de rappeller ici une partie de ce que j'ai
prouvé touchant les forces centrales
dans la feconde Section de la Vᵉ Leçon , en ajoutant un mot de ce que
penfent la plupart des Mathématiciens fur la nature de ces forces
confidérées dans les mouvements des
aftres , afin feulement de faire entre-
voir comment, à l'aide d'obfervations plus recherchées & plus exactes qu'elles ne l'avoient été dans les
fiecles paffés , on eft parvenu à expliquer les phénomenes céleftes avec

plus de vraifemblance, & plus complétement qu'on ne l'avoit pu faire
auparavant.

On fe fouviendra donc, 1°, qu'un
mobile quelconque, qui décrit une
courbe rentrante fur elle-même, annonce d'une maniere certaine que
fon mouvement eft produit & entre-
tenu par deux forces ou puiffances,
dont l'une le tire ou le pouffe vers
un endroit déterminé de l'efpace cir-
confcrit par cette courbe, tandis
que l'autre le follicite à s'éloigner
de ce même endroit par la tangente
de la courbe qu'il décrit.

2°, Que la nature de la courbe
décrite par le mobile, dépend du
rapport d'intenfité & de direction
que gardent entr'elles ces deux forces, que nous avons nommées *cen-
tripete* & *centrifuge*.

De forte que fi pendant la révolution entiere du mobile, chacune
d'elles demeure conftamment la même, la courbe dont il s'agit devient
un cercle.

Si dans le cours de la révolution,
les deux forces qui la produifent,
changent de rapports, mais d'une

N iij

maniere fymmétrique; c'eft-à-dire, par exemple, que dans le 1er & le 3e quart la force centrifuge augmente d'une certaine quantité; que dans le 2e & le 4e elle diminue d'autant, il en réfultera une courbe fymmétrique, & toujours rentrante.

Si au contraire les décroiffements ou les augmentations de l'une des deux forces fe font irréguliérement, la courbe décrite fe reffentira de cette irrégularité, quoiqu'elle rentre fur elle-même par le retour des deux forces à leur premier rapport.

Ces principes étant pofés, quand nous voyons une planete principale, comme Jupiter ou Saturne, tourner autour du Soleil; quand nous obfervons pareillement que les planetes du fecond ordre, comme la Lune, font des révolutions périodiques autour de leurs planetes primitives, nous pouvons conclure en toute fûreté, que tous ces aftres font animés par deux forces; que l'une les pouffe ou les tire vers l'aftre autour duquel elles circulent, tandis que l'autre tend à les en éloigner par la tangente de la courbe qu'ils fuivent en circulant ainfi.

Et comme les obfervations nous apprennent que les orbites des planetes, tant du premier que du fecond ordre, ne font point des cercles, mais des ellipfes, il faut croire que dans le cours de chaque révolution, les deux forces qui produifent cette courbe, changent plufieurs fois de rapport, & d'une maniere à peu-près fymmétrique, reprenant à la fin de la révolution le même qu'elles avoient en la commençant.

Mais d'où viennent originairement ces deux forces, & de quelle nature font-elles, pour faire fubfifter tous ces mouvements fans altération fenfible pendant un fi grand nombre de fiecles ? Voilà ce qui intrigue depuis long-temps les Philofophes, & fur quoi leur imagination s'eft exercée avec plus d'efforts que de fuccès. Leurs méditations fur ce fujet n'ont encore produit que des hypothèfes pour ou contre lefquelles on difpute éternellement, qu'on admet ou qu'on rejette, fuivant qu'on eft bien ou mal prévenu à leur égard, ou plutôt à l'égard des Auteurs ou des Nations qui les défendent. Car dans ce monde l'esprit de parti se mêle de tout, & s'enflamme sur toutes sortes d'objets.

Je ne sais si je me trompe; mais il me semble que Newton s'y est pris d'une maniere bien sage & bien raisonnable : au lieu de s'amuser à chercher & à deviner les causes premieres, pour en déduire ensuite les phénomenes comme des conséquences, il a commencé, au contraire, par bien examiner ce qui se passoit sous ses yeux & autour de lui ; il en a étudié les causes immédiates ; il en a fait l'application à des effets plus éloignés, & en remontant ainsi du petit au grand, du plus connu à ce qui l'étoit moins, il est parvenu à expliquer d'une maniere très-heureuse, les plus grands mouvements de la nature ; & ce qui inspire une grande confiance pour la route qu'il a suivie, c'est qu'en marchant sur ses pas, en suivant sa méthode, on ramene tous les jours à ses principes des phénomenes de détail qui sembloient s'en écarter, des especes d'exceptions qu'il avoit laissées en arriere, ou dont on n'avoit pas encore connoiſſance de ſon temps.

Pluſieurs Philoſophes avant Newton, avoient ſoupçonné dans les corps une tendance mutuelle des uns vers les autres ; parce qu'en effet il y a bien des cas où nous les voyons s'approcher & ſe joindre, ſans que nous appercevions (au moins clairement) une cauſe externe à qui l'on puiſſe attribuer cet effet. Si cette tendance étoit une vertu innée dans la matiere, elle devroit être, dit-on, proportionnée à la maſſe des corps ; & il ſeroit naturel de penſer, qu'à différentes diſtances, elle devroit agir plus ou moins fortement, & ſuivre en cela une certaine loi.

Newton adoptant cette idée, & regardant la propenſion que les corps ont à ſe joindre comme un phéno-mene général, ſans ſe mettre aucunement en peine de décider s'il a lieu par une force intrinſeque & innée dans la matiere, ou s'il eſt produit par une cauſe méchanique & externe, qui échappe à nos ſens & à nos recherches ; Newton, dis-je, partant de ce point, suppofa que les corps pefent les uns vers les autres, & s'attirent mutuellement en raifon directe des maffes, & en raifon inverfe du quarré de la diftance : il fit d'ailleurs abftraction de tout milieu réfiftant, & confidéra les Cieux, finon comme un efpace vuide, au moins comme remplis d'un fluide incapable d'altérer, par fa réfiftance, les mouvements des corps céleftes.

Dans cette hypothèfe, il examina avec une fagacité digne de fon vafte génie, & par des calculs auffi exacts que pénibles, ce qui devroit arriver à des portions de matieres qui fe trouveroient dans des circonftances femblables à celles où les obfervations nous apprennent que font les planetes, tant du premier que du fecond ordre ; les réfultats de fes opérations lui apprirent que ces portions de matieres fuppofées, devroient faire tout ce qu'on voit faire, à peu de différence près, aux corps qui compofent notre fyftême planétaire. C'eft ce que peuvent voir en détail ceux qui font en état d'enten-

dre ſon Livre *des Principes de la Phi-*
loſophie Naturelle , ſoit en étudiant
l'original , ſoit en liſant les traduc-
tions qu'on en a faites, & en s'aidant
des Commentaires qu'on y a joints [a].
Les perſonnes qui ne ſeront point
aſſez initiées en Mathématiques ,
pour entreprendre une pareille lecture, pourront y ſubſtituer celle *des*
Eléments de Phyſique de M. Graveſende,
Tome II, Livre VI , IIe Partie , ou
les Traités Elémentaires d'Aſtronomie
que j'ai recommandés au commencement de cette Leçon.

Ce que Newton n'a pris que comme une hypothèſe , lui a ſi bien
réuſſi, que bien des gens aujourd'hui
regardent l'attraction comme une
cauſe premiere , & innée dans la
matiere, comme une vertu qui ne
dépend d'aucun méchaniſme , mais
ſeulement de la volonté toute libre
& toute puiſſante du Créateur , qui
a pu , diſent-ils , pourvoir à la durée

XVIII.
Leçon.

(a) Voyez la Traduction & les Notes des
RR. PP. Jacquier & le Seur , Minimes , imprimée à Genêve en 1739 ; & celle de Madame
la Marquiſe du Châtelet , imprimée à Paris
en 1759.

des mouvements dont il a originairement animé l'Univers, par deux moyens auſſi-bien que par un ſeul, par l'attraction réciproque des corps, & par l'impulſion que nous leur voyons exercer les uns ſur les autres.

Cette opinion a de la vraiſemblance; & il ne faut pas s'étonner qu'elle entraîne à elle un grand nombre de Mathématiciens occupés des mouvements céleſtes, & qui ont pour objets de leurs recherches les plus grands phénomenes de la nature. Mais il faut convenir que la Phyſique de nos jours, qui ſe glorifie d'être purgée à jamais de ces qualités occultes qui l'avoient rendu ſi ridicule, ne doit point voir, ſans peine, qu'on faſſe rentrer dans la matiere une vertu abſtraite, un être inconnu, & même inintelligible, & qui ne tient en rien au Méchaniſme. Il n'eſt pas moins dur pour les Phyſiciens de reconnoître dans les Cieux une matiere ſans réſiſtance, ou comme telle, c'eſt preſque dire une matiere qui n'eſt point matiere: d'ailleurs l'attraction, proprement dite, n'eſt pas auſſi heureuſe ſur la Terre

qu'elle paroît l'être dans le Ciel ; je
veux dire qu'elle quadre moins bien XVIII,
avec les effets naturels que nous Leçon.
avons fous les yeux , qu'avec ceux
que nous ne voyons que de loin ,
& dont nous ne faurions appercevoir
toutes les nuances. Tous les jours
on découvre dans la Phyfique expérimentale , que ce qu'on vouloit attribuer à ce principe , s'explique
auffi-bien , & fouvent même encore
mieux , par l'impulfion ; ou s'il eft
quelque cas où elle n'aille pas auffi-
bien en apparence , il faut , pour y
ajufter l'attraction, lui attribuer d'autres loix que celles fuivant lefquelles
on la fait agir , pour rendre raifon
de ce qu'on obferve dans les
Cieux ([a]).

Auffi ne faut - il pas croire que
tous ceux qui comptent fur la tendance que les corps céleftes ont les
uns vers les autres , & qui expriment
ce fait par le mot d'*attraction* , ad-

(a) Voyez ce que j'ai dit de l'attraction proprement dite dans l'Appendice qui eft à la fin
de la VIIIe Leçon , Tome II , au fujet des
Tuyaux Capillaires , & des caufes de la dureté
& de la fluidité des corps.

mettent pour cela cet être métaphy-
fique dont il eſt ici queſtion ; c'eſt
une expreſſion commode pour tout
Aſtronome, pour tout Mathématicien qui traite du mouvement des
aſtres, mais qui ne tire point à conféquence ni pour ni contre l'idée
qu'il a du principe.

J'ai regret de terminer cette Leçon ſans parler du flux & du reflux de
la mer : ce phénomene qui dépend
viſiblement de l'action de la Lune
& de celle du Soleil ſur le globe
terreſtre, ſe préſente naturellement
à la ſuite de ce que je viens d'expoſer touchant ces trois corps, & il eſt
aſſez curieux & aſſez important pour
intéreſſer nos Lecteurs ; mais c'eſt
par cette raiſon même que je me
trouve comme forcé de le renvoyer
à une autre occaſion. Il y a trop à
dire, tant ſur ce grand effet, que
ſur ſes cauſes ; & pour ſe mettre paſ-
ſablement au fait, il eſt ſi néceſſaire
d'en bien ſaiſir toutes les circonſtances, qu'il vaut mieux, à mon avis,
n'en rien dire que de n'en point dire
aſſez : l'abondance des matieres que
j'ai à faire entrer dans ce volume, ne

me permet pas de traiter ce sujet avec l'étendue qu'il exige ; mon dessein est d'y revenir ainsi qu'à plusieurs autres questions que j'ai omises, ou un peu trop resserrées dans le cours de cet Ouvrage ; ce sera de quoi former le supplément que j'ai promis dans ma préface, & que je regarde comme un engagement contracté, dont je desire fort de pouvoir m'acquitter.

On pourra lire sur le flux & reflux de la mer, les quatre pieces qui ont remporté le prix proposé par l'Académie Royale des Sciences en 1740. Les phénomenes y sont exposés avec beaucoup d'ordre & d'exactitude ; & quant aux causes, quoique les Auteurs ne les fassent point dériver des mêmes principes, on y verra avec plaisir que chacun d'eux fait valoir en habile homme celui qu'il a adopté ou imaginé.

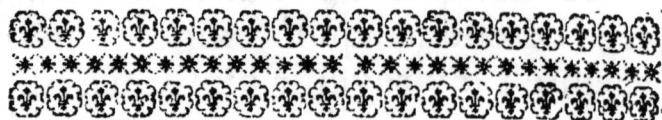

XIX. LEÇON.

Sur les propriétés de l'Aimant.

AVANT que l'on sût de quelle utilité pouvoit être l'Aimant, on le regardoit déja comme une merveille qui méritoit une attention toute particuliere : & en effet, eût-il été possible de voir sans intérêt & sans admiration deux matieres (l'aimant & le fer) à l'exclusion de toute autre, s'affectionner, pour ainsi dire, au point de se chercher, de se joindre, & de s'attacher ensemble avec une force qui égale quelquefois l'effort d'un poids de 60 ou 80 livres. C'est une espece de prodige non-seulement aux yeux du vulgaire qui ne soupçonne rien au-delà de ce qu'il voit ; mais le Physicien même qui cherche, & qui croit trouver la cause secrete de ce phénomene dans l'action d'un fluide invisible, qui pousse ces deux corps l'un vers

l'autre

l'autre, est toujours fort embarrassé

de dire pourquoi dans toute la nature il n'y a que deux êtres soumis à cette impulsion, & comment avec un contact d'une si petite largeur, la pression du fluide prétendu peut devenir si grande. La curiosité seule auroit fait de cette double question un sujet digne de recherches ; l'intérêt s'y est joint lorsque l'on découvrit la direction de l'aimant, & que l'on apperçut l'avantage qu'on en pouvoit tirer pour la navigation principalement. Quels efforts n'a point faits depuis l'esprit humain, pour augmenter & perfectionner ses connoissances à cet égard ! les plus habiles Physiciens du siecle précédent & de celui-ci, ont presque tous donné une partie de leur temps à cette étude. Que d'expériences & d'observations pour découvrir les loix de la vertu magnétique ! que d'hypothèses pour en expliquer les causes !

Si je voulois rapporter ici tout ce qui a été fait & dit sur cette matiere, je passerois de beaucoup les bornes que je me suis prescrites dans cet Ouvrage, & ce que j'en rapporterois ne feroit peut-être pas ce qu'on y trouveroit de plus utile ; de tout ce que l'on a pu favoir jufqu'ici de l'aimant, je n'expoferai donc que ce qui me paroîtra le plus intéreffant, & le plus propre à faire connoître fes principales propriétés ; je me fervirai de la connoiffance même des effets, pour remonter, autant qu'il fera poffible, à celle de leurs caufes.

L'origine, la nature, & les qualités fenfibles de l'Aimant.

L'Aimant eft une pierre qui fe trouve communément dans les mines de fer ou de cuivre, ou dans leur voifinage : celui qu'on eftime le plus, vient des Indes ; on en apporte auffi d'affez bons d'Italie, d'Allemagne, de Suede & d'Efpagne : les Droguiftes à Paris en tiennent dans leurs magafins des tonneaux pleins qu'ils font venir d'Auvergne, & dont on fait ufage pour certains remedes extérieurs. Dans la grande quantité, j'en ai quelquefois trouvé des morceaux qui méritoient d'être armés ; mais cela eft rare, & la vertu de ces aimants eft toujours médiocre.

M. de Réaumur regardoit le fer

comme un aimant imparfait, & d'autres confiderent l'aimant comme un
fer mêlé de parties terreftres, & des
autres principes qu'on y reconnoît,
en l'examinant felon les regles de
la Chymie. Ce qu'il y a de certain,
c'eft qu'on a vu la rouille de fer,
mêlée avec des parties graffes & de
la pierre commune, former par fuc-
ceffion de temps un compofé tout-à-
fait femblable à l'aimant naturel (a).
Quoi qu'il en foit, ce minéral a les
caracteres diftinctifs des pierres; il
fe calcine au feu, il fe pulvérife
fous le marteau : & il n'a pas ceux
des métaux ; il n'eft ni fufible, ni
malléable.

Cette pierre eft ordinairement
dure & brune : cependant j'en ai vu
des morceaux qui étoient d'un blanc
grifâtre ; & d'autres qui étoient tellement tendres, qu'on pouvoit les
entamer avec l'ongle ; la couleur &
la dureté ne tirent point abfolument
à conféquence ; car les morceaux
dont je viens de parler, étoient paffablement forts. L'aimant ne pefe

(a) Hiftoire de l'Acad. des Sciences 1731,
page 20.

point tout-à-fait autant que le fer (ᵃ) ; mais il pese plus que les pierres dont la dureté égale à peu-près la sienne, comme le marbre, le caillou, &c.

Propriétés
de l'Aimant;
comment on
découvre s'il
a des poles.

TOUTES les pierres d'aimant n'ont point cette vertu, & ces propriétés dont nous avons à parler dans cette Leçon. Pour s'en assurer, il faut les plonger dans de la limaille de fer (ou d'acier, car l'un & l'autre doivent être regardés ici comme ne faisant qu'un seul & même métal) ; & si la pierre retient cette limaille, qu'elle en paroisse hérissée, & qu'à deux endroits opposés, qu'on doit nommer *les Poles*, ces petites barbes de fer s'élevent presque perpendiculairement à la surface, comme on peut voir en *A* & en *B*, (*fig.* 1), alors on peut compter que cet aimant aura les propriétés dont nous allons parler en détail.

(*a*) D'autres que moi prétendent que l'aimant pese spécifiquement autant ou plus que le fer, & ils peuvent avoir raison; la différence de nos opinions vient apparemment de ce que l'Aimant étant une matiere fort mêlée de parties hétérogenes, sa pesanteur spécifique varie suivant les individus.

PREMIERE PROPRIÉTÉ
DE L'AIMANT.

L'Aimant attire le fer ; c'est-à-dire, que ces deux matieres se portent l'une vers l'autre, ou tendent à se joindre, & que lorsqu'elles se touchent, on ne peut les séparer sans effort.

I. EXPÉRIENCE.

PRÉPARATION.

Il faut essuyer la pierre qui est représentée par la *Figure* 1ere ; & tenir un de ses poles à la distance d'un demi-pouce ou environ d'un carton sur lequel on aura répandu de la limaille de fer.

EFFETS.

On voit la limaille s'élancer vers la pierre, & former à sa partie inférieure une espece de barbe, comme on le peut voir par la *Figure* 2.

II. EXPÉRIENCE.

PRÉPARATION.

La *Figure* 3 représente une cuvette pleine d'eau, sur laquelle on fait flotter un petit Cygne d'émail qui eft creux, & qui tient dans fon bec un bout de fil de fer plié en plufieurs fens comme une petite anguille.

EFFETS.

Lorfqu'on préfente l'aimant par l'un de fes poles, près de la tête du Cygne, la petite anguille de fer qu'il tient en fon bec eft attirée, & toute la figure obéit à cette attraction; elle fait autant de chemin que l'on veut, fi l'on a foin d'éloigner la pierre à mefure que le Cygne approche, & fi le fer & l'aimant fe joignent, on eft obligé de fe fervir des deux mains, pour les féparer.

OBSERVATIONS.

Quoiqu'une pierre d'aimant qui a des poles, attire toujours le fer fans aucune préparation, il s'en faut bien qu'elle ait autant de force étant nue, que quand elle eft *armée*, c'eft-à-dire, quand chacun de fes poles eft revêtu d'une lame de fer, terminée par une petite maffe qui excede de quelques lignes la furface inférieure de la pierre, comme *N*, *S*, (*fig.* 4). La différence eſt ſi grande, que l'aimant qui eſt repréſenté ici, & que je garde depuis 15 ans, peut à peine ſoutenir une demi - livre de fer lorſqu'il eſt nud ; & avec ſon armure, il porte facilement un poids de 27 livres & demie.

Ce qu'il y a de ſingulier encore, c'eſt que la pierre n'agit point immédiatement ; c'eſt aux maſſes de fer S, N, qu'il faut que le contact ſe faſſe ; c'eſt pourquoi l'on fait un portant de fer C, auquel on acroche le poids que l'aimant eſt en état de porter.

Comme l'acier n'eſt autre choſe que du fer préparé par le mélange de quelques matieres étrangeres qu'on y incorpore, & que, par conſéquent, il eſt moins fer qu'il n'étoit avant cette préparation, on s'étoit perſuadé qu'il en étoit moins propre à faire les armures de l'aimant, & le portant qui communique de l'une à l'autre : des Expériences de M. Dufay ([a]) ont montré qu'il faut les faire en effet avec du

([a]) Voyez les Mém. de l'Acad. des Sciences de 1730, pag. 155 & ſuiv.

fer doux ; mais en retenant cette pratique, qui est bonne, il faut renoncer, je pense, au raisonnement qui l'a suggérée ; car nous verrons par la suite, que l'acier trempé très-dur, s'aimante mieux que le fer doux : ce n'est pas pour la première fois qu'un mauvais raisonnement a donné occasion à une bonne découverte.

Différents degrés de force dans les Aimants.

Toutes les pierres d'aimant n'ont point une égale force ; & il n'y a gueres que l'épreuve même qu'on en fait, qui puisse montrer ce que chaque aimant peut faire ; car la grosseur, la couleur, le degré de dureté, &c. sont des signes extrêmement équivoques : en général, on peut dire que les petites pierres ont plus de force à proportion que les grandes ; on trouvera bien plus fréquemment un aimant qui pesant deux onces, en soutienne 20, qu'un autre de deux livres qui porte dix fois son poids : cette différence paroît être fondée sur ce que la force de l'aimant tient principalement à ses poles ; dans une grosse pierre ils sont trop étendus ; la vertu qui

en

en émane n'eſt point ſi concentrée.

On remarque auſſi que la figure & les dimenſions y entrent pour quelque choſe ; quand les poles ſont fort diſtants l'un de l'autre , c'eſt la diſpoſition la plus avantageuſe qu'ils puiſſent avoir. Il ne faut pas douter auſſi que la puiſſance d'un aimant ne dépende beaucoup de la façon dont il eſt armé : Joblot & Buterfield ſe ſont diſtingués dans ce genre au commencement de ce ſiecle , parce qu'ils ont joint beaucoup d'intelligence à une longue pratique. Aujourd'hui le ſieur Pierre le Maire les remplace aſſez bien ; & l'on eſt heureux de trouver dans l'occaſion un ouvrier qui entende ce qu'il fait.

L'OPINION commune eſt que l'aimant n'attire que du fer ; cependant M. Geofroy le Médecin, trouva que les cendres de pluſieurs végétaux obéiſſoient auſſi à la vertu magnétique ; & feu M. Muſchenbroek, après un grand nombre d'expériences, a donné une liſte aſſez étendue des matieres qu'il a trouvées ſuſceptibles de cette attraction , ſoit en les éprouvant dans leur état naturel, ſoit en les faiſant rou-

Le fer ſeul attirable par l'Aimant.

gir au feu avec une matiere graffe ; végétale ou animale ; mais bien loin d'en conclure que l'aimant attire autre chofe que du fer, il a penfé comme M. Lémery, & comme tout le monde penfe aujourd'hui, que tout ce qui fympathife avec la vertu magnétique eft du fer caché ou développé. Nous avons déja dit ailleurs que ce métal, par le grand ufage que l'on en fait, fe trouve répandu par-tout ; & c'eft un fait connu de tous les Chymiftes, que les métaux fe révivifient de leurs propres cendres quand on y ajoute quelque matiere graffe. On ne doit donc pas être furpris que plufieurs fortes de terres ainfi préparées, que l'émeril & certains fables fans aucune préparation, s'attachent à l'aimant, puifqu'il y a de fortes raifons pour croire que toutes ces matieres contiennent du fer ; & peut-on en douter, lorfqu'en y mêlant une infufion de noix de galles, on les rend noires ?

Il ne faut pourtant pas croire que tout ce qu'on trouve attaché à l'aimant dans ces fortes d'épreuves, foit du fer : il fuffit, pour cet effet, que chaque petite maffe contienne quel-

que parcelle de ce métal : la vertu
de l'aimant étant beaucoup plus
forte qu'il ne faut pour vaincre le
poids de la partie métallique fur
laquelle feule elle agit, l'emporte
avec tout ce qu'elle a d'étranger ;
comme l'aimant de la *figure* 4 foutient un poids de 27 livres, qui peut
être de pierre ou de toute autre matiere, parce que ce poids eft accro-
ché au portant *C* qui eft de fer.

L'aimant réduit en poudre n'a plus
de poles, & par conféquent n'eft
plus en état d'attirer le fer : lorfqu'on
l'emploie dans les emplâtres, on ne
doit donc le regarder que comme
un aftringent ou un déterfif ; ce feroit une puérilité de croire qu'un
pareil topique eût quelque vertu
particuliere pour guérir une plaie
qui viendroit d'un coup de fer, ou
pour attirer en dehors quelque morceau de ce métal qui feroit enfoncé
dans les chairs.

On ne voit pas non plus ce qui
peut faire regarder l'aimant, même
lorfqu'il eft armé, comme un pré-
fervatif contre l'apoplexie, ou contre les affections vaporeufes. Et pour

P ij

le dire en paſſant, rien n'eſt plus dangereux que ces fauſſes idées en matiere de remedes : car ſi l'on eſt aſſez crédule pour y mettre ſa confiance, on ſe diſpenſe trop légérement des précautions qui ſeroient plus raiſonnables & plus efficaces ; & plus elles ſont néceſſaires, plus on riſque en leur ſubſtituant ainſi ce qui ne peut les remplacer.

COMME la vertu magnétique n'a de priſe que ſur le fer, on peut quelquefois tirer parti de cette propriété pour ſéparer des matieres précieuſes qui ſe trouveroient mêlées avec du fer ; ſi l'on avoit, par exemple, limé du fer & de l'or enſemble, on pourroit par ce moyen ſéparer ces deux métaux. Il ſeroit à ſouhaiter que les Fondeurs euſſent cette attention lorſqu'ils ont acheté du cuivre en limailles ; les ouvrages fondus en ſeroient plus épurés ; on ne rencontreroit pas dans la fonte, en la travaillant, des grains de fer ou d'acier qui gâtent les outils, & qui ne permettent pas qu'on puiſſe finir certaines pieces, dont la matiere doit être abſolument d'une dureté uniforme.

XIX. Leçon.

Avantages qu'on peut tirer de cette propriété de l'Aimant.

N'eft-ce point à de pareils défauts qu'on doit attribuer une partie des accidents qu'on voit arriver aux moulins à poudre ; les pilons ont beau être armés de cuivre , on a beau faire de ce même métal les outils avec lefquels on grate , ou l'on choque ces armures pour en détacher la compofition ; s'il s'y trouve des grains d'acier , il n'en faut pas davantage avec quelque gravier , pour produire une éteincelle qui mette le feu à toute la fabrique.

Je n'oferois combattre ici d'une maniere férieufe l'idée romanefque de ces montagnes d'aimant qui détournent les vaiffeaux de leur route , & qui les font aborder malgré eux ; on fait affez que ces êtres d'imagination n'ont aucune place dans l'Hiftoire Naturelle , & que leurs prétendus effets n'en méritent pas davantage en Phyfique. J'ai vu l'Ifle d'Elbe qui a peut-être donné lieu à ces fortes de contes , parce qu'en effet elle contient beaucoup d'aimant ; mais j'en ai examiné plus de fix quintaux fans en trouver un morceau qui valût la peine d'être taillé

XIX.
Leçon.

Montagnes d'Aimant, ce qu'on en doit penfer.

P iij

& armé ; & dans tout l'Etat de Florence à qui appartient cette Ifle, je n'ai vu perfonne qui penfât qu'elle fût capable d'agir fur la ferrure des vaiffeaux qui fe trouvent ou qui paffent dans fon voifinage.

La répulfion.

SECONDE PROPRIÉTÉ
DE L'AIMANT.

Un Aimant attire & repouffe un autre Aimant, fuivant la maniere dont ils fe préfentent l'un à l'autre.

III. EXPÉRIENCE.

PRÉPARATION.

$S M$, (*fig.* 5) font les deux poles d'un aimant de médiocre groffeur, qui flotte fur l'eau par le moyen d'une petite gondole de cuivre trèsmince, & fort légere dans laquelle il eft pofé ; $m s$ eft un autre aimant pareil au premier, que l'on tient dans la main par fon équateur ; il faut que la vertu magnétique foit un peu forte dans ces deux pierres, ou au moins dans l'une des deux.

EFFETS.

Lorfque le pole m fe préfente au pole S de l'aimant qui flotte, ou ré-

ciproquement le pole *M* de celui-ci ════
au pole *s* de l'autre, les deux pierres
tendent à s'approcher & à se joindre.

Mais elles se repouffent visiblement, lorfqu'on met les poles de
même nom, c'est-à-dire, *M* & *m*,
S & *s*, vis-à-vis l'un de l'autre.

IV. Expérience.

Préparation.

Sur le bout d'une aiguille de bois
de 15 pouces de longueur ou environ,
portée fur un pivot, mettez en équilibre avec quelque petit poids un
morceau d'aimant brute dont vous
ayez reconnu les poles. Prenez à la
main un pareil morceau d'aimant, &
faites les mêmes épreuves que dans
l'expérience précédente.

Effets.

Vous aurez les mêmes réfultats.

Observations.

Quand on fait ces expériences
avec des aimants qui ont beaucoup
de vertu, il ne faut point approcher
de fort près les poles de même nom

l'un de l'autre ; car alors comme il est rare qu'ils foient tous deux d'égale force, il arrive affez fouvent que le plus foible fe laiffe entraîner par le plus fort ; au lieu d'une répulfion qu'on devroit avoir, il y a attraction.

Je ferai voir bientôt que le fer aimanté a toutes les propriétés de l'aimant ; une lame de ce métal qui a été touchée, a donc deux poles comme la pierre même ; ainfi les expériences que je viens de rapporter, fe font pareillement avec deux aiguilles aimantées, ou bien avec une aiguille & un aimant.

La vertu magnétique agit à travers toutes fortes de matieres.

DE QUELQUE maniere que la nature opere cette attraction & cette répulfion, on peut dire qu'aucun obftacle que l'on connoiffe, (fi l'on en excepte une trop grande diftance) n'y met empêchement ; car ces effets n'en arrivent pas moins, quoique l'on interpofe entre le fer & l'aimant toutes fortes de matieres, tant folides que fluides, du carton, du bois, du verre, de l'eau, de la flamme, &c.

Si l'on promene une pierre armée fous un carton ou fous un carreau

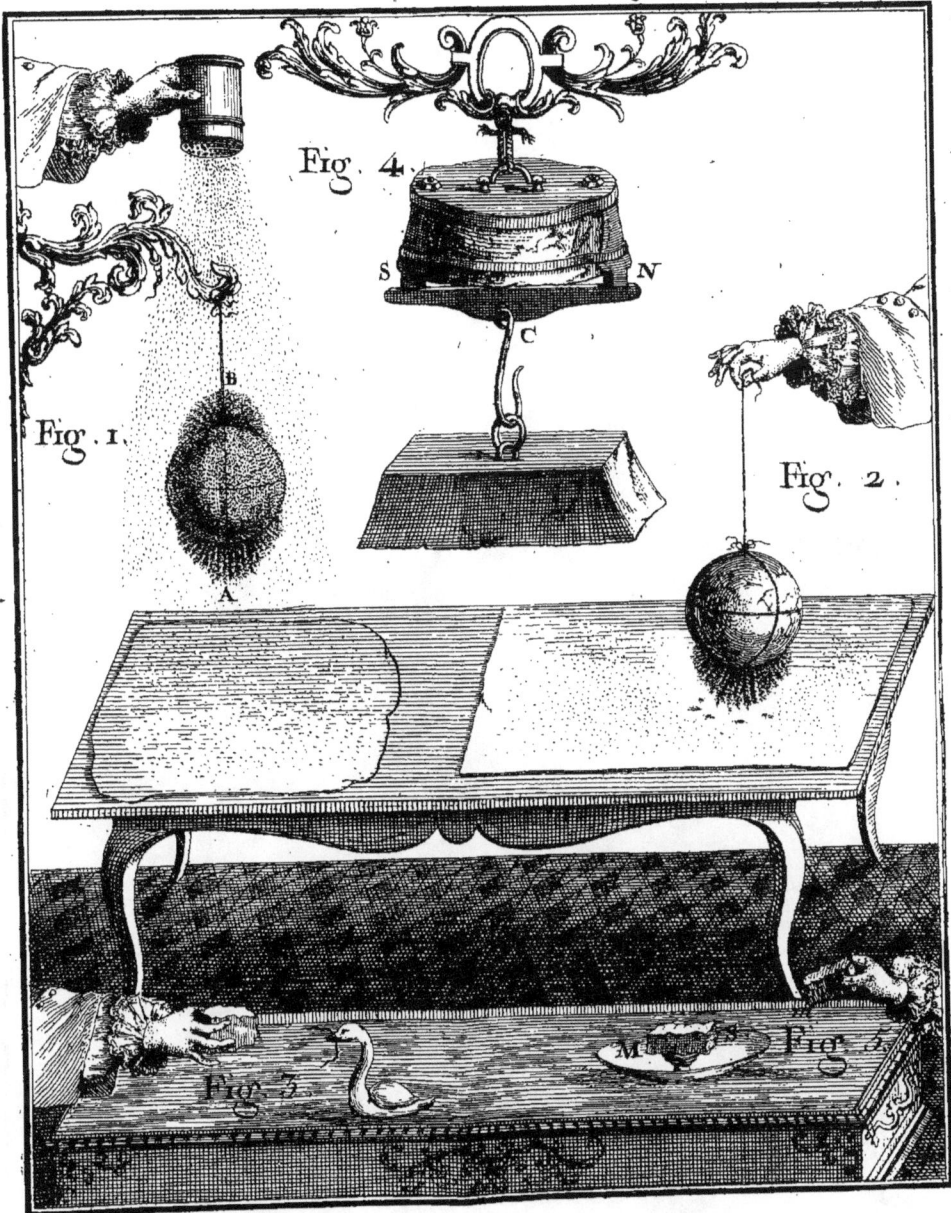

Fig. 4.

S   N

C

Fig. 1.

B

A

Fig. 2.

Fig. 3.

M⟶s   Fig. 5.

Bruner Del. fecit

de verre, couvert de limaille de
fer, tous ces petits fragments se
dreffent & se hériffent aux endroits
qui répondent succeffivement aux
poles de l'aimant, & font voir d'une
maniere sensible & curieuse la route
qu'on lui fait tenir ; voyez la *Figure*
6 qui repréfente un aimant, dont les
deux poles *N S* tournent horizontalement fous un carton mince couvert
de limaille de fer. La pierre pour
recevoir ce mouvement, eft montée
fur une tige de métal qu'on fait
tourner avec une manivelle *M*, deux
poulies *P*, *P*, & une corde fans fin.

Si l'on met une petite lame de
fer en équilibre fur un pivot, au
fond d'un vafe de verre, & qu'on
l'empliffe d'eau ou de toute autre
liqueur, l'aimant ou le fer aimanté
qu'on promene autour du verre,
exerce fon action fur la petite lame,
nonobftant l'interpofition du verre
& de l'eau, &c. (*fig.* 7).

Enfin fi cette lame de fer mobile eft entourée d'un petit auge
plein d'efprit-de-vin, & qu'on y
mette le feu, la flamme qui s'éleve
de toutes parts n'empêche pas que

l'aimant ne faſſe encore tourner le fer. (*fig.* 8).

XIX.
LEÇON.
Applications
curieuſes de
cette pro-
priété de
l'Aimant.

CETTE propriété du magnétiſme d'agir ainſi à travers les corps ſolides & opaques, comme à travers les matieres fluides & tranſparentes, en impoſe ſouvent aux yeux lorſqu'elle eſt employée avec adreſſe; j'ai vu des horloges de chambre qui n'avoient point d'autre aiguille pour marquer les heures, qu'une petite mouche d'acier poli & devenu bleu, qui gliſſoit ſur une feuille de laiton fort mince & fort unie, qui faiſoit le fond du cadran, ſans que l'on vît ce qui la faiſoit mouvoir ainſi. Elle ſuivoit un aimant qui tournoit derriere, & dont elle n'étoit ſéparée que par la feuille même de cuivre poli, ſur laquelle on la voyoit gliſſer vis-à-vis des heures. On peut juger, par ce petit artifice, de tous ceux qu'on peut imaginer dans ce genre.

TROISIEME PROPRIÉTÉ
DE L'AIMANT.

L'Aimant communique ses propriétés au fer, de sorte qu'une lame de ce métal étant aimantée, peut être considérée comme un véritable Aimant, & s'appliquer aux mêmes expériences.

V. EXPÉRIENCE.

PRÉPARATION.

Il faut avoir plusieurs lames de fer, dont chacune ait environ une ligne & demie d'épaisseur, un pied ou 15 pouces de longueur, & 5 à 6 lignes de largeur : des bouts de fleurets sont très-bons pour cet usage, & j'ai même remarqué que cette espece d'acier que les ouvriers appellent *étoffe*, réussit mieux que le fer pur. On touche toutes ces lames l'une après l'autre à un fort aimant bien armé, observant de faire glisser chaque face d'un bout à l'autre, & dans le même sens sur la masse N de l'armure, (*fig. 9*). On réunit ensuite toutes ces lames aimantées, en mettant du même côté toutes les extrémités que l'aimant a touchées les dernieres ; & l'on ferre cet affemblage avec des ligatures de cuivre, garnies de vis ou autrement (voyez la *fig.* 10). Mais une attention qu'il faut avoir, c'eft de ne donner aucun coup de marteau, aucunes fecouffes rudes à ces pieces, foit avant, foit après les avoir affemblées.

Effets.

Ce faifceau de verges aimantées, que l'on a nommé *Aimant artificiel*, peut s'employer à toutes les expériences précédentes comme un aimant naturel ; il a deux poles, dont l'un *m* attire la pierre flottante de la *figure* 5 lorfqu'on le préfente vers *S*, & la repouffe quand on le tourne vers *M*. Il fe charge de limaille ou de clous par l'un & l'autre bout : il agit à travers toutes les matieres qu'on oppofe à fon action ; & il communique la vertu magnétique autant, & mieux à proportion, qu'une bonne pierre d'aimant armée.

Observations.

L'aimant, foit naturel, foit artificiel, en communiquant fes pro-

priétés au fer , ne perd rien de
fa vertu ; on a beau aimanter un
grand nombre de lames à la même
pierre , & de fuite, on ne s'apperçoit point qu'elle en foit épuifée.

Il arrive pourtant quelquefois
qu'un aimant perd fa force par fuc-
ceffion de temps : on remarque auffi ,
quoique plus rarement, qu'il en acquiert ; & en général il paroît que
le magnétifme fe fait fentir plus vi-
goureufement l'hiver lorfqu'il regne
un vent de Nord , que dans toute
autre faifon , & par un temps plu-
vieux : l'affoibliffement vient plutôt des fecouffes rudes , de la rouille
des armures , ou d'un violent degré
de chaleur , peut-être auffi d'une
pofition défavantageufe & de longue durée.

La vertu magnétique communi-quée s'affoi-blit ou fe perd en cer-tains cas.

Ce ne font pas les aimants capables de foutenir un plus grand poids,
qui font toujours , comme on le
pourroit croire, les plus propres à communiquer une grande vertu au fer :
on en voit qui portent peu , & qui
touchent puiffamment ; d'autres qui
portent beaucoup , & qui communiquent peu de vertu. C'eft ce qui

Diftinction des aimants en généreux & en vigou-reux.

les fait diftinguer par les noms de *vigoureux* & de *généreux* ; ceux - ci font les plus forts quant à la communication ; ceux - là font les plus puiffants pour l'attraction & pour la répulfion ; il n'eft quelquefois pas befoin de toucher, il fuffit d'approcher le fer d'un aimant bien généreux ?

LA communication du magnétifme, lorfqu'elle fe fait par attouchement ou feulement par approche, s'opere en très-peu de temps ; c'eft-à-dire, qu'au premier tact une lame de fer s'aimante fenfiblement ; mais fa vertu augmente jufqu'à un certain point, fi elle eft touchée à plufieurs reprifes, & du même fens ; car lorfqu'on la touche alternativement en fens contraires, elle perd au fecond contact ce qu'elle avoit acquis dans le premier.

ON fait d'acier toutes les aiguilles de bouffoles : fi elles étoient de fer doux, elles s'aimanteroient peut-être plus aifément ; mais il eft effentiellement néceffaire qu'elles foient bien légeres pour être très-mobiles, & qu'elles puiffent conferver long-

Marginal notes:

XIX. Leçon.

Procédé à obferver pour communiquer la vertu magnétique.

Aiguilles de Bouffoles ; de quoi il convient qu'on les faffent.

temps leur vertu magnétique ; ſi
elles étoient de fer, elles plieroient
trop aiſément, ou bien il faudroit
les faire plus épaiſſes, & par conſéquent plus lourdes : d'ailleurs on ſait
par expérience que l'acier, s'il ne
s'aimante pas auſſi aiſément, garde
mieux que le fer la vertu magnétique qu'on lui fait prendre.

LES aimants artificiels, tels que
celui dont on a fait uſage dans la
derniere expérience, n'ont point
une force proportionnée au nombre
des lames qui les compoſent : c'eſt-
à-dire, que ſi chaque lame ſéparée
des autres, a la force de ſoutenir deux
onces de fer, huit lames ſemblables,
lorſqu'elles ſont réunies, n'en por-
tént point une livre comme il ſemble qu'elles devroient faire ; il y a
toujours du rabais plus ou moins,
ſuivant que leur union eſt plus ou
moins parfaite, ou bien ſelon quelqu'autre circonſtance dont on ignore
encore l'importance.

Aimants ar-
tificiels, leur
hiſtoire, &
leurs diffé-
rentes conſ-
tructions.

On peut remarquer auſſi que ces aſ-
ſemblages de lames aimantées communiquent au fer beaucoup plus de
vertu à proportion qu'un aimant

naturel ; & quand on a des aiguilles de bouſſole à toucher , ou que quelqu'un a la curioſité de faire aimanter un couteau ou une épée , on doit préférer pour cette opération l'aimant artificiel à la pierre armée.

Je crois que cet avantage vient de la grande diſtance qu'il y a d'un pole à l'autre ; car j'ai obſervé que c'eſt une figure avantageuſe pour une pierre , lorſque ſa plus grande longueur ſe trouve compriſe entre les deux pieces de ſon armure.

En 1740 , il me prit envie de ſavoir ſi l'aimant artificiel gagneroit beaucoup d'être armé : le ſieur Pierre le Maire , dont j'ai fait mention ci - deſſus , m'en compoſa un de douze lames d'acier trempé , dont chacune avoit huit pouces de longueur , une ligne d'épaiſſeur , & environ dix lignes de largeur ; il en fit un faiſceau qu'il ſerra fortement avec des ligatures de cuivre , & aux extrémités duquel il attacha deux armures ſemblables à celles que l'on met aux pierres d'aimant ; voyez la *Figure* 11.

Cet aimant qui avant d'être armé
n'enlevoit

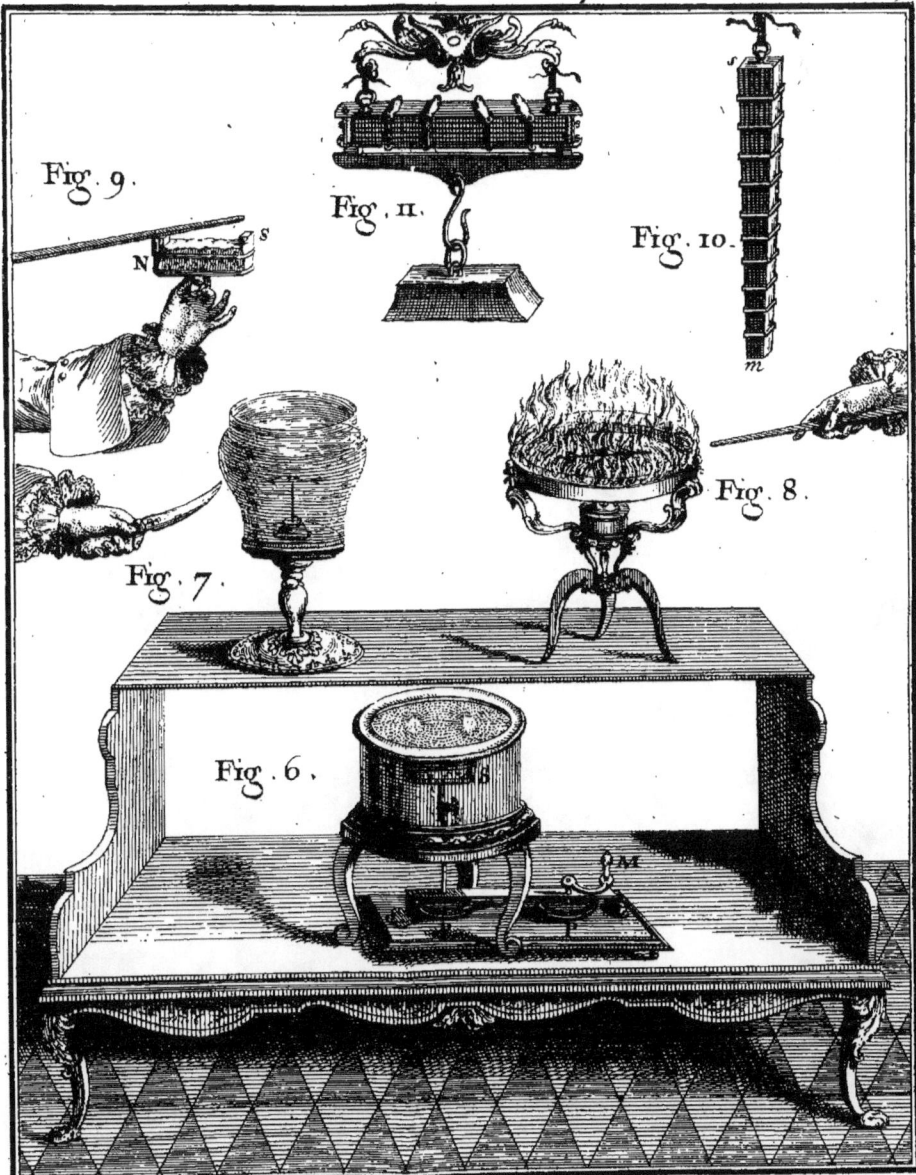

Fig. 9.

Fig. 11.

Fig. 10.

Fig. 7.

Fig. 8.

Fig. 6.

A. Brunet. Del. fecit

n'enlevoit par le bout le plus fort
qu'une livre & demie, de fer ou à
peu-près, porta, quand il le fut, un
poids de fix livres & demie par le
moyen d'une piece de fer qu'on mit
en contact fur les deux maffes des armures. C'eft la premiere fois de ma
connoiffance, qu'on ait réuni l'action des deux poles d'un aimant artificiel, par une lame de fer qui
communiquât de l'un à l'autre.

En 1746, M. Knight, Médecin
Anglois, montra à la Société Royale
de Londres un nouvel aimant artificiel qu'il avoit compofé de deux
barreaux d'acier trempé dur, longs
de 15 pouces, fitués parallélement
entr'eux, féparés l'un de l'autre par
une regle de bois C de 8 à 9 lignes
de large, les extrémités communiquant enfemble par deux petites
pieces de fer doux *a a*, *b b*, auffi lar-
ges & auffi épaiffes que les barreaux, avec cette attention que le
pole Nord de l'un répondoit au pole
Sud de l'autre: voyez la *Figure* 12
qui repréfente cet affemblage.

M. Knight avec cet inftrument
changea à plufieurs reprifes, en pré-

fence de la compagnie , les poles d'un aimant naturel , non armé & foible ; & il montra d'une maniere décifive que l'acier trempé bien dur, s'aimante plus fortement que le fer doux , & l'acier recuit après la trempe.

Pour faire ces expériences , il ôta les deux pieces de fer doux qui faifoient communiquer enfemble fes deux barreaux ; il les ouvrit enfuite comme les deux branches d'un compas , & les aligna bout-à-bout l'un de l'autre fur une table , de maniere que le pole Sud de l'un touchoit le pole Nord de l'autre , comme on le peut voir par la *Figure* 13. Il plaça fucceffivement fur ces barreaux des aiguilles de bouffoles de mer, les unes d'acier trempé très-dur, les autres d'acier revenu au bleu, ou de fer doux ; il les plaça , dis-je , de façon que le centre de chacune d'elles répondît à la jonction des deux barreaux ; puis en faifant appuyer deffus avec la main , il tira les deux barreaux en fens contraires , & fit parcourir au pole Nord de l'un la moitié de l'aiguille , & l'autre moitié de la même

aiguille au pole Sud du barreau opposé. Par cette épreuve réitérée plusieurs fois de suite, on vit que les
aiguilles d'acier, qui avoient une
trempe complette, avoient contracté
une bien plus grande vertu, & d'attraction, & de direction, que celles
qui avoient été recuites après la
trempe, ou qui n'étoient faites que
de fer doux.

M. Knight changea plusieurs fois
les poles d'une pierre d'aimant nue,
en la plaçant entre les deux barreaux,
toujours alignés, mais séparés de maniere que le pole Nord de la pierre
touchât le pole Nord de l'un d'eux, &
son pole Sud, le pole de même nom
de l'autre barreau. Cette pierre ayant
demeuré un bon quart-d'heure dans
cette situation, eut ses poles en sens
contraires de ce qu'ils étoient auparavant ; on la laissa ensuite autant
de temps entre les deux barreaux, son
axe ou la ligne de ses poles, coupant à
angles droits l'alignement des barreaux ; les poles de la pierre chan-
geant encore de place, se mirent
dans la direction de l'aimant artificiel.

Peu de temps après, M. Knight nous envoya de petits barreaux d'aciers longs de 3 à 4 pouces, sur environ trois lignes & demie de diametre, qui portoient, sans aucune armure, 7 à 8 fois la valeur de leur poids; & ce qu'il y avoit de plus merveilleux, c'eſt que M. Knight a toujours aſſuré qu'il leur faiſoit prendre cette vertu magnétique, ſans le ſecours d'aucun aimant naturel ni artificiel.

M. Duhamel, par différents procédés, chercha à imiter ces barreaux magnétiques, dont le Médecin Anglois a toujours fait myſtere; & il parvint à en faire d'auſſi forts, en partant de deux faits déja connus: ſavoir, 1°, que quand on aimante une lame de fer ou d'acier, le bout qui eſt touché le dernier a toujours plus de vertu que l'autre; 2°, que quand on aimante une petite lame ſur une plus grande qui lui ſert de ſupport, elle prend par ce moyen plus de vertu qu'elle n'en recevroit ſi elle étoit ſeule.

M. Duhamel commença donc par toucher avec un aimant naturel de

petits barreaux d'acier trempé, posés
au bout, & sur une barre beaucoup
plus grande, & qui avoit déja touché
à l'aimant ; ensuite il les mit à la maniere de M. Knight entre deux barres
magnétiques, ayant soin de rendre
les poles de différents noms contigus les uns aux autres, & par-là il
parvint à aimanter ces petits barreaux aussi fortement que ceux qui
avoient été envoyés d'Angleterre (ᵃ).

Mais cette imitation n'étoit pas
complette, en supposant que M.
Knight ne se servît d'aucun aimant
naturel ou artificiel, pour donner
la vertu magnétique à ses barreaux ;
MM. Michell & Canton en Angleterre, & M. Antheaume à Paris, se
proposerent de deviner son secret,
ou au moins de parvenir au même
but d'une maniere quelconque (ᵇ).

(a) Voyez le détail de ces expériences,
Mém. de l'Acad. Royale des Sciences, 1745,
pag. 18 *& suiv. &* 1750, *pag.* 154 *& suiv.*

(b) Tous ceux qui se sont proposé de faire
prendre au fer la vertu magnétique sans le
toucher à l'aimant, ont dû se souvenir que
le P. Grimaldi, Jésuite, il y a environ 200
ans, observa qu'une barre de fer tenue pendant
quelque temps dans une situation verticale,
s'aimantoit assez pour attirer par son extrémité

Le premier vint à bout de donner un commencement de vertu magnétique à un petit barreau d'acier, qu'il plaça bout-à-bout entre deux barres de fer, fur une table un peu inclinée au Nord, ayant foin que ces trois corps contigus fuffent alignés dans le plan du méridien magnétique, & en traînant deffus, & à plufieurs reprifes, dans la direction du Nord au Sud, le bout d'une troifieme barre de fer élevée prefque verticalement.

Le fecond obtint le même effet, en attachant le petit barreau d'acier contre la partie fupérieure d'un fourgon de fer, & en traînant deffus de bas en haut, & à plufieurs fois, le bout inférieur d'une de ces pincettes qui fervent communément à attifer le feu.

Voici la méthode que j'ai vu pratiquer avec fuccès au troifieme (à M. Antheaume), & je copie fes

d'en bas, la pointe Sud d'une aiguille de bouffole, & la repouffer par fon extrémité d'en haut; phénomene qui s'eft confirmé depuis par l'obfervation qu'en fit Gaffendi fur la tige de la croix du clocher de S. Jean d'Aix en Provence, & par une pareille remarque qui fut faite à la fin du dernier fiecle, à l'occafion d'une pareille croix à Chartres.

propres paroles. « Sur une plan-
»che, dit-il, inclinée dans la di-
»rection du courant magnétique,
»c'eft-à-dire, pour Paris inclinée à
»l'horizon de 70 degrés du côté du
»Nord, je place de file deux barres
»de fer quarrées, de 4 à 5 pieds de
»longueur fur 14 à 15 lignes d'é-
»paiffeur, limées quarrément par
»leurs extrémités intérieures, ou qui
»fe regardent, entre lefquelles je
»laiffe un intervalle de fix lignes ;
»j'applique à chacune de ces extré-
»mités une efpece d'armure, for-
»mée avec de la tole de deux li-
»gnes d'épaiffeur, 14 à 15 lignes de
»largeur, & une ligne de plus de hau-
»teur, dont le côté qui doit être
»appliqué à la barre eft limé, & en-
»tiérement plat ; trois des bords de
»l'autre face font taillés en bifeau
»ou chanfrein ; le quatrieme qui
»doit excéder d'une ligne l'épaiffeur
»de la barre, eft limé quarrément
»pour former une efpece de talon.
»Pour remplir le refte de l'intervalle,
»je mets entre ces deux armures une
»petite languette de bois de deux
»lignes d'épaiffeur. Tout étant ainfi

» difpofé, & placé, comme je l'ai dit
» dans la direction du courant mag-
» nétique, je glifle fur ces deux ta-
» lons à la fois, fuivant la longueur
» des barres de fer , la barre d'acier
» que je veux aimanter , la faifant
» aller & venir lentement d'un de
» fes bouts à l'autre , comme on fe-
» roit fi l'on aimantoit fur les deux
» talons d'une pierre d'aimant. Voyez
» la *Figure* 14 qui repréfente tout cet
» appareil (ᵃ).

» J'ai été furpris moi - même ,
» ajoute M. Antheaume , de voir que
» j'aimantois ainfi tout d'un coup ,
» non - feulement de petites barres
» comme celles de MM. Michell &
» Canton, mais de groffes barres d'a-
» cier d'un pied de longueur , & mê-
» mes plus longues , ce qu'on n'ob-
» tiendroit jamais par leurs métho-
» des. L'expérience m'a fait connoî-
» tre depuis que cette opération
» produit des effets encore plus fur-

(*a*) *A B*, la planche ou le madrier incliné;
C D, *E F*, les deux barres de fer alignées;
l l, les deux armures de tole; *h i*, la lame de
bois qui eft entre les armures; *K L*, la lame
à aimanter.

prenants,

» prenants, en employant des barres
» de fer de dix pieds de longueur
» chacune; la force magnétique que
» reçoit pour lors la barre d'acier,
» égale celle qu'elle recevroit d'un
» très - bon aimant, &c. » *Mem. fur
les Aimants artificiels, qui a remporté le
prix de l'Acad. de Péterfbourg en* 1760.
A Paris, chez Butard, 1760.

De quelque maniere que les barreaux aient reçu la vertu magnétique, on en fait des aimants artificiels d'une très-grande force, en
les multipliant & en les diftribuant
en deux faifceaux féparés l'un de
l'autre par deux dés de bois d'un
pouce d'épaiffeur, les poles de différents noms communiquant enfemble de part & d'autre par une armure de fer doux, comme les barreaux
fimples de M. Knight : voyez la *figure* 15. J'en ai un de cette efpece
qui porte 75 liv.

Feu M. Bazin, qui a écrit fur les
courants magnétiques, m'envoya, il y
a 10 ou 12 ans, de Strasbourg des
aimants artificiels, qu'il faifoit d'un
feul barreau tourné en forme de fer
à cheval, comme on le peut voir

par la *figure* 16. Ils ont cet avantage que les deux poles, comme aux aimants naturels, communiquent ensemble par un contact ou portant de fer doux, auquel on accroche le poids qu'on veut faire porter.

Quant à la maniere de toucher avec les faisceaux de M. Michell, les barreaux qui forment l'aimant artificiel de M. Knight, représenté par la *figure* 12, MM. Duhamel & Antheaume recommandent le procédé suivant comme le meilleur: il faut placer l'assemblage désigné par la figure que je viens de citer, sur une table un peu longue; que chaque barreau *A A*, (*fig.* 17) se trouve tour à tour dans l'alignement de deux autres barres d'acier *D B* & *B E*, longues de deux pieds & demi ou trois pieds; puis on place sur le milieu du barreau *A*, le bout *N* (*fig.* 18) de l'un des faisceaux; & le bout *S* de l'autre; & l'on traîne à plusieurs reprises & doucement celui-ci jusqu'en *D*, & celui-là jusqu'en *E*; ce que l'on réitere pour chaque barreau sur les deux faces opposées.

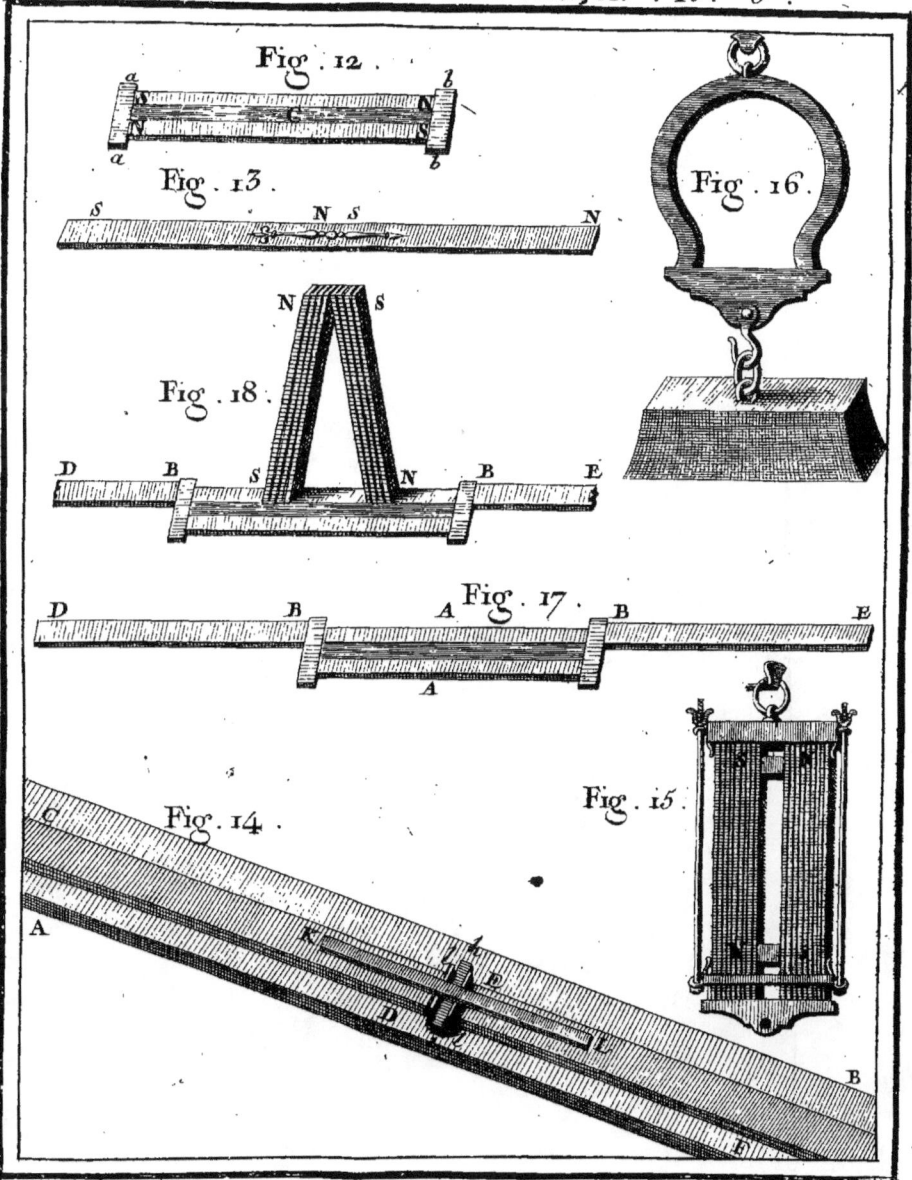

Fig . 12 .

Fig . 13 .

Fig . 16 .

Fig . 18 .

Fig . 17 .

Fig . 15 .

Fig . 14 .

Gobin del et Sculp.

L'hiftoire des aimants artificiels, la maniere de les conftruire & de s'en fervir, pour toucher les aiguilles de bouffoles, c'eft ce qu'il y a de plus intéreffant & de plus nouveau dans cette matiere : je crois en avoir dit affez pour fatisfaire la curiofité du plus grand nombre de mes Lecteurs ; ceux qui voudront de plus amples inftructions, pourront confulter les Mémoires de l'Académie des Sciences ou celui de M. Antheaume cités ci-deffus ; ou bien fe pourvoir d'un Ouvrage in-12, imprimé à Paris en 1752, chez Guérin & Delatour, lequel eft intitulé : *Traité fur les Aimants artificiels . . . . par le R. P. Rivoire de la Compagnie de Jefus.*

XIX. Leçon.

QUATRIEME PROPRIÉTE La direction. DE L'AIMANT.

L'aimant naturel ou artificiel dirige l'un de fes poles vers le Nord, & l'autre vers le Sud.

VI. Expérience.

Préparation.

1°, On fait flotter fur l'eau une

R ij

petite pierre d'aimant comme celle de la 3ᵉ Expérience (*fig.* 5).

2°, On place fur un pivot une aiguille de boussole bien aimantée, (*fig.* 19); on prend foin qu'il n'y ait ni fer ni aimant à 3 ou 4 pieds de distance aux environs.

3°, Il faut connoître à peu-près la position du lieu où l'on eft, par l'inspection du Soleil ou autrement.

Effets.

On remarque aifément que la pierre & l'aiguille dirigent l'un de leurs poles vers le Nord, & l'autre du côté du Midi; & fi l'on fait quelque mouvement qui les dérange de cette direction, auffi - tôt qu'elles font libres, elles affectent toujours de la reprendre.

Observations.

La direction de l'aimant eft de toutes les propriétés qu'on lui connoît, celle qui nous a été la plus utile jufqu'à préfent. Celui qui s'apperçut le premier qu'une lame de fer aimantée, lorfqu'elle avoit la liberté de fe mouvoir facilement, fe

tournoit de maniere que ſes deux
extrémités indicaſſent le Nord & le
Sud, demeura probablement occupé
de cette nouveauté, & ne penſa
point à en faire d'autre uſage que d'exciter l'admiration de ceux qui pouvoient n'en avoir point encore eu
connoiſſance : mais dans le grand
nombre des admirateurs, il étoit
bien difficile qu'il ne ſe rencontrât
enfin quelqu'un de ces génies atten-
tifs à mettre à profit les découvertes
que l'on doit aſſez ſouvent au hazard. Il s'en trouva en effet, & l'on
penſa qu'un inſtrument capable d'indiquer par lui-même le Nord & le
Sud, devoit être d'un grand ſecours
à quiconque auroit beſoin de s'o-
rienter dans des temps & dans des
lieux où le Ciel ne pourroit être
conſulté.

C'EST-LA préciſément le cas où
l'on ſe trouve dans un bâtiment de
mer, lorſqu'on a perdu les côtes de
vue, & que les aſtres ſont cachés
par des nuages épais. Comme les
vents peuvent changer à tout inſtant,
il faut que la manœuvre change auſſi
pour entretenir le vaiſſeau dans ſa

Application
de cette pro-
priété de
l'aimant. In-
vention de
la bouſſole.

R iij

route. Mais lorfqu'on ne voit ni le Ciel ni la Terre, comment fauroit-on que l'on manœuvre à propos, ou qu'on a juftement remédié à l'inconftance du vent ; cette difficulté tenoit autrefois la navigation dans des bornes très - étroites, à peine ofoit-on perdre la terre de vue ; ce n'eft, à proprement parler, que depuis l'invention de la bouffole que l'on a entrepris des voyages de long cours, & qu'on a vu fleurir le commerce de mer en Europe.

Les Hiftoriens ne conviennent point trop entr'eux, ni du temps, ni du lieu où cet inftrument a pris naiffance : le Lecteur qui fera curieux d'apprendre ce que l'on en peut favoir, pourra confulter le Spectacle de la Nature de feu M. Pluche ([a]) ; il y trouvera en même temps un détail hiftorique des plus importantes découvertes qui ont été faites, depuis que l'aiguille aimantée a rendu les Navigateurs plus hardis. Je dirai feulement qu'au 12e fiecle les Pilotes François s'aidoient déja de cette aiguille qui portoit alors le

([a]) Tom. IV, pag. 419 & fuiv.

nom de *Marinette*, à caufe de l'ufage qu'on en faifoit fur mer ; & à l'égard du pays à qui l'on doit faire honneur de cette invention , n'eft-ce point un préjugé en faveur de la France , qu'à toutes les rofettes de bouffoles des différentes nations , le Nord foit toujours marqué par une fleur-de-Lys ?

LA BOUSSOLE où *Compas de mer* , eft compofée de trois parties principales : favoir , la rofette , la fufpenfion , & la boîte qui contient le tout.

La *rofe* ou *rofette* eft ordinairement un carton fin ou une feuille de talc couverte de papier , d'une figure circulaire , dont la circonférence eft divifée en 360 degrés , comme on le peut voir par la *figure* 20. Le diametre de la rofette eft égal à une lame d'acier aimantée de 8 à 10 pouces de longueur , & qui eft fixée deffus ou deffous : au milieu de cette lame ou aiguille , & au centre de la rofe , eft une chape ou *capelle* , c'eft-à-dire , un petit cône creux de métal ou d'agate qui excede le plan fupérieur du cercle , & dans lequel eft

R iv

reçu le pivot sur lequel la rose doit tourner.

Quant à la suspension, on la fait ordinairement de la maniere suivante.

Un hémisphere creux de cuivre porte à son bord deux petits tourillons diamétralement opposés, par le moyen desquels il est suspendu, & mobile dans une zone circulaire de même métal, laquelle se meut elle-même sur deux tourillons semblables, dont l'alignement *A A* coupe à angles droits celui des deux premiers *B, B* (*fig.* 21).

La boîte qui contient le tout, (*fig.* 22), est faite de bois, & reçoit dans deux entailles pratiquées aux bords de ses deux côtés opposés *C, C*, les deux tourillons *A, A*; dans le fond de la cuvette hémisphérique, qui est lestée avec du plomb, est fixé un pivot très-pointu & très-dur, qui porte la rosette à la hauteur des bords de ce vase où sont élevées deux pinules *D, D*.

On concevra aisément, qu'au moyen d'une telle suspension, la rosette peut s'entretenir dans une si-

tuation horizontale , de quelque
côté que le mouvement du vaiſſeau
faſſe pancher la boîte ; & que tandis
qu'on bornoye un objet par les pinules, la roſette qui tourne librement ſur ſon pivot, obéiſſant à l'aiguille aimantée à laquelle elle tient,
montre par le nombre de degrés interceptés entre la pinule la plus
éloignée de l'œil, & l'endroit où
l'aiguille ſe fixe , à quel point de
l'horizon répond l'objet qu'on obſerve.

Et ſi la ligne qui paſſe par les
pinules , eſt parallele à la quille du
vaiſſeau, on voit par le même moyen
ſi la route du vaiſſeau ſe maintient
dans la direction qu'on veut qu'elle
ait.

QUELQU'UN qui ſeroit égaré dans
une forêt, pourroit s'orienter avec
une bouſſole portative, & retrouver
le lieu où il voudroit ſe rendre ; c'eſt
apparemment pour de telles occaſions que la mode s'eſt introduite de
porter de petites bouſſoles pendues
aux cordons de montres ; mais quels
ſecours peut-on attendre de pareils
colifichets , ſi l'on ſait qu'une ai-

Bouſſoles
portatives.

guille aimantée de deux pouces de longueur, eſt à peine capable de rendre ce ſervice à quelqu'un qui ſauroit bien la mettre en uſage ?

Bouſſoles à cadrans.

Bien des gens portent encore de ces cadrans ſolaires garnis de bouſſoles, qu'on appelle des *Buter-fieds*, du nom de l'ouvrier qui les faiſoit le mieux de ſon temps : on les oriente en les poſant horizontalement ſur un endroit fixe, & en les tournant juſqu'à ce que l'aiguille aimantée s'arrête vis-à-vis le degré qui marque la déclinaiſon du lieu (ᵃ). Alors s'il fait du Soleil, l'index qui s'éleve ſur le plan du cadran, marque par ſon ombre à peu-près l'heure qu'il eſt ; je dis à peu-près, mais c'eſt à condition que la bouſſole ſera grande, que l'aiguille ſera bien mobile & bien aimantée, qu'il n'y aura aucun fer ni acier dans le voiſinage, & que celui qui voudra ſavoir l'heure avec cet inſtrument, ſaura bien s'en ſervir : ſans cela, il ne vaut pas la plus mauvaiſe montre.

Perfeċtions à deſirer dans la bouſſole.

Quelque utile que ſoit la bouſſole en mer, elle ne l'eſt point en-

(*a*) Je dirai tout à l'heure ce que c'eſt que la déclinaiſon du lieu.

core autant qu'elle pourroit l'être,
si l'aiguille aimantée, qui en est la
piece principale, avoit une direction
constante ; si elle se dirigeoit toujours au vrai Nord, & au vrai Sud,
ou bien à tout autre point de
l'horizon, pourvu qu'elle ne chan-
geât jamais. Quand une fois on auroit réglé la route du vaisseau pour
faire un certain angle avec la direction de l'aiguille, il n'y auroit
plus d'autre soin à prendre, que celui de conserver cet angle toujours
le même, & l'on seroit assuré que
la route ne seroit point changée, ou
l'on sauroit au moins de quelle quantité elle l'est : mais ce qui jette beaucoup d'incertitude dans l'usage de
la boussole, & ce qui oblige à ne
perdre aucune occasion de se re-
dresser par l'inspection du Ciel, c'est
que cette direction de l'aimant si
précieuse à la navigation, varie d'un
lieu & d'un temps à l'autre ; il y a
plusieurs endroits dans le monde où
l'aiguille aimantée affecte de se tourner exactement vers le Nord & vers
le Sud ; & il y en a une infinité d'autres où elle s'en écarte plus ou moins;

XIX.
LEÇON.

Déclinaison
de l'aiguille
aimantée.

cette différence entre la direction de l'aimant & la ligne méridienne du lieu dans lequel on l'obferve, fe nomme *déclinaifon*.

Quoique ce fût une affez grande incommodité dans l'ufage de la bouffole, que d'être obligé d'apprendre la déclinaifon de l'aimant pour chaque lieu, l'importance de cet inftrument vaudroit bien la peine qu'on s'en affurât, fi les obfervations une fois faites pouvoient fervir de regle par la fuite : c'étoit fans doute dans cette vue que M. Halley avoit dreffé en 1700 une carte générale, fur laquelle on voit une ligne qui paffe par tous les endroits obfervés, où l'aimant n'avoit point de déclinaifon, & d'autres lignes qui indiquent par un chiffre de combien il déclinoit en d'autres lieux (a) ; mais il y a encore une *variation* qui dépend du temps, & qui ne fuit aucune regle dont on foit sûr.

Depuis l'établiffement des Académies dans les différents Etats, on trouve tous les ans, dans les re-

(a) Voyez l'Effai de Phyfique de Mufchenbroek in-4°, Tom. II, Planche XXVIII.

cueils des Mémoires qu'elles font
imprimer, les obfervations météo-
rologiques pour chaque année ;
celles qui concernent l'aimant s'y
trouvent auffi, & l'on y peut voir
qu'à Paris, depuis l'an 1666, temps
auquel l'Académie des Sciences fut
établie, l'aiguille aimantée, qui alors
fe dirigeoit au vrai Nord, a toujours
décliné de plus en plus vers l'Oueft ;
de forte qu'aujourd'hui (ª) fa déclinaifon eft de 18 degrés & demi ;
mais comme cette aiguille, quand on
l'agite un peu, revient rarement
avec précifion au même endroit d'où
elle eft partie, & qu'il eft difficile
de voir à un demi-degré près l'endroit où elle fe fixe en vertu du magnétifme, il fe paffe fouvent plufieurs années avant qu'on puiffe décider avec certitude fur la quantité
dont fa déclinaifon eft augmentée. A
en juger par les meilleures obfervations qu'on a pu recueillir depuis près
de deux fiecles ; & en fuppofant que
la déclinaifon de l'aimant fe faffe
avec un mouvement uniforme, il
femble qu'elle va en augmentant de

(ª) C'eft-à-dire dans toute l'année 1763.

9 à 10 minutes par chaque année, à Paris & affez loin aux environs.

Suivant quelques obfervations qu'on trouve dans les Tranfactions philofophiques de 1759 ; il femble que l'aiguille aimantée foit encore fujette à une variation journaliere qui la fait décliner le matin vers le couchant de 7 à 8 minutes, & le foir d'autant en fens contraire, à compter du point de fa déclinaifon ordinaire.

La bouffole recevroit donc un grand degré de perfection, fi l'on pouvoit faire enforte que l'aimant qui anime fa rofe, ne déclinât jamais d'un certain point de l'horizon en quelque lieu qu'on la portât ; c'eft un projet qui a été conçu par d'habiles gens, mais qui n'a point encore été exécuté ; malgré les tentatives inutiles qu'on a faites fur cela, il ne faut point défefpérer : le temps qui voit naître un deffein, eft quelquefois bien éloigné de celui où il doit être mis en exécution.

CINQUIEME PROPRIÉTÉ
DE L'AIMANT.

Celui des poles d'un aimant ou d'un fer aimanté, qui se dirige vers le Nord, s'incline aussi vers la Terre.

VII. EXPÉRIENCE.

PRÉPARATION.

E F, (*Fig.* 23) est une lame ou aiguille d'acier trempé, qui depuis *G* jusqu'en *F* ressemble à peu-près à un couteau. L'autre partie *G E* est fendue en fourchette pour faire ressort, & afin qu'une petite masse de cuivre *E* qui glisse dessus, puisse s'arrêter où l'on veut. En *G* est un axe semblable à celui d'un fléau de balance, & par le moyen duquel la lame *E F* se met en équilibre sur un support qui finit en fourchette ; *H I K* est une portion de cercle de cuivre, qui est divisée en degrés, & marquée par des chiffres de 10 en 10.

Il faut d'abord mettre l'aiguille *E F* en équilibre, en avançant ou en reculant la petite masse *E*, jusqu'à

XIX.
LEÇON.

ce que le bout *F* réponde juſtement à zéro du quart de cercle.

Enſuite ayant ôté cette aiguille de deſſus ſon ſupport, on la touche à un bon aimant en la faiſant gliſſer de *G* en *F*, & on la remet en place.

EFFETS.

L'aiguille, après avoir touché l'aimant, ne ſe tient plus comme auparavant dans une ſituation horizontale : la partie *F G* s'incline, & fait avec l'horizon un angle que l'on peut aiſément meſurer par l'arc intercepté entre le degré auquel elle aboutit, & le zéro d'où elle eſt deſcendue.

OBSERVATIONS.

L'opinion commune, & qui paroît fondée ſur des relations aſſez ſûres (ᵃ), eſt que cette inclinaiſon de l'aimant augmente à meſure qu'on s'avance davantage dans les pays Septentrionaux : on pourroit donc eſpérer quelques éclairciſſements ſur la cauſe phyſique du magnétiſme, ſi l'on avoit des aiguilles d'inclinaiſon qui fuſſent comparables entr'elles,

(a) *Voyez* Mém. de l'A- cad. R. des Sc. an. 1754. p. 94. & ſ.

les, c'est-à-dire, que dans un lieu donné, elles fissent constamment le même angle avec l'horizon, afin qu'étant portées en différents lieux de la terre, on pût légitimement attribuer à la cause du magnétisme, les variations qu'on remarqueroit à leur inclinaison. D'ailleurs ces sortes d'instruments seroient encore fort utiles dans la navigation, si l'on étoit certain, qu'en s'inclinant d'une certaine quantité, ils indiquassent tel ou tel climat, telle ou telle latitude. Mais l'expérience apprend que le plus ou le moins d'inclinaison dépend beaucoup de la longueur de l'aiguille, de la qualité du fer ou de l'acier dont elle est faite, de la façon dont elle est taillée, & encore plus de la force de l'aimant auquel on l'a touchée ; de sorte qu'il est peut-être aussi difficile de construire une aiguille d'inclinaison dont les effets soient constants & réglés, que d'avoir une boussole dont la direction ne varie point.

DANS les voyages de long cours, les Pilotes sont quelquefois obligés de charger avec de la cire ou autre-

XIX.
LEÇON.

Difficulté de construire des aiguilles d'inclinaison qui soient comparables entr'elles.

Remedes contre l'inclinaison des aiguilles.

ment la partie méridionale de leur rofe pour la rappeller dans une fituation horizontale ; parce qu'en avançant vers le Nord, l'autre bout de l'aiguille s'incline fenfiblement, ce qui gêne fon mouvement.

Lorfqu'on prépare les aiguilles de boufoles, & qu'on les a mifes en équilibre fur leurs pivots ; dès qu'on les a touchées à l'aimant, & qu'on les remet en place, on s'apperçoit bientôt que le bout qui fe dirige au Nord, s'incline comme s'il étoit devenu plus pefant que l'autre ; & l'on eft prefque toujours obligé d'en couper une petite portion pour faire renaître l'équilibre.

Il eft à préfumer que cette inclinaifon n'a pas lieu à l'équateur, ni dans les lieux circonvoifins ; & qu'elle fe fait en fens contraire dans les climats méridionaux : c'eft aux relations bien fideles à nous apprendre au jufte ce qui en eft.

Voilà les principales propriétés de l'aimant, & les phénomenes les plus intéreffants de ceux qui peuvent s'y rapporter ; j'omets ici certains détails de pratique qui n'in-

FIG. 20.

FIG. 23.

FIG. 22.

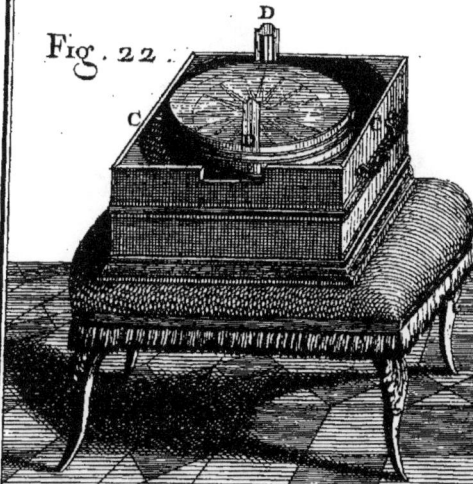

FIG. 21.

FIG. 19.

R. Brunet D. et fecit

téreffent peut-être pas le plus grand nombre de mes Lecteurs, mais qui doivent être recherchés comme des inftructions fort utiles, par tous ceux qui auront à travailler fur cette matiere : feu M. Mufchenbroek qui a travaillé fur l'aimant plus qu'aucun Auteur que je connoiffe, a fait imprimer une differtation fort longue (ᵃ), dans laquelle on trouvera abondamment de quoi fe fatisfaire.

REFLEXIONS

Sur les Caufes du Magnétifme.

QUOIQUE les Savants aient embraffé diverfes opinions fur les caufes du magnétifme, & qu'ils aient fuivi différentes routes pour en expliquer les phénomenes, ils fe font toujours réunis en un point qui eft comme la bafe de leurs fyftêmes ; il

(a) Cette differtation fait la plus grande partie d'un Ouvrage in-4°, imprimé en 1729 fous ce titre : *De magnete, tuborumque capillarium, &c. Differtationes.*

n'en eſt preſque point parmi eux qui n'admette autour de chaque ai- mant naturel ou artificiel, un fluide ſubtil & inviſible, qui circule d'un pole à l'autre, & auquel on a donné le nom de *matiere magnétique*. Cette

Matiere magnétique; preuve de ſon exiſten- ce.

ſuppoſition eſt tout-à-fait vraiſem- blable, & l'on ne peut gueres s'y refuſer quand on voit l'expérience qui ſuit.

VIII. EXPÉRIENCE.

PRÉPARATION.

On poſe un aimant ſur un carton liſſe, ou ſur un grand carreau de vitre bien eſſuié; on le poſe de ma- niere que la ligne qui joint ſes poles ſoit parallele au plan ſur lequel il eſt poſé. Avec un poudrier d'écritoire, ou avec quelque choſe d'équivalent, on tamiſe d'un peu haut de la li- maille de fer, & l'on frappe quel- ques coups avec la main ſur la ta- ble où le carton eſt placé.

EFFETS.

La limaille s'arrange en pluſieurs demi-cercles, ou demi-ovales, qui aboutissent de part & d'autre aux deux poles de l'aimant, comme on le peut voir par la *Figure* 24.

RÉFLEXIONS.

Il est naturel de penser, comme on l'a fait, que la limaille s'arrange ainsi, parce que chaque parcelle de fer est enfilée par une matiere fluide, qui vient d'un pole de l'aimant pour rentrer par l'autre; car cette limaille ne s'arrange jamais ainsi qu'en présence d'un aimant, & l'on ne peut pas dire que l'aimant opere cet arrangement par lui-même & immédiatement, puisque cela se fait hors de lui & à une certaine distance.

CETTE matiere, quelle qu'elle soit, est sans doute très-subtile, puisqu'elle agit à travers de tous les corps, comme on l'a vu ci-dessus. Son mouvement doit être extrêmement rapide, & sa détermination bien constante, puisque les effets qui en résultent se font en un instant, & que la flamme même n'est pas capable d'y faire obstacle : nous devons croire aussi qu'elle est toujours présente autour de chaque aimant,

Qualités de la matiere magnétique.

en tout temps & en tout lieu , puifque fon action fe manifefte en toutes circonftances.

La matiere magnétique , dont prefque perfonne ne contefte l'exiftence , eft donc reconnue pour la caufe prochaine des effets de l'aimant ; c'eft-là , comme je l'ai déja dit , le point de réunion pour tous les Phyficiens ; mais quelle eft la nature de cette matiere , d'où vient-elle, comment agit-elle , & pourquoi fon action fe borne-t-elle au fer & à l'aimant? voilà ce qui partage les efprits , & ce qu'il eft très-difficile de bien décider.

Opinions
des Phyfi-
ciens fur l'ac-
tion de cette
matiere dans
les phéno-
menes de
l'Aimant.

DESCARTES , & après lui la plupart de ceux qui ont travaillé fur cette matiere , ont penfé que le globe terreftre eft en grand ce qu'une pierre d'aimant eft en petit; que d'un pole du monde à l'autre, il fe fait une circulation continuelle de ce fluide fubtil à qui l'on attribue tout ce qu'on obferve de merveilleux dans le magnétifme : que le fer & l'aimant étant apparemment les feuls corps difpofés à recevoir intérieurement cette matiere , elle

les dirige felon fon courant par-tout
où elle les rencontre, & que ne trouvant nulle part ailleurs un accès auffi
libre, elle y rentre après en être fortie, & qu'elle forme autour d'eux
un tourbillon qui a plus ou moins
d'étendue & de force, felon les difpofitions plus ou moins favorables de
ces deux corps.

Par ce mouvement qu'on attribue
à la matiere magnétique d'un pole à
l'autre de la terre, on prétend rendre raifon de la direction de l'aimant; & en effet cette hypothèfe
une fois admife, il femble d'abord
qu'on apperçoive affez clairement
pourquoi une aiguille aimantée fe
dirige au Nord en la confidérant
comme un affemblage de petits canaux, qu'un fluide pénetre & ali-
gne felon fon courant : mais fi l'on
y réfléchit un peu, & que l'on en juge
par comparaifon avec les effets du même genre qui nous font plus connus,
on voit bientôt que cette explication fouffre de grandes difficultés.

Qu'arriveroit-il, par exemple, fi
je plaçois dans la riviere une piece
de bois fufpendue en équilibre par

Difficultés
contre ces
opinions.

le milieu de fa longueur? Si cette piece de bois étoit percée d'un bout à l'autre, & qu'elle fe trouvât d'abord alignée felon le fil de l'eau, je conçois bien qu'elle pourroit garder cette direction, à la faveur du fluide qui l'enfileroit; mais fi je la plaçois en travers du courant, & que le centre de fon mouvement fût à égales diftances de fes deux bouts, je ne vois pas qu'elle dût changer de pofition fans quelqu'accident; car le courant ne l'enfileroit plus, puifque par fuppofition ce tuyau feroit des angles droits avec le fil de la riviere.

Suppofons maintenant que cette piece de bois ne foit point percée, qu'elle foit impénétrable à l'eau, il eft certain que fi fa longueur fe trouve parallele à la direction du courant, l'eau qui coule de toutes parts le long de fa furface, lui fera conftamment garder cette pofition; ou qu'elle la lui fera prendre même dans tous les cas, excepté celui où la piece de bois, pofée en travers de la riviere, recevroit de part & d'autre du centre de fon mouvement des impulfions égales de la part du courant. Conféquemment

Conféquemment à ces principes, qui font inconteſtables, ſi l'aiguille aimantée ſe dirige du Nord au Sud, parce qu'un torrent de matiere l'enfile ſuivant cette direction, il ſemble qu'en la plaçant de maniere que ſes pointes regardaſſent l'Eſt ou l'Oueſt, on devroit la mettre hors d'état de s'aligner ſuivant la direction naturelle de la matiere magnétique, comme le tuyau qu'on placeroit en travers de la riviere, y demeureroit en équilibre, n'étant plus enfilé par le courant. Cependant on fait que cela n'arrive jamais; l'aimant ſe dirige conſtamment vers le Nord & vers le Sud, quelque poſition qu'on affecte de lui faire prendre.

Il ſuit encore de notre comparaiſon que la matiere qui va d'un pole à l'autre de la terre, devroit diriger une aiguille de cuivre ou d'argent, de même qu'elle dirige celle de fer & d'acier; car ſi ſon action ſe fait ſentir ſur ce dernier métal, parce qu'elle le pénetre facilement, comme on le dit, il ſemble qu'elle devroit auſſi mouvoir les autres, parce qu'elle ne les pénetre pas de même ; est-il nécessaire que le vent pénetre dans l'intérieur d'une girouette pour la faire tourner , & la contenir dans la direction qu'il a ? ne suffit-il pas qu'il se coule le long d'elle de part & d'autre ? en un mot, si la matiere magnétique n'enfile que du fer aimanté , l'aiguille de cuivre paroît être dans le cas de notre piece de bois qui ne seroit point percée , & qui n'en seroit pas moins capable de se diriger suivant le fil de l'eau.

Une autre difficulté qui se présente , c'est que l'aimant ne se dirige point toujours au vrai Nord & au vrai Sud ; la matiere magnétique ne va donc pas constamment d'un pole du monde à l'autre ? Pour rendre raison de cette espece d'irrégularité , il en coûteroit peu d'accorder à cette matiere des poles un peu différents de ceux de notre globe. Mais cette déclinaison, comme l'on fait , varie pour les temps & pour les lieux : l'hypothèse ne peut donc subsister qu'en perdant beaucoup de sa premiere simplicité, & de son mérite par conséquent.

Selon M. Halley, cette terre que

nous habitons n'eſt qu'une croûte qui envelope un gros aimant, qui en eſt comme le noyau : ce ſavant pré-tendoit de plus que cet aimant a une révolution particuliere ſur lui - mê-me , par laquelle ſes poles s'éloi-gnent peu - à - peu de ceux du globe extérieur : c'eſt pour cette raiſon, diſoit - il, que les petits ai-mants, & les aiguilles de bouſſoles déclinent de plus en plus du Nord à l'Oueſt, parce que le torrent qui les dirige a deux termes qui changent continuellement de poſition. C'eſt dommage que cette ingénieuſe pen-ſée manque de preuve, & qu'on ne puiſſe la concilier avec les obſerva-tions, ſans la charger encore de quelques ſuppoſitions ; car comme la variation de la déclinaiſon n'eſt point uniforme , qu'elle eſt plus grande dans un temps, ou dans un pays que dans un autre, on eſt obli-gé d'attribuer au noyau d'aimant un mouvement irrégulier pour ſatisfaire à toutes ces variétés.

C'eſt encore par cette matiere émanée de la terre ou de ſon noyau d'aimant, qu'on cherche à expliquer

T ij

l'inclinaison de l'aiguille aimantée : si l'on jette les yeux sur la *Figure* 25, on voit que l'aiguille *b*, en s'alignant suivant la direction du fluide qui environne l'aimant *N S*, incline aussi une de ses extrémités, & que cette inclinaison est d'autant plus grande, que l'aiguille se trouve placée plus près du pole *N*.

Si les deux parties opposées de la terre qui servent de poles à la matiere magnétique, n'étoient que de très-petits espaces, il est certain qu'il faudroit en approcher de fort près pour appercevoir l'inclinaison de l'aimant ; par-tout ailleurs le fluide magnétique auroit un mouvement parallele à la surface du globe, & l'aiguille qu'il enfileroit, paroîtroit toujours dans un plan horizontal ; mais il faut croire que cette émanation de matiere occupe une très-grande partie de chaque hémisphere terrestre, comme il est représenté par la *Figure* 25 ; de sorte que son courant est presque toujours incliné jusqu'aux environs de l'équateur.

Outre cette circulation d'un pole à l'autre qu'on attribue à la matiere magnétique, & qu'on regarde comme la caufe principale de la direction & de l'inclinaifon de l'aimant, il femble qu'on doive encore fuppofer qu'elle fe meut, ou qu'elle agit auffi dans une direction perpendiculaire à la furface de la terre, en quelque lieu que ce foit. Sans cette fuppofition, il eft affez difficile de rendre raifon du fait que l'on va voir, & de fes circonftances.

IX. EXPÉRIENCE.

PRÉPARATION.

Sur un petit guéridon de bois, élevé à une hauteur commode, on place une aiguille aimantée très-mobile fur fon pivot, comme on le voit par la *Figure* 26. On prend enfuite une verge de fer, ronde ou quarrée de 7 à 8 lignes de diametre, & de deux ou trois pieds de longueur : on la tient dans une fituation perpendiculaire à l'horizon ou à peu-près, & l'on préfente d'abord le bout d'en-bas, & enfuite le bout d'en-haut à l'aiguille.

T iij

Effets.

On remarque affez conftamment que le bout de la verge de fer qui eft le plus élevé, attire, & au contraire que celui qui eft le plus abaiffé, repouffe la partie de l'aiguille qui fe dirige au Nord; & que chacun des bouts de la verge de fer a des effets tout différents, s'il eft préfenté à l'autre partie de l'aiguille qui a coutume de fe diriger au Sud.

Reflexions.

Une barre de fer devient donc tout d'un coup, & par la feule pofition verticale, un aimant qui a des poles, puifque par fes deux extrémités, elle exerce fur l'aiguille aimantée la même répulfion & la même attraction que nous avons remarquées ci-deffus entre deux aimants. Je dis, par la feule pofition; car on n'y voit pas d'autre caufe, quand on s'y prend doucement, pour élever & abaiffer, fans fecouffes, la barre de fer, lorfqu'on veut préfenter fucceffivement & de fuite fes deux extrémités au même bout de l'aiguille. Le fait eft

même fi marqué, qu'il n'eft pas néceffaire abfolument que la verge de
fer foit dans une fituation tout-à-fait
verticale, quand elle ne feroit qu'inclinée ; pourvu qu'elle ait une de
fes extrémités plus élevée que l'autre, cela fuffit pour produire les
effets dont je viens de faire mention.

Le tourbillon de matiere magnétique, que tout le monde admet autour de l'aimant, fert à rendre raifon
des autres effets, c'eft-à-dire, de
l'attraction & de la communication.

L'aimant, dit-on, attire le fer
quand il en eft à une diftance convenable, c'eft-à-dire, quand le fer
eft plongé dans cette matiere qui
circule de l'un à l'autre de fes poles :
parce qu'alors l'effort que fait ce
fluide pour rentrer dans la pierre, s'exerce contre le fer qui le
touche, & le porte contre le corps
qui eft comme le centre de fa circulation.

Il eft vrai qu'on eft comme forcé
d'admettre cette caufe en général,
parce qu'on n'en apperçoit point
d'autre ; mais quand on la compare
avec fes effets, l'efprit fe révolte, &

ne conçoit qu'avec bien de la peine qu'il puisse venir tant de merveilles d'une source si peu féconde en apparence. Nous n'avons aucun exemple connu dans la nature qui nous amene à croire qu'un fluide si subtile, qui se fait si peu sentir d'ailleurs, puisse produire une adhérence de 60 ou 80 livres entre deux corps qu'il pénetre, dit-on, avec une extrême facilité : si la matiere magnétique traverse l'aimant & le fer avec autant d'aisance, que le prétendent presque tous les Physiciens, pourquoi les attache-t-elle si fortement l'un à l'autre, tandis qu'elle ne fait rien de semblable à l'égard du bois, du carton, du cuivre, du verre, &c, qu'elle pénétre aussi comme on l'a vu précédemment. Le fer & l'aimant seroient-ils donc, contre l'opinion commune, les seuls corps impénétrables à la matiere magnétique, comme un grand Physicien de nos jours (ᵃ) a été tenté de le croire ? ou bien y a-t-il dans ces deux minéraux une disposition

(a) M. de Réaumur, *Mém. de l'Acad. Royale des Sciences*, 1730, *p.* 145.

particuliere qui faſſe valoir l'action
de ce fluide ?

Cette derniere conjecture paroît
aſſez plauſible, ſur-tout quand on
ſait qu'une pierre d'aimant perd quelquefois une grande partie de ſa vertu en tombant par terre, en ſe heurtant rudement, ou quand on l'expoſe
à une chaleur violenté : ſon affoi-
bliſſement alors ne peut gueres s'attribuer qu'à un changement d'ordre
dans ſes parties, & à la diſpoſition
nouvelle & déſavantageuſe que le
choc ou le feu leur a fait prendre.
Deux expériences & quelques obſervations que je vais rapporter, feront connoître évidemment que cette
diſpoſition intérieure de l'aimant, ſe
trouve auſſi dans le fer aimanté,
qu'on l'y peut faire naître, ou l'y
augmenter quand on le veut.

X. EXPERIENCE.

PREPARATION.

Il faut prendre un gros fil-de-fer,
comme de deux ou trois lignes de
diametre, & de 12 à 15 pouces
de longueur, le pincer dans un gros

étau de Serrurier, ou le passer dans un trou que l'on aura fait dans une piece de fer un peu épaisse, pour le plier & replier à plusieurs fois, & en sens contraires d'un bout à l'autre, & enfin le casser à l'endroit où l'on finit cette opération.

Effets.

Si l'on présente le bout où le fil a été cassé, à la limaille de fer, il l'attire, & s'en charge comme pourroit faire une lame de couteau qui auroit été foiblement aimantée.

XI. Expérience.

Preparation.

Tenez d'une main la verge de fer que nous avons employée pour la IXe Expérience, dans une situation verticale ; frappez dessus d'un bout à l'autre légérement avec un marteau de fer, & attendez que le son & le frémissement des parties soient cessés. Voyez la *Figure* 27.

Effets.

1°, Si vous tenez ensuite cette

verge de fer dans une situation horizontale, & que vous préfentiez à
une aiguille aimantée, le bout *A*
qui étoit le plus élevé, quand vous
avez donné les coups de marteau,
vous attirerez la partie de l'aiguille
qui fe dirige vers le Nord; le bout
oppofé *B* fera un effet tout contraire.

2°, Lorfqu'on recommence l'expérience, en tenant en haut le bout *B*,
pendant qu'on frappe ou qu'on fecoue
rudement la verge de fer, ce même
bout attire enfuite la partie de l'aiguille qu'il repouffoit auparavant.

Ainfi l'on peut changer autant de
fois qu'on le juge à propos, les propriétés de ces deux bouts *A* & *B*,
en tenant en bas ou en haut, tandis
que l'on bat la verge de fer, celui
des deux que l'on veut qui attire ou
repouffe.

RÉFLEXIONS.

Ces deux dernieres expériences
prouvent affez bien que l'agitation
& les fecouffes changent quelque
chofe à la conftitution intérieure du
fer, & que ce changement, quel
qu'il foit, fait prendre au métal la

qualité de l'aimant : si l'on savoit en quoi consiste cette conversion, & ce qui constitue ce nouvel état qu'on fait prendre au fer, on toucheroit sans doute d'assez près à la premiere cause du magnétisme ; mais les signes extérieurs qui constatent le fait, ne nous apprennent point comment il est produit, nous n'avons sur cela que des conjectures ; voici celles qui m'ont paru les plus raisonnables.

M. Dufay, d'après Descartes, dont il a beaucoup simplifié les idées, croyoit que les pores du fer sont de petits canaux revêtus intérieurement de filaments très-déliés & mobiles, sur celle de leurs extrémités qui est adhérente ; de sorte qu'à la moindre secousse, au moindre choc, tous ces petits poils se renversent & se couchent, comme on le peut voir par la *Figure* 28. Cette disposition rend les pores d'un accès facile par un côté seulement ; & quand la matiere magnétique se présente par la partie opposée, elle ne peut y passer, à moins qu'elle ne soit assez abondante & assez forte, pour re-

Fig. 28.

Fig. 25.

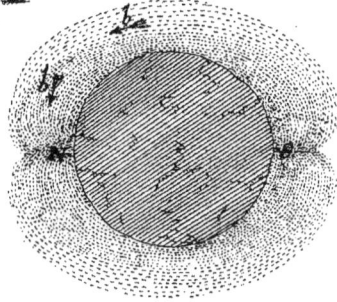

Fig. 27.

A

B

Fig. 26.

Fig. 24.

R. Brunet D et felit

tourner les petits poils métalliques qui lui préſentent leurs pointes. Voilà pourquoi, diſoit-il, une verge de fer ſecoüée perpendiculairement, devient un aimant dont le pole d'entrée eſt en haut, & le pole de ſortie en bas : & quand une pierre d'aimant communique ſa vertu à une aiguille ou à un couteau, c'eſt que le torrent de matiere magnétique qui en ſort, couche d'un même côté tous les poils dont les pores ſont revêtus, & met cette lame en état d'être continuellement pénétrée comme une pierre d'aimant, par la circulation d'une ſemblable matiere. Voyez les Mémoires de l'Académie des Sciences pour l'année 1730, *pag.* 142 *& ſuiv.* où M. Dufay applique ce ſyſtême à tous les phénomenes de l'aimant.

M. DE REAUMUR conſidérant le fer comme un aimant imparfait, croyoit que ce métal renfermoit une infinité de petits tourbillons de matiere magnétique, à qui il ne manque que de ſe joindre enſemble pour réunir leurs forces ; la ſecouſſe, les coups de marteau, les plis & les

Opinion de M. de Réaumur.

replis que l'on fait au fer, font, felon lui, autant de moyens qui dégagent, pour ainfi dire, la matiere magnéti-que, & qui l'aident à prendre un courant réglé d'un bout à l'autre d'une lame, ou d'une barre de fer: ce que les coups réitérés & ménagés avec deffein, peuvent opérer foible-ment, un torrent de matiere bien puiffant, tel qu'il fe trouve au pole d'un aimant naturel, le fait bien plus fûrement. Voilà le fond du fyftême ; on en peut voir les ap-plications plus détaillées dans les Mémoires de l'Académie des Scien-ces pour l'année 1730, *pag.* 145 *& fuiv.*

Soit qu'on adopte l'une ou l'autre de ces deux opinions, on peut ex-pliquer affez heureufement certains faits qui ont mérité l'attention des Savants.

La croix du clocher d'Aix & celle du clocher de Chartres, font devenues fameufes, parce que leurs tiges, après avoir été defcendues, fe font trouvées naturellement aimantées, ayant des poles bien marqués à leurs extrémités.

Tous les outils d'acier dont les
Ouvriers se servent pour couper &
percer le fer à froid, comme les ci-
selets, les poinçons, les forets, &c.
enlevent aussi la limaille de fer par
leurs pointes ou tranchants.

Les peles, les pincettes & autres
instruments de fer, que l'on a coutume de tenir debout, & que l'on
met toujours assez rudement dans
cette situation, donnent très-souvent
des signes de magnétisme ; & l'on
prétend que la foudre a quelquefois
fait prendre au fer la vertu de l'aimant, comme il est arrivé aussi qu'elle l'a fait perdre aux aiguilles de
boussoles.

C'est que par succession de temps,
& par des secousses violentes, les
filaments intérieurs du fer se font
couchés tous du même sens, & que
par cette disposition uniforme des
parties, les pores du métal laissent
un passage plus libre & plus réglé à
la matiere magnétique ; ou bien par
les mêmes causes, les petits tourbillons particuliers de cette matiere se
réunissent dans l'intérieur du fer, &
acquierent une communication avec

celle du dehors, ce qui fait que la circulation devient libre.

A propos des outils qui s'aimantent en coupant du fer, M. de Réaumur a foupçonné avec beaucoup de vraifemblance que cette vertu leur vient plutôt en coupant du fer, qu'en coupant toute autre matiere (fût-elle auffi dure). Une des raifons qu'il en donne, c'eft qu'il y a tout lieu de croire que ce métal eft continuellement environné d'une atmofphere de matiere magnétique d'autant plus forte que le morceau de fer eft plus gros.

Cette conjecture eft appuyée fur une belle expérience qui mérite d'être rapportée. Le fait eft qu'un aimant naturel ou artificiel enleve une plus grande quantité de fer, lorfque ce fer eft pofé fur une enclume, que s'il étoit pofé fur du bois ou fur de la pierre ; & fi l'enclume qui fert de fupport eft plus groffe, l'aimant en paroît plus puiffant, comme fi le tourbillon de matiere magnétique, d'où dépend l'attraction, devenoit plus abondant par le voifinage d'une groffe maffe de fer.

Je

Je termine ici ce que j'avois à dire au sujet de l'aimant : ceux de mes Lecteurs qui s'intéresseront particuliérement à cette matiere , & qui desireront d'en savoir davantage , pourront lire les Ouvrages que j'ai cités dans le cours de cette Leçon , & y joindre la lecture de ceux-ci : Pieces qui ont remporté les prix de l'Académie Royale des Sciences en 1743 & 1746 , sur la meilleure maniere de construire les boussoles d'inclinaison , & sur l'attraction de l'aimant avec le fer.

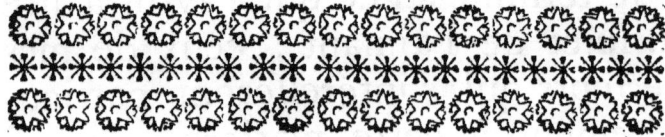

XX. LEÇON.

Sur l'Electricité, tant naturelle qu'artificielle.

XX.
Leçon.

ON DIT que l'art est le singe de la nature, parce qu'ordinairement son plus grand mérite est de la bien imiter. Mais par rapport aux phénomenes électriques, on peut dire qu'il a travaillé sans modele, & qu'il nous a dévoilé des secrets, dont probablement nous n'aurions jamais eu connoissance sans lui. En 1749 [a] j'osai dire que le tonnerre & les éclairs qui font partie de ce formidable météore, n'étoient qu'u-ne grande Electricité, semblable par son essence à celle que nous excitons dans nos laboratoires en frottant certaines substances : ma conjecture que j'avois rendu plausible par des ob-

[a] Voyez mes Leçons de Physique, T. IV pag. 314 & suiv.

fervations affez concluantes, fe vé-rifia trois ans après (ᵃ) : des expériences décifives montrerent l'identité que j'avois annoncée ; & l'on apprit de plus qu'en certains temps, il regne dans une portion confidérable de notre atmofphere, une caufe qui produit tous les mêmes effets que nous connoiffons depuis 30 ou 40 ans fous le nom de *phénomenes électriques.*

Nous devons donc diftinguer maintenant deux fortes d'Electricités, différentes feulement par leur origine ou maniere de naître, & par la grandeur de leurs effets. Appellons *Electricité naturelle*, celle qui s'excite comme d'elle-même, & fans notre participation dans l'atmofphere terreftre, par des caufes jufqu'ici inconnues (ᵇ). Nommons *Electricité ar-*

Deux fortes d'Electricités ; naturelle & artificielle.

(ᵃ) Mémoires de l'Académie des Sciences, 1752. p. 233 *& fuiv.*

(ᵇ) J'imagine que l'Electricité peut s'exciter dans notre atmofphere par le frottement de deux courants d'air qui gliffent l'un fur l'autre, avec des directions oppofées, ce qui arrive ordinairement dans les temps orageux ; & que cette vertu fe communiquant aux nuages, les met en état d'étinceler & de fulminer contre

tificielle, celle que nous produifons à volonté par le frottement de certains corps, ou par quelque préparation particuliere, que le hazard, l'étude & l'expérience nous ont fait connoître. Ce fera principalement la derniere qui fera le fujet de notre Leçon : je ne parlerai de l'autre que par occafion, & quand j'y ferai invité par des phénomenes qui pourront y avoir quelque rapport.

Quoique certains effets, que nous reconnoiffons aujourd'hui pour appartenir à l'Electricité, aient été connus des Anciens, & qu'on en trouve quelques traces dans leurs écrits, ce qu'ils ont fu de cette finguliere propriété des corps, ce qu'ils en ont dit, fe réduit à fi peu de chofes, qu'on doit regarder les découvertes qu'on a faites dans cette partie de la Phyfique, comme l'ouvrage de nos jours : ce furent principalement les expériences de M. Gray, publiées en Angleterre, répétées & augmentées par M. Dufay, qui fixerent l'atten-

les objets terreftres quand ils en font à une certaine proximité ; mais ceci n'eft qu'une pure conjecture que je hazarde par occafion.

tion des Phyſiciens ſur cette nouvelle ſource de merveilles, & qui
firent de l'Electricité un ſujet tellement à la mode, que tout le monde
juſqu'au peuple, voulut s'en inſtruire
& s'en amuſer.

Comme j'ai traité un grand nombre de queſtions concernant l'Electricité, dans pluſieurs Ouvrages (ᵃ)
qui ont paru en différents temps, je
me diſpenſerai d'entrer ici dans des
détails, & dans des diſcuſſions qui
étendroient ces deux dernieres Leçons au-delà des bornes ordinaires :
je n'y ferai entrer que ce que le ſujet nous offre de plus intéreſſant &
de plus certain ; mais je m'applique-
rai particuliérement à faire connoître les rapports que les phénomenes
ont entr'eux, ce qu'ils ont de commun, ce qui les diſtingue les uns des
autres ; & je me flatte de faire voir

(a) Eſſai ſur l'Electricité des Corps, imprimé en 1746, & réimprimé en 1754. Recherches ſur les Cauſes particulieres des Phénomenes Electriques, 1749. Lettres ſur l'Electricité,
premier Tome, en 1743 ; ſecond Tome, en
1760. Pluſieurs Mémoires dans les Volumes
de l'Académie des Sciences, depuis 1745 juſqu'à préſent.

par cette méthode, que la multiplicité de faits que bien des gens se plaisent à étaler comme autant d'objets essentiellement différents, & par laquelle il semble qu'on cherche à effrayer ceux qui s'appliquent à la recherche des causes, n'est très-souvent qu'une vaine apparence, produite par un appareil imposant, ou par quelque manipulation affectée.

Je divise mon sujet en trois Sections.

Dans la premiere, je parlerai de la nature de la vertu électrique, des moyens de la faire naître, & des signes par lesquels elle se manifeste.

Dans la seconde, j'exposerai par ordre ce que l'observation & l'expérience ont fait connoître de plus

Nota. Sur la nature, la qualité, les dimensions des instruments, lorsque je ne m'expliquerai pas d'une maniere assez détaillée, on pourra consulter la premiere Partie de mon Essai sur l'Electricité des Corps. C'est un petit Ouvrage que l'on peut se procurer aisément; j'éviterai par-là des descriptions qui tiendroient bien de la place, & qui seroient superflues pour le plus grand nombre de mes Lecteurs, n'y ayant presque personne aujourd'hui qui ne sache comment se font ces sortes d'expériences.

certain, & de plus propre à nous
éclairer fur la caufe générale & commune des phénomenes électriques.

XX.
Leçon.

Dans la troifieme je ferai voir
par un effai, qu'il eft poffible de rendre raifon de tous les phénomenes
de l'Electricité, en les rapportant à
un premier fait bien prouvé, & bien
conftaté dans les deux Sections précédentes.

I. SECTION.

*Sur la nature de la vertu électrique,
fur les moyens de la faire naître ;
& fur les fignes par lefquels elle
fe manifefte.*

ARTICLE PREMIER.

Sur la nature de la Vertu Electrique.

IL N'EST plus temps de regarder
l'Electricité comme une vertu abf-
traite, comme un être métaphyfi-
que ; les Phyficiens mêmes qui ont
un penchant & un goût déterminé

L'Electricité,
tant naturel-
le qu'artifi-
cielle, eft
l'effet d'une
caufe vrai-
ment mécha-
nique.

pour ces caufes fecretes, & qui affectent encore de défigner celle des
phénomenes électriques par les ex-
preffions vagues & indéterminées de
pouvoirs & de *puiffances*, font obligés
de convenir qu'il y a ici un véritable
méchanifme : leur conviction fe dé-
cele par les efforts qu'ils font pour
nous le dévoiler, & par la confiance
avec laquelle ils nous affurent qu'ils
l'ont apperçu. Ainfi quand on dit
maintenant qu'un corps électrifé attire & repouffe d'autres corps, on
convient unanimement que ces mots
n'expriment que des apparences ; que
les effets dont il s'agit, n'ont point
pour caufe efficiente & immédiate,
la matiere propre du corps autour
duquel on les apperçoit ; comme fi
ce corps, par une vertu intrinfeque,
agiffoit hors de lui-même ; mais qu'ils
font produits par un autre agent,
vraiment phyfique, dont l'action fe
détermine & fe modifie fuivant l'état
actuel du corps qu'on électrife.

Ce que nous favons fur ce fujet,
peut fe réduire à un petit nombre
de propofitions que l'expérience &
l'obfervation nous ont dictées ; l'une
&

& l'autre feront mes garants dans
l'expofé que j'en vais faire.

PREMIERE PROPOSITION.

*L'Electricité eft l'effet d'une matiere en
mouvement, autour ou au-dedans du
corps qu'on nomme électrifé.*

I. E X P É R I E N C E.

P R E P A R A T I O N.

Frottez un tube de verre fuivant
fa longueur avec la main nue, pourvu qu'elle foit feche, ou avec un
morceau de papier gris que vous
tiendrez appliqué fur le verre ; &
faites - le paffer brufquement à une
petite diftance de votre vifage.

E F F E T S.

1°, Vous fentirez des attouchements femblables à ceux des fils d'a-
raignée que l'on rencontre flotants
en l'air.

2°, En faifant gliffer votre main,
felon la longueur de ce tube, &
fort près de lui, fans le toucher,
vous entendrez un pétillement affez

Tome VI. ✻ X

semblable au bruit que fait un peigne fin, fur les dents duquel vous traînez le bout du doigt.

II. Expérience.

Préparation.

Suspendez avec des cordons de foie une barre de fer ou un tuyau de fer blanc, qui aboutiffe de fort près par l'une de fes extrémités à un globe de verre ([a]) : faites frotter l'équateur de ce globe fur la main de quelqu'un ou fur un couffinet, en le faifant tourner rapidement fur fes deux poles, par quelque moyen que ce foit.

Effets.

1°, Si vous faites paffer le revers de votre main *A* & *B* le long de cette barre ou de ce tuyau de fer, à une petite diftance de fa furface, tandis qu'on continue de frotter le globe,

(*a*) Tous les corps qu'on électrife ainfi, fe nomment *Conducteurs*; & c'eft la même chofe qu'ils aboutiffent eux-mêmes au globe de verre, ou qu'on les y faffe communiquer par une chaîne de métal, ou par tout autre corps électrifable par communication.

vous fentirez fur la peau une légere impreffion, à peu-près femblable à celle que pourroit faire de la laine détirée, ou du coton bien cardé.

2°, Si vous approchez le bout du doigt C de cette même barre à une diftance de 5 à 6 lignes, vous éprouverez une piquûre très-fenfible.

3°, Cette piquûre fera accompagnée d'un petit éclat pareil à celui d'un grain de fel commun qui décrépite dans le feu.

4°, Si vous faites cette expérience & la précédente dans un lieu où il n'y ait point de lumiere, vous obferverez que les pétillements ou piquûres qu'on éprouve en approchant la main de la furface du verre, ou de celle de la barre de fer, font accompagnés ou fuivis d'étincelles très-brillantes, & par conféquent très-fenfibles à la vue.

5°, Enfin vous remarquerez encore dans l'obfcurité une très-belle aigrette de rayons lumineux, bruyants & animés d'un mouvement progreffif, au bout D de la barre de fer le plus reculé du globe, & quelquefois à tous les deux. Et fi vous en approchez le visage à 5 ou 6 pouces de distance, vous sentirez une odeur qu'on peut comparer à celle du phosphore d'urine.

RÉFLEXIONS.

Les effets dont on vient de faire mention, ne font point produits immédiatement par le corps électrisé, puisqu'ils se passent hors de lui ; on ne peut donc pas se dispenser de les attribuer à cet être, quel qu'il soit, qui touche, qui heurte, qui picque jusqu'à causer de la douleur ; à cet être, qui se fait entendre, qui frappe la vue & l'odorat. Or il ne convient qu'à la matiere, & à la matiere en mouvement, de faire sur nous de telles impressions ; & comme dans tous les phénomenes de ce genre ce même agent nous donne des indices très-certains de sa présence & de son action ; on peut conclure en toute sûreté, & en général, que tout corps électrisé a autour de lui une matiere en mouvement, qui est la cause immédiate de tous les effets que nous y appercevons.

C'EST cette matiere que l'on nom-

Matiere électrique. Son existence prouvée par les Expériences précédentes.

mé communément *matiere* ou *fluide* électrique, & fur l'exiftence de laquelle on eft parfaitement d'accord: on ne l'eft pas tout-à-fait de même fur fon effence, fur fes propriétés, fur fa maniere d'agir.

Quelques Phyficiens ont penfé que ce fluide pourroit bien être la fubftance même du corps électrifé, atténuée, fubtilifée, & pouffée audehors par le frottement, par la chaleur, ou par les autres moyens qu'on emploie pour produire l'Electricité. Mais l'expérience a toujours fait voir que les corps, pour la plupart, peuvent être électrifés autant & auffi long-temps qu'on le veut, fans fouffrir aucun déchet fenfible; ce qui ne pourroit être, fi les émanations électriques fe faifoient à leurs dépens. S'il y en a dont le poids diminue par l'électrifation, il eft aifé de reconnoître que ce qu'ils perdent de leur propre fonds, n'eft point ce qui produit l'électricité: l'eau, par exemple, quand on l'électrife, s'évapore en plus grande quantité, qu'elle ne le feroit, fi on la laiffoit dans fon état naturel; mais

Cette matiere n'eft pas celle du corps électrifé.

X iij

les étincelles qu'on fait briller alors à sa surface, peuvent-elles être attribuées à une vapeur aqueuse (ª)?

D'autres ont imaginé que cette matiere pourroit bien être l'air même qui entoure le corps qu'on électrise. Pourquoi, disent-ils, ce fluide ne recevroit-il pas de ce corps qu'il touche une modification propre à lui faire produire les phénomenes de l'Electricité, comme il reçoit d'un corps sonore, celle qui le met en état de transmettre les sons?

On peut dire, contre cette opinion, 1°, que l'Electricité a ses effets dans le vuide de Boyle, c'est-à-dire, dans un espace où il n'y a, pour ainsi dire, plus d'air : il est vrai que certains phénomenes réussissent moins bien dans le vuide que dans le plein air; mais il en est d'autres qui le souffrent, & même qui l'exigent, comme nous le ferons voir par la suite; on verra pareillement

(a) Le Lecteur qui souhaitera de plus grands détails sur ce sujet, en trouvera *Mémoires de l'Académie des Sciences* 1747 ... *pag.* 234; & *Recherches sur les Causes particulieres des Phénomenes Electriques, pag.* 323 & *suiv.*

que ceux à qui la préfence de l'air
eft favorable, ne dépendent point
de lui effentiellement. On peut ajouter, 2°, que la matiere électrique a
des qualités qui ne conviennent point
à l'air : elle paffe à travers certains
corps qui font abfolument imperméa-
bles à ce fluide : elle a une odeur,
& il n'en a pas, elle devient lumineufe, elle s'enflamme, elle brûle, l'air ne fait rien de tout cela.
3°, Enfin la matiere électrique tranfmet fes mouvements avec une rapidité & une vîteffe, à laquelle celle
du fon même n'eft pas comparable.

Tous ceux qui ont étudié l'E-
lectricité par eux-mêmes, & qui ont
réfléchi fur fes effets, s'accordent à
dire aujourd'hui que la matiere électrique eft ce même élément qui eft
préfent par-tout, au-dedans comme
au-dehors des corps que l'on connoît fous le nom de *Feu élémentaire*,
& à qui l'on attribue la double propriété d'éclairer & d'enflammer :
ou que fi ce n'eft pas lui-même,
elle lui reffemble plus qu'à toute autre matiere.

Il y a toute apparence que c'eft le feu élémentaire.

Ils conviennent encore entr'eux

X iv

que ce fluide eft extrêmement élaftique , parce que cela paroît indiqué
par la propagation rapide de fes
mouvements , & par l'énergie de fon
action : mais quelques - uns , par
convenance pour leurs fyftêmes , le
fuppofent affez flexible pour être
refferré & condenfé dans les corps ,
par certains moyens ; & affez exten-
fible pour fe raréfier de lui - même
dans les efpaces où il ceffe d'être
contenu ou arrêté : ce qu'il n'eft pas
aifé de concilier avec l'idée d'une
matiere qui reffemble à celle de la
lumiere & du feu. Confultons l'expérience pour favoir à quoi nous
devons nous en tenir fur ces opinions.

SECONDE PROPOSITION.

Il eft très-probable que la matiere élec-
trique eft la même que celle du feu
& de la lumiere.

III. Expérience.

Preparation.

Préparez une barre ou un tuyau
de fer comme dans la feconde ex-

périence : faites enforte que fon extrémité la plus reculée du globe,
aboutiffe dans un vaiffeau de verre
purgé d'air, & que le lieu où vous
ferez cette expérience foit privé de
lumiere.

Pour introduire dans le vuide l'E-
lectricité de la verge de fer qui fert
de Conducteur, on peut y fufpendre une efpece de matras à deux
goulots, un peu oblong, garni par
un bout d'un robinet pour l'appliquer à la machine pneumatique, &
par l'autre bout d'un gros fil de fer,
dont la longueur foit moitié dedans,
moitié dehors, cimenté au goulot &
terminé par une boucle, ou par un
crochet pour le fufpendre. Voyez la
Figure 2, où ce matras eft repréfenté
en *E*.

Effets.

Si vous portez la main *F* au robinet de métal qui tient à l'un des
goulots du matras purgé d'air, ou
que vous approchiez vos doigts *G*
de la furface du verre, tandis qu'on
électrife le Conducteur : vous verrez
dans l'intérieur du vaiffeau plufieurs

jets d'une matiere très-lumineuse; &
si vous le touchez, vous appercevrez une pareille matiere qui se répand dans son épaisseur, à peu-près
comme une huile imprégnée de
phosphore.

IV. Expérience.

Preparation.

Electrisez encore une barre de
fer, semblable à celle de la seconde
expérience, ou plutôt une tringle de
lit, dont le bout le plus reculé du globe, soit un peu arrondi : présentez le
doigt à cette partie comme pour en
tirer une étincelle, & placez entre
l'un & l'autre le lumignon d'une chandelle nouvellement éteinte. Voyez
la *Figure 3.*

Effets.

Si lorsque l'étincelle éclate, le
trait de matiere électrique traverse
le jet de fumée qui sort du lumignon,
vous verrez presque toujours la chandelle se rallumer.

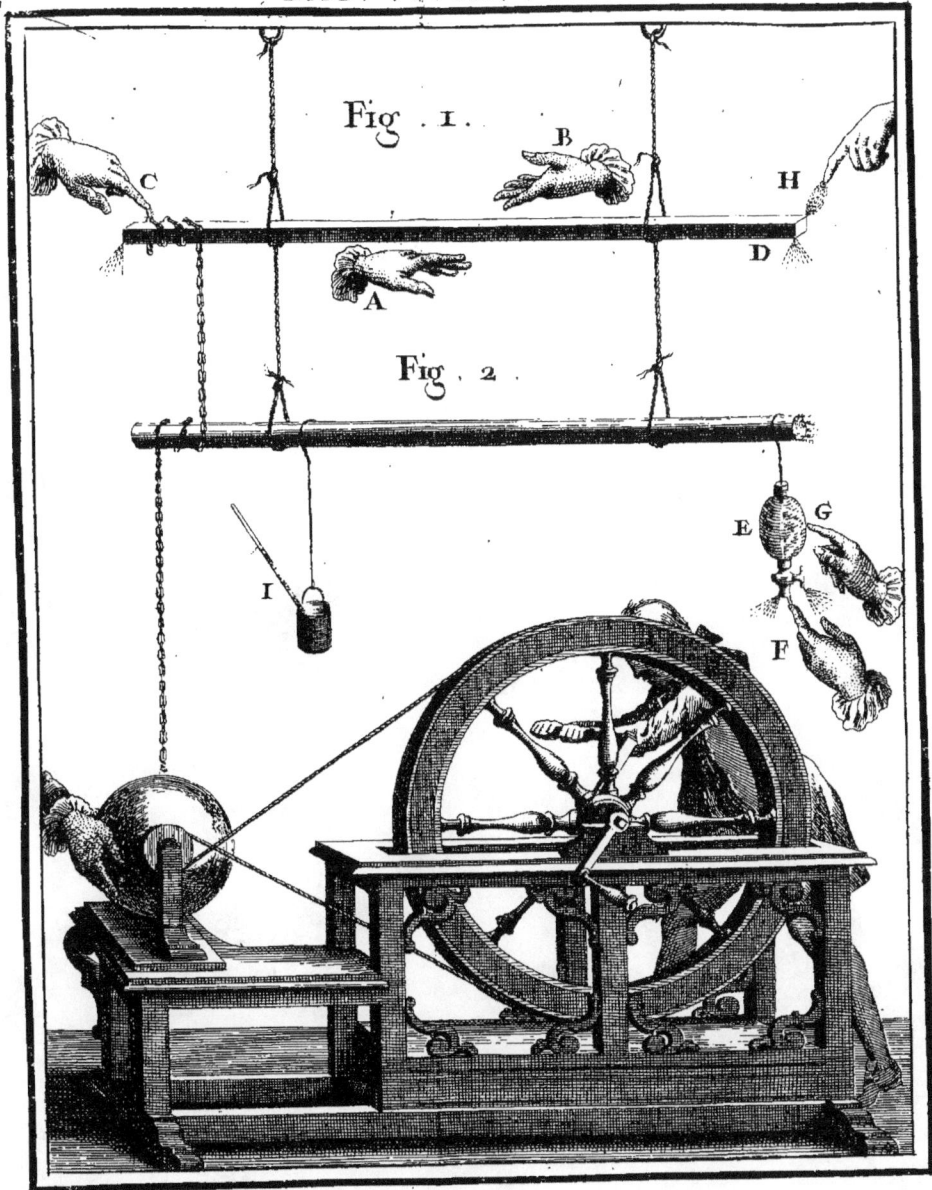

Fig. 1.

C
B
H
A
D

Fig. 2.

E G
I F

Gobin del. et Sculp.

V. EXPÉRIENCE.

PREPARATION.

Faites chauffer fur des charbons ardents une cuiller d'argent ou de quelqu'autre métal , remplie aux trois quarts de bon efprit-de-vin , & préfentez-la au Conducteur des expériences précédentes , lequel pour cet effet doit être un peu recourbé en en-bas ; ou bien on peut y fufpendre un gros fil de fer terminé par en-bas en anneau fort alongé *A* (*fig. 3.*).

EFFETS.

Dès que la liqueur fera à quelques lignes de diftance du métal électrifé , vous la verrez immanquablement s'enflammer par les étincelles qui éclateront entre l'une & l'autre.

REFLEXIONS.

La matiere qu'on voit briller dans ces trois dernieres expériences , & qu'on appercevra encore fous différentes formes dans bien d'autres cas dont nous aurons occafion de parler , eft certainement la matiere électrique, puisqu'elle ne se montre ainsi que quand on la met en jeu par l'électrisation, & qu'elle disparoît quand l'Electricité cesse; or cette matiere luit & éclaire comme celle qui nous fait voir les objets; elle brûle & enflamme comme celle qui produit le feu ou l'embrasement des corps combustibles. La ressemblance dans les effets annonce assez sûrement l'identité des causes; ainsi d'après les expériences qu'on vient de voir, on peut conclure avec beaucoup de vraisemblance que ce fluide reconnu par les Physiciens sous le nom de *Feu élémentaire*, & à qui ils attribuent la propriété de produire la *lumiere*, est aussi celui que la nature emploie pour tous les phénomenes électriques.

L'observation vient ici à l'appui de l'expérience, & nous porte à croire de plus en plus que le feu, la lumiere & l'Electricité dépendent du même principe, & ne font que trois modifications différentes du même être; ce qui est d'ailleurs, on ne peut pas plus conforme à cette sage économie qu'on voit régner

dans l'univers, où les caufes Phyfiques font employées avec épargne,
& les effets multipliés avec magnificence.

1°, LE FEU n'agit pas de lui-même & fans être excité : les corps qui
en contiennent le plus, ou qui ont
le plus de difpofition à fe prêter à
fon action, les huiles, les efprits &
vapeurs qu'on nomme *inflamma-
bles*, les phofphores ne s'embrafent
point d'eux-mêmes ; il faut que
quelque caufe particuliere développe
ou excite le principe d'inflammation qui eft en eux. Mais de tous les
moyens propres à animer ce principe, il n'en eft pas de plus efficace,
ni de plus prompt, que celui-là même
qui fait naître primitivement l'Electricité : les corps deviennent électriques de la même maniere qu'on les
rend chauds ; en les frottant, on fait
l'un & l'autre. Ils peuvent être électrifés par communication, comme
un corps peut être embrafé par un
autre qui l'a été avant lui ; mais il
faut toujours que celui de qui ils
tiennent leur vertu ait été frotté, à
peu-près comme la flamme qui con-

Analogies
du feu élé-
mentaire
avec la ma-
tiere électri-
que.

fume une bougie, vient originaire-ment d'une étincelle que le frotte-ment ou la collifion a fait naître.

2°, Quand on frotte un corps pour l'échauffer, la chaleur pour l'ordinaire naît d'autant plus vîte, & devient d'autant plus grande, que ce corps eſt plus denſe, ou que ſes parties ſont plus élaſtiques ; le plomb s'échauffe foiblement ſous la lime & ſous le marteau ; mais le fer & l'acier y deviennent brûlants, par-ce qu'ils ont plus de reſſort que les autres métaux. On peut remarquer auſſi que les corps capables de de-venir électriques par frottement, acquierent cet état d'autant plus vîte, & dans un degré d'autant plus éminent, que leurs parties ſont plus roides, & plus propres à une vive réaction. La cire blanche de bougie, par exemple, qui devient un peu élec-trique pendant le grand froid, ne l'eſt point du tout quand on l'éprou-ve par un temps & dans un lieu chaud. La cire d'Eſpagne le devient davantage en tout temps ; mais elle ne l'eſt jamais autant que le ſoufre & l'ambre, qui peuvent être frottés plus fortement & plus long-temps, fans que leurs parties s'amoliffent & perdent leur reffort. N'eft-ce point auffi par cette derniere raifon, que le verre frotté devient plus électrique qu'aucune autre matiere connue?

3°, L'action du feu femble s'étendre davantage, & avec plus de facilité, dans les métaux, que dans toute autre efpece de corps folide; car fi l'on tient par un bout une verge de fer, de cuivre, d'argent, &c. de médiocre longueur, & que l'autre extrémité touche au feu, la chaleur fe communique bientôt jufqu'à la main : on n'apperçoit pas la même chofe avec une regle de bois; un tuyau de pipe, un tube de verre, une plaque de marbre ou de pierre. Je ne m'arrête point à chercher ici la raifon de cette différence; mais j'obferve feulement que l'Electricité, comme la chaleur, s'étend facilement dans les métaux, & dans tout ce qui en contient beaucoup. Si j'électrife, par exemple, une barre de métal, & en même temps avec les mêmes foins, tel autre corps que ce foit, tant du regne végétal, que du regne minéral, qui ne soit point métalli-que , jamais je n'apperçois autant d'Electricité dans celui-ci que dans l'autre.

4°, Le feu qui ne trouve pas d'ob-stacle, qui est dégagé de toute ma-tiere étrangere (je parle du feu élé-mentaire , & j'excepte les cas où ses rayons sont condensés par réflection , par réfraction ou autrement) le feu, dis-je , qui cede au 1er degré de mouvement qu'on lui imprime , se dissipe sans chaleur sensible , & ne produit que de la lumiere ; mais quand son effort est retardé , & qu'il trouve de l'opposition , il croît de plus en plus par la force qui conti-nue de l'animer , & s'il vient à rom-pre ce qui le retient , semblable à la bombe qui éclate , il s'arme , pour ainsi dire, des parties de la matiere qu'il a divisée ; il heurte avec vio-lence les corps qui sont exposés à son choc , & à travers desquels il passeroit librement & sans effet, s'il étoit seul ; ce principe est prou-vé par une infinité de phénomenes familiers , dont on trouvera des exemples dans notre XIIIe Leçon.

Tome IV. On

On voit aussi quelque chose de semblable dans l'Electricité : si j'électrise extérieurement, soit en frottant, soit autrement, un globe ou tout autre vaisseau de verre qui soit vuide d'air, & purgé par conséquent des vapeurs dont ce fluide est toujours chargé ; je n'apperçois au-dedans qu'une lumiere diffuse, à peu-près comme celle des éclairs, que la grande chaleur fait naître par un temps serein : cette Electricité intérieure ne se manifeste plus comme d'ordinaire, par des pétillements, de petits éclats, des étincelles ; apparemment parce que le vaisseau purgé d'air ne contient plus qu'un feu élémentaire, dégagé de toute substance étrangere : ce fluide au moindre mouvement qu'on lui communique, s'enflamme sans effort, mais aussi sans autre effet que celui de luire dans l'obscurité.

5°, La matiere du feu faisant fonction de lumiere, se meut pour l'ordinaire plus librement dans un corps dense, que dans un milieu plus rare ; plus librement, par exemple, dans l'eau que dans l'air, & encore

plus dans le verre que dans l'eau ;
c'eft au moins une conféquence
qu'on a cru devoir tirer des loix
qu'on lui voit fuivre communément
dans fes réfractions ; la matiere électrique paroît affecter auffi de fe mouvoir le plus long-temps, & le plus
loin qu'il eft poffible dans le corps
folide qui eft électrifé , comme fi
l'air environnant étoit pour elle un
milieu moins perméable : il en fort
plus par les extrémités & par les
angles faillants d'une barre de fer ,
que de tout autre endroit de cette
même barre ; c'eft à ces angles qu'elle
fe manifefte davantage , comme il
eft aifé d'en juger par les émanations lumineufes ; & fi l'on électri-
foit plufieurs barres femblables , qui
fuffent fufpendues bout à bout, l'E-
lectricité pafferoit infailliblement de
l'une à l'autre, & s'étendroit incom-
parablement plus loin qu'elle ne
peut faire dans l'air , lorfqu'une fois
elle a quitté le corps d'où elle part.

6°, Le mouvement de la lumiere
fe tranfmet en un inftant à de grandes diftances , foit qu'elle vienne
directement de fa fource, foit qu'on

la réfléchiffe ou qu'on la réfracte :
l'expérience nous fera voir auffi dans
tout le cours de cette Leçon que l'E-
lectricité , tant naturelle qu'artificielle , parcourt en un clin d'œil un
efpace très - confidérable , pourvu
qu'elle trouve des milieux propres
à tranfmettre fon action.

7°, Enfin, l'Electricité , comme le
feu , n'a jamais plus de force que
pendant le grand froid, lorfque l'air
eft fec & fort denfe ; & au contraire
pendant les grandes chaleurs , &
lorfqu'il fait humide , il arrive rarement que ces fortes d'expériences
réuffiffent bien. On a obfervé que
l'humidité eft plus à craindre pour
les corps qu'on veut électrifer par
frottement , que pour ceux à qui
l'on veut feulement communiquer
l'Electricité ; une corde mouillée ,
par exemple , tranfmet fort bien
cette vertu ; mais un tube de verre
ne donne prefque aucun figne d'E-
lectricité , quand on le frotte avec
un corps ou dans un air qui n'eft
pas bien fec. C'eft en quoi j'apperçois encore une certaine analogie
avec le feu ; car l'embrafement, ainfi

Y ij

que l'Electricité, ne naît point dans des matieres fort humides ; mais s'il est excité d'ailleurs, la chaleur qui en est l'effet, s'y communique aisément.

On peut donc supposer, en considérant toutes ces analogies, que la matiere qui fait l'Electricité, ou qui en opere les phénomenes, est la même que celle du feu & de la lumiere : une matiere qui brûle, qui éclaire, & qui a tant de propriétés communes avec celle qui embrase les corps & qui nous fait voir les objets, seroit-elle autre chose que du feu, autre chose que la lumiere même ?

Cependant on ne peut pas dire que la matiere électrique soit purement & simplement l'élément du feu dépouillé de toute autre substance ; l'odeur qu'elle fait sentir, semble prouver que cela n'est pas. On peut ajouter que quand cette matiere s'enflamme, elle paroît sous différentes couleurs, tantôt d'un brillant éclatant, tantôt violette ou purpurine, selon la nature des corps d'où elle sort, & selon l'état actuel des milieux où elle est reçue.

Il me paroît donc très-probable
que la matiere électrique, la même
au fond que celle du feu élémentaire
ou de la lumiere, est unie à certaines
parties du corps électrifant ou du
corps électrifé, ou du milieu par lequel elle a paffé.

XX.
Leçon.
La matiere
électrique
n'est pas le
feu élémen-
taire tout
pur.

TROISIEME PROPOSITION.

Pour l'Electricité, comme pour la Lu-
miere, tous les corps ñe font pas éga-
lement perméables.

VI. Expérience.

Preparation.

Au lieu de la barre de fer employée
dans la feconde expérience, effayez
d'électrifer un long bâton de cire
d'Efpagne ou de fouffre, une longue bougie ou un cierge de cire
blanche qui n'ait point de meche, un
tube de verre, &c.

Effets.

Vous ne verrez pas fortir de ces
corps, comme du métal, ces belles
aigrettes lumineufes dont nous avons
fait mention; vous ne fentirez pas

autour d'eux ces écoulements qui touchent la peau comme un souffle léger , ou comme des toiles d'araignée : quand vous en approcherez le doigt, vous n'exciterez pas ces étincelles vives & brillantes ; à peine appercevrez-vous à leur surface une petite lueur morne & rampante qui ne se fera pas sentir sur la peau.

VII. EXPÉRIENCE.

PRÉPARATION.

Mettez des fragments de feuilles d'or, ou des petites plumes dans un vase de verre , dont l'ouverture soit large ; couvrez-le d'une plaque qui ait 3 à 4 lignes d'épaisseur, de résine, de soufre, de cire d'Espagne , de cire blanche dont on fait la bougie , & généralement de toute matiere grasse ou résineuse ; présentez au-dessus un tube nouvellement frotté.

EFFETS.

A peine appercevrez-vous quelques légers mouvements aux petites feuilles que vous aurez mises au fond du vase : au lieu qu'elles seroient vivement agitées, fi le vafe étoit couvert de bois , de carton , de métal , &c.

VIII. Expérience.

Preparation.

Répétez la feconde expérience dans un lieu privé de lumiere, & préfentez le bout de votre doigt, ou quelque morceau de métal, à l'aigrette lumineufe que vous verrez briller au bout de la barre de fer électrifée.

Effets.

Vous pourez remarquer que les rayons enflammés de l'aigrette *H*, (*fig.* 1) devenant bien moins divergents , qu'ils ne le font naturellement , fe courberont & fe plieront comme pour embraffer votre doigt , y trouvant fans doute une entrée plus libre que dans l'air même de l'atmofphere.

Reflexions.

Nous nous contentons pour le préfent de rapporter ces trois expériences, pour prouver notre derniere proposition ; nous aurons occasion d'en faire connoître beaucoup d'autres qui concourent à établir avec celles-ci , 1°, que la matiere électrique né pénetre pas tous les corps indistinctement avec la même facilité ; 2°, que les matieres sulfureuses, grasses & résineuses, les gommes, la cire, la soie, &c, ne la reçoivent, & ne la transmettent que peu, ou point du tout; 3°, que la matiere électrique pénetre plus aisément, & se meut avec plus de liberté dans les métaux, dans les corps animés, dans l'eau, &c, que dans l'air de l'atmosphere, quoique ce dernier fluide ait peu de densité.

QUATRIEME PROPOSITION.

L'Electricité ne dilate point les corps ; & n'augmente point leurs dimensions ou leur volume comme la chaleur.

IX. Expérience.

Préparation.

Electrisez fortement un thermometre de mercure, dont la boule sera plongée

plongée dans un petit vase de métal
plein d'eau, & suspendu avec un fil
de fer à la barre de la seconde expérience, comme en I, (*fig. 2*).

EFFETS.

Quelque sensible que soit le ther-
momètre, & quelque forte que soit
l'Electricité, on ne voit jamais le
mercure s'élever de la plus petite
quantité dans le tube.

REFLEXION.

Si l'Electricité dilatoit les corps,
on s'en appercevroit sans doute dans
le cas dont il s'agit : le tube du ther-
momètre étant capillaire, pour peu
qu'il y eût d'augmentation au volume de mercure contenu dans la boule,
on verroit un effet semblable à celui
que produit une augmentation de
chaleur. Puisque cela n'arrive pas,
on peut conclure en toute sûreté ce
que j'ai énoncé dans la proposition.
Je sais bien que quelques auteurs
ont prétendu avoir vu monter la liqueur dans des thermomètres électrifés ; mais j'ai tant de fois répété
cette épreuve, & j'y ai apporté tant

de soins & de précautions, que j'ose
assurer que cet effet, si on l'a vu, ne
venoit point de l'Electricité, mais
de quelque degré de chaleur com-
muniqué par inadvertence au thermometre.

Il pourroit bien se faire aussi que
les corps qu'on électrise en frottant,
augmentassent un peu de volume ;
mais c'est qu'alors on les échauffe en
même-temps qu'on les électrise ; &
la vertu électrique, sans y contri-
buer, n'empêche pas que la chaleur
n'ait son effet ordinaire, qui est de
dilater les corps.

Il me reste encore bien des choses
à dire sur les propriétés de la matiere
électrique, sur sa maniere d'être dans
les corps, sur les mouvements qu'elle
affecte, ou dont elle est susceptible ;
mais je me ferai mieux entendre sur
tout cela, quand j'aurai exposé les
phénomenes qui sont comme la base
du sujet que je traite, & que j'aurai
instruit le Lecteur des procédés, &
des circonstances dont ces effets dépendent ; ainsi je réserve pour la
IIIᵉ Section, ce qui me reste à ajouter
ici.

ARTICLE SECOND.

Sur les moyens d'exciter, ou de faire naître la vertu électrique.

LA MATIERE électrique réside dans tous les corps, & dans l'air même qui les entoure ; mais sa présence seule ne suffit pas pour faire ce qu'on nomme *Electricité* ; il faut pour cela qu'elle soit excitée d'une certaine façon, & qu'elle reçoive le mouvement qui constitue essentiellement cette vertu ; prendre ces deux choses indistinctement l'une pour l'autre, comme font bien des gens, c'est confondre le sujet avec ses modifications ; c'est à peu-près comme si l'on prétendoit qu'il y a des sons par-tout, & quand il y a de l'air : c'est comme si l'on disoit qu'il y a chaleur & lumiere par-tout où se trouve l'élément qui est capable de produire l'un & l'autre effet.

La matiere électrique sans mouvement n'est point l'Electricité.

C'EST en frottant la superficie des corps qu'on s'est apperçu que la plupart d'entr'eux étoient *électriques*, c'est-à-dire, qu'ils avoient

Origine du mot *Electricité.*

Z ij

quelque chofe de commun avec l'ambre, efpece de bitume, que les Grecs nommoient ἤλεκτρον, & les Latins *Electrum*. Si nous avions exprimé cette reffemblance par le mot François *ambré*, on n'auroit pas manqué de l'entendre de la couleur, ou de l'odeur qui eft naturelle à l'ambre : ce qu'il falloit défigner, c'étoit cette propriété qu'on lui connoît depuis long-temps d'attirer les pailles & autres corps légers qui font à fa portée, quand on l'a frotté fur la main ou fur quelque étoffe.

Les Phyficiens qui fe font appliqués les premiers à la recherche des corps électriques, n'ont employé que le frottement pour faire leurs épreuves : d'autres après eux y ont joint quelques degrés de chaleur préparatoires; & enfin l'on a effayé d'électrifer fimplement en chauffant.

On a cherché auffi qu'elles étoient les matieres les plus propres à frotter efficacement; cela nous a valu des connoiffances certaines dont je rendrai compte, & auffi quelques opinions conteftées qui méritent qu'on les examine,

(marginalia) XX. Leçon.

(marginalia) Diverfes façons d'exciter la vertu électrique; le frottement eft la premiere de toutes.

Il s'eſt trouvé bien des matieres qui n'ont pu être frottées, faute de conſiſtance; & d'autres qui pouvant l'être, n'ont jamais montré aucune marque d'Electricité : mais ce que le frottement n'a pu faire ſur celles-ci, on l'a obtenu par un autre moyen qui a prodigieuſement étendu le regne électrique : de toutes les épreuves qui ont été faites, tant de l'une que de l'autre maniere, en différents temps, en différents lieux, & par diverſes perſonnes, il a réſulté ce que je vais expoſer dans les Propoſitions ſuivantes.

PREMIERE PROPOSITION.

De tous les corps qui ont aſſez de conſiſtance pour être frottés, ou dont les parties ne s'amolliſſent point trop par le frottement, il en eſt peu qui ne s'électriſent quand on les frotte.

I. EXPÉRIENCE.

PREPARATION.

Frottez ſucceſſivement ſur quelque étoffe de laine, ſur du papier gris, ou ſur la main nue, ſi elle eſt bien feche, tous les corps folides que vous ferez à même d'éprouver ; & après avoir frotté chacun d'eux, préfentez-le à quelques pouces de diftance, au-deffus d'une affiette de métal, ou d'une feuille de fer-blanc couverte d'une légere couche de fon de farine, ou à pareille diftance, vis-à-vis d'un fil de foie ou de lin, fufpendu librement dans un air calme : & vous verrez immanquablement ce qui fuit.

Effets.

1°, Prefque tous les corps qui auront été ainfi frottés, attireront à eux le fon de farine, ou tout autre corps léger qui fera à portée d'eux.

2°, Tous n'acquerront point par le même frottement, & dans les mêmes circonftances, un égal degré d'Electricité ; car vous obferverez en réitérant les épreuves, que le verre agit plus fortement, de plus loin, & plus long-temps que le foufre & la cire d'Efpagne ; & que ces deux dernieres fubftances auront toujours plus de vertu que la cire blanche dont on fait la bougie, plus que la réfine ;

la poix, &c ; & qu'enfin la plupart
des bois, les os des animaux, les
pierres opaques en auront ordinairement moins que toutes les autres
matieres.

3°, Aucun métal ne deviendra jamais électrique par le frottement,
non plus que les corps animés : je
dis les corps animés, & non pas les
matieres animales ; car celles-ci,
comme les cheveux, les poils, les
os, la corne, la soie, &c, s'électrisent fort bien quand on les frotte.

SECONDE PROPOSITION.

Un degré de chaleur, qui n'est point ca-
pable d'amollir les corps, les rend
plus propres à s'électriser par le frot-
tement.

II. Expérience.

Préparation.

Il y a certains temps dans lesquels
on a peine à électriser les tubes & les
globes de verre en les frottant ; il y
a aussi certains corps, tels que les
os, les bois tendres, les pierres opaques qui donnent à peine quelques

Z iv

légers fignes d'Electricité après le plus rude frottement : paffez le verre feulement deux ou trois fois au-deffus d'un réchaud plein de charbons bien allumés, & chauffez fortement les autres corps, de forte qu'ils commencent à fe rouffir.

Effets.

Alors tous ces corps s'électriferont bien plus aifément, & montreront une vertu plus forte & plus durable, que celle qu'ils ont coutume d'avoir quand on ne les chauffe pas avant de les frotter.

Observations.

Les métaux ne s'électrifent point par le frottement.

Il paroît donc, par les réfultats de la premiere expérience, qu'à l'exception des métaux & des corps vivants, toutes les autres fubftances peuvent s'électrifer plus ou moins, quand on les peut frotter : mais il eft certain que de toutes celles qu'on a éprouvées jufqu'à préfent, il n'en eft aucune qui ait paru auffi propre que le verre, à produire les phénomenes électriques ; non - feulement parce qu'il poffede dans un degré éminent la propriété de s'électrifer , mais encore parce qu'étant fufceptible de recevoir toutes fortes de formes , il nous fournit des inftruments commodes , & très-convenables aux expériences de ce genre.

Ce n'eft pas cependant que toutes les efpeces de verres foient également électrifables : il y en a qui ne le font point du tout , ou qui ne le font prefque point ; tel eft, par exemple, celui dont on fait les glaces à Saint-Gobin en Picardie ; je l'ai mis cent fois à l'épreuve , en forme plate , en forme de tube , en forme de globe , & dans toutes fortes de temps ; à peine en ai-je pu tirer quelques fignes un peu fenfibles d'Electricité.

Toutes fortes de verres ne s'électrifent pas également bien.

Le verre dont on fait les vitres, celui qui fert à la gobleterie, lorfqu'il eft nouvellement fabriqué, a beaucoup de peine auffi à s'électrifer ; j'ai fouvent frotté, avec beaucoup d'obftination & fans fuccès, des tubes, & d'autres pieces dans la Verrerie même où je les avois fait faire ; ce n'a été qu'après plufieurs mois , & quelquefois après des années entieres, que j'en ai pu tirer parti.

A force d'être frottés, certains verres deviennent plus électrisables.

Il est sûr, & je l'ai observé constamment, que le verre, à force d'être frotté, en devient plus propre aux expériences électriques ; des matras & des globes de nos petites Verreries, qui ne m'avoient montré d'abord qu'une Electricité très-foible, après avoir été exercés pendant quelques mois, sont devenus enfin de très-bons instruments.

L'électrisabilité du verre ne tient ni à la couleur, ni à la transparence, ni à la figure.

Ce n'est ni à la transparence plus ou moins parfaite, ni à la couleur du verre, qu'on doit s'en prendre pour rendre raison de ces variétés, puisque le même verre acquiert, par succession de temps, la vertu électrique qu'il n'avoit pas d'abord ; celui dont on fait des bouteilles à *Sevres*, m'a très-bien servi, tandis que des globes de verre blanc ne sont devenus passablement bons qu'après avoir été exercés & mis à l'épreuve pendant un certain temps.

Mais plutôt au degré de dureté & de cuisson.

Je ne puis dire positivement à quoi il tient que certain verre soit ou ne soit point électrisable par frottement ; mais je soupçonne que cela vient

principalement de son degré de dureté & de cuisson ; ce qui me porte à
penser ainsi, c'est que celui de nos
Manufactures de Saint - Gobin & de
Cherbourg, le plus dur, le plus
compact, & le plus cuit de tous nos
verres de France, est, en même
temps, celui qu'on a le plus de peine
à électriser, tandis que le crystal d'Angleterre, celui de Bohême, &c. qui
sont bien plus tendres, sont les
meilleurs de tous pour les expériences d'Electricité. Il y a plus ; je me
suis procuré des verres imparfaits,
qui n'avoient point été assez long-
temps au four pour être fins ; & ,
quoiqu'ils fussent de la même com-
position que les glaces, ils se sont
électrisés très-sensiblement.

L'EXPÉRIENCE n'a rien determiné
jusqu'ici avec précision sur la grandeur ni des tubes ni des globes; mais si
les premiers ont deux pieds & demi ou
trois pieds de longueur, un pouce
ou 15 lignes de diametre, & qu'ils
soient d'une grosseur à-peu-près égale
d'un bout à l'autre, ils pourront
être frottés plus commodément, &
s'électriser avec moins de fatigue :

XX.
LEÇON.

Grandeur ;
figure, épais-
seur du verre.

un globe qui aura 10 à 12 pouces de diametre, & qui fera environ 4 tours par feconde, recevra un frottement convenable ; & il ne faut pas croire que s'il étoit de moitié ou d'un quart plus petit ou plus grand, fes effets duffent diminuer ou augmenter dans la proportion de ces différences de grandeur.

Quand le globe eft vraiment une fphere creufe de verre, de toute la zone qu'on frotte, il n'y a que la partie la plus prochaine de l'équateur qui puiffe approcher affez du conducteur, s'il eft droit ; les autres s'en trouvent trop éloignées, à caufe de la courbure du vaiffeau ; c'eft pourquoi bien des gens, fur-tout en Italie, en Allemagne, & même en Angleterre, préferent, à la figure fphérique, celle d'une groffe olive, ou d'un cylindre terminé par deux goulots ; mais comme ces der- nieres formes exigent plus d'a- dreffe & de foin de la part des ouvriers qui foufflent le verre, on peut s'en tenir à la premiere, en garniffant, fi l'on veut, le bout du conducteur avec quelque frange traînante qui s'accommode à la figure du verre.

Quand l'une des furfaces d'un vaiſſeau ou d'une lame de verre vient d'être frottée, celle qui ne l'a point été, ſe trouve électriſée comme elle, & produit les mêmes effets, pourvu néanmoins que toutes deux répondent à des milieux de même nature, & qui ſoient compatibles avec la vertu électrique ; car ſi l'une, par exemple, ſe trouve dans l'air libre, & l'autre dans le vuide, il n'y a que celle-ci qui produiſe ordinairement des ſignes d'Electricité : ces deux faits qui ſont très-dignes d'être obſervés, ſeront amplement prouvés par la ſuite.

Le verre qui n'a qu'une médiocre épaiſſeur (je crois qu'il en eſt de même de toutes les autres ſubſtances électriſables par frottement) eſt plus prompt à s'électriſer que celui qui en a une plus grande : quand un globe ou un tube eſt épais d'une ligne, il a aſſez de conſiſtance pour réſiſter aux efforts qu'on fait ſur lui en le frottant ; & ſon Electricité s'excite aiſément.

Quant la maniere de frotter, 'ai

XX.
Leçon,

cherché long-temps & avec soin, quelle étoit la meilleure ; il m'a paru que le frottement foutenu ou réitéré dans le même fens, réuffiffoit mieux que quand il fe faifoit alternativement en fens contraire. Ainfi je préfere l'action d'un rouet qui fait tourner le globe uniformément, & qui mene toujours les parties du verre le plus nouvellement frottées vers le conducteur par la voie la plus courte, à celle d'un archet qui le feroit aller alternativement dans un fens & dans l'autre : &, quand je frotte un tube ou un bâton de cire d'Efpagne, je ne le ferre avec la main, que dans l'un des deux mouvements qu'elle fait en parcourant fa longueur.

Le frottement le plus rude n'eft pas toujours celui qui a le meilleur fuccès ; j'ai remarqué au contraire que, dans les temps favorables à la vertu électrique, il valoit mieux frotter légérement, que d'appuyer bien fort ; & quand il ne fait pas un temps bien propre à ces expériences, où que l'inftrument eft fait d'un verre difficile à électrifer, c'eft par la durée du frottement, plutôt que par fa violence, qu'on peut efpérer de réuffir.

Sɪ quelqu'un dans la vue de fe procurer deux Electricités égales, entreprenoit de faire éprouver des frottements égaux à deux globes de différentes matieres, il en viendroit à bout, en les faifant tourner avec la même vîteffe, en leur appliquant des frottoirs de la même nature, des mêmes dimenfions, appliqués avec des degrés de preffion femblables entr'eux : tout cela fe peut faire aifément ; mais je lui donne avis que ces parités, obfervées le plus fcrupuleufement dans les moyens, ne le conduiront pas au but qu'il fe propofe ; parce que tel frottement qui conviendra pour bien électrifer le verre, ne produira pas toujours le même effet fur la cire d'Efpagne, fur le foufre, ou fur toute autre fubftance.

Lᴇs Phyficiens qui fe font appliqués aux expériences d'Electricité, ne font pas bien d'accord entr'eux fur la matiere qu'on doit employer de préférence pour frotter le verre & les autres corps électrifables. Les

XX. LEÇON.

Des frottements égaux ne fuffifent pas pour électrifer également différents corps.

Choix des matieres qui doivent être employées à frotter les corps électriques.

uns recommandent de frotter avec la main nue ; les autres veulent qu'entre la main & le corps que l'on frotte, il y ait une feuille de papier gris, ou une étoffe de laine, un morceau de peau de chamois saupoudrée de blanc d'Espagne ou de Tripoli ; plusieurs font tourner leurs globes, contre des coussinets de peau de buffle remplis de crin ou de quelqu'autre matiere animale : d'autres font les leurs avec plusieurs feuilles de papier doré ou argenté, appliquées les unes sur les autres, ou avec des étoffes, dans le tissu desquelles il soit entré de l'or, de l'argent, ou quelqu'autre métal.

Il est certain que tous les frottoirs ne font pas également bons, & qu'il y a un choix à faire, sur lequel la seconde & la troisieme section nous fourniront des lumieres : je dirai seulement ici, comme par anticipation, que les matieres animales & les métaux méritent la préférence, & que rien ne m'a jamais paru aussi propre à cet usage que la main nue, lorsqu'elle n'est point humide par transpiration ou autrement. J'ai remarqué cependant que tout le monde n'a point la main également propre à électrifer le verre ; & c'eft fans doute ce qui a porté quelques Auteurs à foutenir, avec une forte d'opiniâtreté, qu'on devoit toujours donner la préférence aux couffinets : je la leur donnerois moi-même en certains cas ; lorfqu'on a lieu de craindre, par exemple, que le globe n'éclate par une Electricité trop violente jointe à la force centrifuge que la rotation fait prendre aux parties frottées ; accident dont on a vu plufieurs exemples, & dont j'ai eu foin d'avertir (a) ; mais ce ne fera jamais dans la vue de produire le plus grand effet poffible : quand je me fuis fervi de ma main nue, j'ai toujours frotté avec plus de fuccès, que je n'ai pû le faire avec des couffinets de quelque efpece qu'ils fuffent.

QUAND il eft queftion de matieres électrifables par frottement, il faut bien fe garder de confondre les corps vivants, les animaux proprement dits, avec ce qu'on appelle commu-

XX. Leçon.

Diftinction à faire entre les animaux, & les matieres animales.

(a) Mémoires de l'Académie des Sciences 1753, pag. 444; & 1755, pag. 311.

nément *matiere animale*, comme la foie, les cheveux, le poil, les ongles, la corne, les os, &c. Toutes ces subftances donnent des fignes d'Electricité, quand on les frotte ; mais l'animal même n'en donne point. Perfonne n'ignore à préfent qu'on fait étinceller un chat dans l'obfcurité, en lui paffant deux ou trois fois la main fur le dos : s'il étoit rafé, cela n'arriveroit plus. Le foir, & fur-tout en hyver, il n'y a prefque perfonne qui ne puiffe faire étinceller fon linge, en fe déshabillant dans l'obfcurité, ou en tirant fes bas brufquement ; M. Symmer, Auteur Anglois, nous a donné fur cela des differtations & des expériences tout-à-fait curieufes, que j'ai répétées avec plaifir, & qui m'ont conduit à quelques découvertes affez intéreffantes [a].

Efprits folets & autres feux de la même nature.

C'EST à de pareils feux qu'il faut s'en prendre pour rendre raifon de ces prétendus *Efprits folets* qui s'affectionnent, dit-on, pour certains chevaux, & qu'on voit quelquefois

(a) Mémoires de l'Académie des Sciences 1758, pag. 244 & fuiv.

briller fur leur poil. Dans un temps
fec & frais, l'étrille du Palfrenier &
le morceau de ferge qui la fuit en
frottant, électrifent le poil de l'animal , & le fait luire ou étinceller
d'une maniere très - propre à effrayer
un homme fimple qui n'a jamais entendu parler d'Electricité.

Si les Anciens euffent été au fait
de cette vertu naturelle , comme le
prétendent aujourd'hui quelques Eru-
dits , qui ne veulent rien devoir à
leurs contemporains , Virgile n'auroit pas dû célébrer, comme un prodige , cette lumiere dont on vit
briller la chevelure du fils de fon
Héros (a) ; car maintenant le plus
mince Electrifeur eft en état de produire un pareil miracle.

Tous ces feux font certainement
des fignes d'Electricité bien reconnus
& bien avoués : il pâroit même que
la chaleur animale y a quelque part ;
mais on ne peut pas dire qu'ils dépendent effentiellement d'elle ; car
on obtient de pareils effets en fai-

(a) *Ecce levis fummo de vertice vifus Juli*
Fundere lumen apex taftuque innoxia molli
Lambere flamma comas & circum tempora pafci.
Virg. Æneidos. Lib. 6.

A a ij

sant chauffer un drap, ou une ser-
viette de linge uni devant le feu ; &
en la secouant ensuite avec la main,
ou autrement, dans un lieu privé de
lumiere : tous les corps qu'on fait
étinceller de cette maniere, deviennent en même temps électriques à
d'autres égards ; ils attirent & repoussent comme du verre ou de la soie
qu'on a frotté.

Chauffer les
corps qu'on
veut électri-
ser par frot-
tement.

CHAUFFER les corps avant que de
les frotter, est une préparation
par laquelle on parvient d'ordinaire
à les électriser plus promptement ou
plus fortement ; mais il faut que la
chaleur qu'on leur fait prendre, ne
puisse que les sécher (a), & non pas

(a) Presque tous les corps électrisables, qui
ont besoin d'être chauffés avant qu'on les frotte,
doivent être exposés à une chaleur seche ; cependant on peut citer aujourd'hui, comme une
exception de cette regle, l'exemple de la *Tour-
maline* qui s'électrise par la chaleur de l'eau
bouillante : c'est une petite pierre très-dure,
brune, lisse & luisante, qui se trouve dans
l'Isle de Ceylan, & qui est assez rare. Le Lecteur qui voudra s'instruire plus particuliérement
des propriétés de cette pierre, pourra consulter
l'Histoire de l'Académie des Sciences 1717,
pag. 7 & *suiv.* une *Lettre du Duc de Noya Ca-
raffa*, imprimée in-4°, à Paris en 1759, deux

les amollir. Le foufre, la cire d'Efpagne, les réfines, la cire des abeilles,
&c. ne peuvent fe chauffer que très-
peu ou point du tout ; le verre,
l'ambre, le jayet & les pierres précieu-
fes , &c , peuvent éprouver une
plus grande chaleur, & devenir par-
là plus électrifables.

J'ai remarqué que la chaleur produite par le frottement ne fuplée pas
à l'action du feu ; au contraire, quand
le verre s'échauffe confidérablement
fous la main qui le frotte , c'eft un
mauvais figne ; en tel cas , on n'a
prefque jamais qu'une Electricité
foible & languiffante : je penfe que
fi le frottement pouvoit fe faire fans
produire de chaleur, l'électrifation
n'en iroit que mieux ; car la vertu
électrique n'eft jamais plus forte que
quand un léger frottement fuffit pour
l'exciter. C'eft apparemment par
cette raifon qu'on électrife mieux par
un temps frais, que dans une faifon
chaude.

En conféquence de cette penfée ,

Differtations Latines, l'une de M. Æpinus ;
l'autre de M. Wilke dans les Mémoires de l'A-
cadémie de Berlin pour l'année 1757 , &c.

j'ai effayé d'électrifer mes globes
pendant un fort hyver, & dans un
lieu où le froid étoit de 9 degrés
plus grand que le terme de la congé-
lation de l'eau ; ma main, qui frottoit
le verre étoit exceffivement froide ;
& tant que cet état a duré , je n'ai
obtenu qu'une foible électricité ;
mais les fignes de cette vertu font
devenus confidérablement plus forts,
lorfque ma main & le verre eurent
été chauffés par le moyen d'un réchaud plein de charbons allumés ;
d'où je conclus que , pour bien électrifer par frottement , il faut que le
frottoir & le corps frotté ne foient ni
trop chauds ni trop froids.

La maffe du
frottoir, plus
ou moins
grande, n'eft
point une
chofe indif-
férente.

Le frottoir étant d'une matiere
convenable , doit encore faire partie d'une grande maffe ; un couffinet , qui ne communiqueroit pas à
d'autres corps femblables à lui, c'eft-
à-dire, difficiles à électrifer par frottement, ne produiroit pas de grands
effets par lui - même ; c'eft en partie
pour cela que la main d'un homme eft
ordinairement un excellent frottoir,
parce qu'elle tient à une grande maffe
de nature femblable à la fienne ; &

par la même raifon elle fait encore
mieux fi la perfonne qui frotte eft
placée immédiatement fur le parquet
de la chambre.

Quoique les frottoirs fe faffent
toujours avec quelque matiere folide, & affez flexible pour s'appliquer plus exactement au corps électrifable ; cependant on peut exciter
la vertu électrique, par le frottement
d'un liquide: le mercure, par exemple,
électrife le verre en gliffant ou en
coulant fur l'une de fes furfaces : fes
balancements réitérés dans le tube
d'un barometre rempli au feu , non
feulement font fuivis d'une lueur
électrique, mais ils produifent au
dehors des mouvemens d'attraction
& de répulfion.

TROISIEME PROPOSITION.

Les corps qui ne peuvent point s'électrifer
par le frottement, ou qui ne s'électrifent
que foiblement par cette voie , peuvent
recevoir la vertu électrique par com-
munication.

Pour communiquer la vertu électrique à un corps folide ou fluide, il

faut, 1°, le placer à une très-petite distance de celui qu'on a électrisé par frottement. Il faut, 2°, (ceci eſt eſſentiel) que le même corps ſoit ſéparé de tous ceux qui pourroient, comme lui, s'électriſer par communication ; ſans cette précaution, l'expérience fait voir qu'il ne paroît autour de lui aucun des ſignes ordinaires d'électricité, apparemment parce que tout ce qu'il reçoit paſſe auſſi-tôt dans les corps contigus, & s'y diſſipe.

Mais comme un corps, tel qu'il ſoit, ne peut ſe ſoutenir en l'air de lui-même, ſéparé de tous les autres, on ſuſpend ou l'on ſoutient celui qui doit s'électriſer par communication, avec des appuis, ou avec des ſuſpenſoirs de verre, de ſoufre, de réſine, de ſoie, &c, qui ne ſont électriſables que par frottement ; (ᵃ) & c'eſt ce qu'on nomme *iſoler*.

(a) On ne peut pas dire abſolument que le verre ne s'électriſe point par communication ; mais il s'électriſe aſſez difficilement par cette voie ; & quand il eſt ainſi électriſé, il n'en eſt pas moins propre à iſoler les corps : on peut dire la même choſe de toutes les matieres vitrifiées.

III.

III. EXPÉRIENCE.
PREPARATION.

Ayant préparé un conducteur, comme dans la seconde expérience du premier article, suspendez à son extrêmité la plus reculée du globe une espece de cage formée de trois tablettes de fer blanc, assemblées entre quatre montants à sept ou huit pouces de distance l'une de l'autre : *fig.* 4.

Placez sur ces tablettes des corps de toutes especes ; de la viande crue, un oiseau vivant, un œuf, une pomme, du pain, des morceaux de bois, des plantes, des fleurs, des morceaux de soufre, un bâton de cire d'Espagne, un vase de verre bien sec & bien net ; dans des poëlettes à saigner, de l'eau, de l'huile d'olives ; & dans un petit vaisseau de bois, du mercure.

Dès qu'on aura commencé à frotter le globe de verre, auquel répond le conducteur, examinez, les uns après les autres, tous les corps que vous aurez placés sur les tablettes, & vous observerez ce qui suit.

Tome VI.   * B b

EFFETS.

Vous verrez, 1°, que, de tous ces corps expofés en même temps à l'action du globe, il y en aura qui deviendront très-électriques, & qui en donneront des marques très-fenfibles; tels feront, l'eau, le métal, l'animal mort ou vif, le mercure, la pomme, l'œuf & les plantes vertes: 2°, Vous remarquerez que le bois fec, le pain & les végétaux qui auront peu d'humide, n'acquerront point une électricité à beaucoup près fi marquée: 3°, Vous reconnoîtrez que le verre, le foufre, la cire d'Efpagne & l'huile n'en auront point du tout, ou qu'ils n'en auront que très-peu.

De cette expérience & des réfultats de la 2e. de la 4e. & de la 5e. du 1r. article, qu'il faut fe rappeller ici, vous pouvez tirer cette conféquence qui eft paffée en principe parmi les Phyficiens qui ont le plus étudié les phénomenes électriques, favoir, que *plus un corps eft électrifable par frottement, moins il eft fufceptible de s'électrifer par communication ; & reciproquement, que les matieres qui s'électri-*

fent le mieux par cette derniere voie, font les moins propres à devenir électriques par la premiere.

APPLICATIONS.

Les premiers conducteurs ont été faits avec des cordes; & l'on a observé que celles qui étoient mouillées, valoient mieux pour cet usage, qu'étant seches : c'est parce que l'eau, qu'on ne peut électriser par frottement, s'électrise, on ne peut pas mieux, par communication, & qu'elle porte avec elle cette propriété dans tous les corps où elle se trouve : on doit s'attendre aussi qu'une perche de bois verd s'électrisera mieux que quand elle aura perdu sa seve, & qu'un cordon de soie ou de crin ne pourra transmetre l'électricité, comme conducteur, qu'autant qu'il sera humide.

Conducteurs ; de quelles matieres il convient de les faire.

On voit encore par-là pourquoi tous ceux qui se font appliqués aux expériences d'électricité, se font accordés à faire leurs conducteurs avec des chaînes, avec des fils ou avec des verges de métal, avec des tuyaux de fer blanc ou de carton doré ; & pourquoi ils ont toujours préféré les vafes de métal à ceux de verre ou de porcelaine , pour contenir les liqueurs qu'ils vouloient rendre électriques , en électrifant les vafes. Car c'eft une chofe univerfellement reconnue de tous les Phyficiens électrifants , que le métal , tel qu'il foit , ne s'électrife jamais par frottement ; d'où il fuit qu'il eft très - propre à recevoir l'électricité d'un autre corps, & à la tranfmetre : il en eft de même des animaux.

De quelle grandeur.

La diftance à laquelle l'électricité peut s'étendre par les moyens des conducteurs, n'eft point déterminée ; il n'eft pas même facile de le faire, parce que cela dépend du concours de plufieurs circonftances , qu'on ne réunit pas toujours quand on le veut, & peut-être de plufieurs autres encore que nous ignorons ; mais fi quelqu'un entreprend jamais de réfoudre cette queftion , il ne faut pas qu'il confonde , comme quelques Auteurs ont fait, ce phénomene particulier, qu'on nomme l'*Expérience de Leyde* ou de la *Commotion* , & dont je parlerai dans la fuite , avec l'électricité commune & proprement dite,

qui fe manifefte autour des conducteurs par des mouvements d'attraction
& de répulfion , par des aigrettes
lumineufes ; qui dure un certain
temps après qu'elle a été excitée ou
communiquée , & qui ne fubfifte que
dans les corps ifolés. Tous les effets
de celle - ci annoncent vifiblement
que la matiere électrique eft animée
d'un mouvement progreffif qui la
tranfporte réellement ; au lieu que le
cas fingulier de la commotion ne
paroît être qu'un choc ou une per-
cuffion inftantanée , que les parties
contiguës de cette même matiere fe
communiquent les unes aux autres
fans fe déplacer : le fon & le vent
font des mouvemens de l'air : feroit-
il permis à un Phyficien de prendre
indifféremment l'un pour l'autre , s'il
s'agiffoit de mefurer leur viteffe ou
leur étendue ?

Or cette électricité , qui ne fe
tranfmet que par des conducteurs ifolés , & qui fe manifefte par les fignes
extérieurs dont je viens de faire mention ; cette vertu, dis-je , a été portée
à plus de 1200 pieds par un cordeau
tendu en plein air , & foutenu de

distance en distance sur des cordonnets de soie ; je pense qu'il est très-possible de la faire aller deux ou trois fois plus loin, & même davantage si la corde est mouillée, ou bien si l'on emploie en sa place un fil ou une chaîne de métal.

De quelle longueur, & dans quelle direction.

La vertu électrique suit le conducteur, non seulement en ligne droite, mais encore dans toutes les différentes directions qu'il prend, sans qu'on s'aperçoive d'aucun déchet ; cela est commode, en ce que par des retours multipliés, on peut renfermer un très-long conducteur dans un espace médiocre ; & de plus, on peut par le même moyen rapprocher les deux extrémités l'une de l'autre, pour mettre l'observateur à portée de juger par lui-même des effets qu'il produit par l'action du globe.

Cerfvolant électrique.

En certain temps de l'année, surtout lorsqu'il y a des nuages orageux, il regne dans l'air une électricité qui se communique à tous les corps isolés qui sont de la nature des conducteurs ; mais cette vertu est ordinairement plus forte à une certaine distance de la terre : on a imaginé d'aller au devant d'elle avec un cerf-volant, & de la faire defcendre par la corde avec laquelle on gouverne l'inftrument. L'ingénieux Auteur de cette invention (ª), agiffant par principes, fila la corde avec un fil de laton, & par ce moyen il fe procura des feux électriques, tels qu'on n'en avoit jamais vus, & qui doivent rendre circonfpects tous ceux qui feroient tentés de fe livrer à de pareilles épreuves.

On a cherché à favoir fi l'électricité fe communique à deux corps de même nature, en raifon de leurs maffes: plufieurs Phyficiens ont fait des expériences relatives à cette queftion; j'en ai fait auffi; & tout bien confidéré, il me paroît, 1°, que la communication de la vertu électrique ne fuit ni la proportion des furfaces ni celle des maffes : 2°, qu'un corps mince, toutes chofes égales d'ailleurs, reçoit plus promptement & plus facilement qu'un plus

De quelle maffe.

(a) M. de Romas, Lieutenant affeffeur au Préfidial de Nérac. *Voyez* les Mémoires de Mathématique & de Phyfique préfentés à l'Académie par les Savants Etrangers, *Tom. II*, *pag.* 393.

épais, toute l'électricité dont il est capable : 3°, qu'un corps qui a beaucoup de masse à surfaces égales, s'électrise plus fortement que celui qui en a moins, pourvu que la source d'où il tire sa vertu, puisse y fournir. (a).

De quelle forme.

De quelque forme que soient les masses, elles reçoivent la vertu électrique : je l'ai communiquée au plus haut degré à des enclumes & à des barres de fer de 10 pieds de longueur, pésant 150 liv. Je conviens cependant avec le P. Gordon & avec M. le Monnier, qu'un conducteur un peu long fait ordinairement mieux qu'une égale quantité de matiere qui seroit ramassée & comme arrondie.

D'une seule piece, ou de plusieurs mises bout à bout.

Il n'est point absolument nécessaire que le conducteur soit d'une seule piece ; plusieurs verges de fer mises bout à bout les unes des autres ; une file de Soldats isolés qui se donneroient les mains, conduiroient l'Electricité comme une corde ou un fil

(a) *Voyez* mes Recherches sur les Causes particulieres des Phénomenes Electriques, *quatrieme Discours,* & les Ouvrages qui y sont cités.

de fer d'un feul bout. On peut même interrompre la continuité des parties, par des intervalles de fix pouces, d'un pied, & quelquefois encore plus grands, fans que l'Electricité ceffe de fe porter d'une extrémité à l'autre du conducteur. M. Dufay, a fait plus ; il a placé entre ces parties féparées, différents corps tant folides que fluides, il y a mis de la flamme ; & la vertu électrique s'eft communiquée au travers.

XX.
LEÇON.

Cette derniere épreuve femble favorifer l'opinion de MM. Waitz & Jallabert, qui prétendent que la flamme ne détruit point l'Electricité, qu'elle peut même lui fervir de véhicule, & faire l'office de conducteur. M. Dutour & moi, avons fait des expériences dont les réfultats ne me ramenent point au fentiment de ces deux Auteurs. Je prie le Lecteur qui s'intéreffera à cette queftion, d'examiner les raifons de part & d'autre. (ª).

On ne peut prendre trop de précaution pour bien ifoler les corps

Ifolement des Conducteurs.

(a) *Recherches* fur les Caufes particulieres des Phénomenes Electriques, *troifieme Difcours*, *pag.* 198, *& fuiv.*

qu'on veut électrifer, parce que la moindre communication avec le plancher, avec les meubles de la chambre ou avec les perfonnes qui affiftent aux expériences, eft capable de faire difparoître les effets de la vertu électrique ; cependant je dois dire ici, qu'en certain cas, (qui font rares à la vérité,) l'Electricité a tant d'énergie, qu'on l'a vu fubfifter dans des conducteurs qui n'étoient pas ifolés de tout point.

De quelle matiere on doit faire les fupports pour ifoler.

La foie, le foufre, les réfines, la cire d'Efpagne & celle des abeilles, font les matieres dont on fait ordinairement les fupports de conducteurs ; on y peut joindre le bois bien féché au four, & frit enfuite dans l'huile bouillante ; j'en ai fait des fellettes qui me réuffiffent affez bien, & dont je rends grace au P. Ammerfin, Minime, Auteur de cette invention.

Quand les corps ne font pas trop pefants, on les électrife fur des fupports de verre, hauts, pour le moins, de huit à dix pouces : on feroit mieux de les placer fur un fimple carreau de vitre, qui feroit pofé lui-même fur quelque matiere électrifable par communication : c'eft M. Dutour

qui a fait le premier cette réflexion,
& qui l'a juftifiée par de bonnes
expériences (ª). Celle de Leyde
devoit nous éclairer fur cela : l'eau
que contient la bouteille ne s'électrife jamais auffi bien que quand cette
bouteille eft mince, & qu'elle eft placée fur un fupport de matiere électrifable par communication , & qui
n'eft point ifolée.

Comme on eft dans l'ufage de
faire fondre les matieres énoncées
ci-deffus, pour les couler dans des
moules & en faire des gâteaux , je
dois avertir qu'il faut attendre qu'ils
foient bien refroidis, & bien repofés,
avant que de s'en fervir ; j'ai remarqué affez conftamment, que quand
ils font nouvellement faits , ils ne
font pas auffi propres à ifoler les
corps , qu'ils ont coutume de l'être
au bout de quelques mois.

(a) *Mémoires* de Mathématique & de Phyfique, préfentés à l'Académie par des Savants
Etrangers , *Tom. II, pag.* 516.

ARTICLE TROISIEME.

Des Signes par lesquels la vertu électrique se manifeste.

Signes or-
dinaires de
la vertu élec-
trique.

ATTIRER & repousser des corps
légers qui sont à une distance convenable ; faire sentir sur la peau une
impression semblable à peu-près à
celle du coton bien cordé, ou d'une
toile d'araignée, qu'on rencontreroit
flotante en l'air ; répandre une odeur
qu'on peut comparer à celle du phosphore d'urine ou de l'ail ; lancer des
aigrettes d'une matiere enflammée ;
étinceller avec éclat ; picquer très-
sensiblement le doigt ou toute autre
partie du corps qu'on présente de
près ; mettre le feu aux liqueurs ou
aux vapeurs spiritueuses ; enfin communiquer à d'autres corps la faculté
de produire ces mêmes effets pendant
un certain temps , voilà les signes
les plus ordinaires, d'après lesquels
on a coutume de juger si un corps est
actuellement électrique ; & sa vertu
passe pour être d'autant plus forte,
que chacun de ces phénomenes se
manifeste davantage , ou qu'il a plus

de durée. Tout cela eſt ſuffiſamment prouvé par toutes les expériences du premier & du ſecond article.

En appuyant ſon jugement ſur toutes ces preuves enſemble, on ne riſquera pas de ſe tromper, pourvu que l'on conſidere l'Electricité, comme l'action d'une matiere à qui l'on fait prendre certain mouvement, non-ſeulement dans le corps que l'on frotte, ou ſur lequel on fait agir les inſtruments d'Electricité, mais encore dans ceux qui l'environnent ou qui le touchent. Car ces effets extérieurs étant toujours l'action de la matiere électrique, on ne riſquera rien de conclure que cette vertu eſt plus ou moins forte, quand on verra augmenter ou diminuer cette action même dans laquelle on la fait conſiſter.

MAIS ſi l'on regarde le corps frotté ou le conducteur iſolé, comme l'unique agent des effets extérieurs, en vertu d'un certain état qu'on lui a fait prendre, & d'une matiere qu'il anime, ou qu'il tranſmet; & ſi, pour décider du degré de vertu qui appartient à ce corps, on ſe permet de

Equivoques dans bien des cas.

confulter , à fon choix, quelqu'un des fignes dont j'ai fait mention , en excluant les autres , je vois qu'il y aura bien des cas où l'on pourra porter un faux jugement ; car je crois avoir bien prouvé , il y a plus de quinze ans (a) , que tous ces phéno-menes que l'on prend communé-ment comme les marques d'une Elec-tricité plus ou moins forte , peuvent s'augmenter ou s'affoiblir , quoique le globe & le conducteur ifolé per-féverent toujours dans le même état, ou du moins fans qu'on ait des rai-fons fuffifantes pour croire qu'ils en aient changé : j'ai fait plus , j'ai prouvé la propofition fuivante.

(a) *Mémoires* de l'Académie des Sciences 1747 , *pag.* 103 *& fuiv. Recherches* fur les Cau-fes particulieres des Phénomenes électriques , *deuxieme Difcours.*

PROPOSITION.

Un corps que l'on n'a nullement intention d'électrifer, & que l'on regarde communément comme ne l'étant pas, fait quelquefois d'une maniere très-marquée, tout ce qui annonce une forte Électricité, attractions, répulfions, attouchement d'émanations invifibles, aigrettes lumineufes, étincelles, picqûres, inflammations, &c.

Je vais rapporter ici quelques-unes des expériences qui m'ont fervi à prouver cette efpece de paradoxe.

I. EXPÉRIENCE.

PRÉPARATION.

Si l'on électrife un grand plat rempli d'eau, dans lequel on ait mis flotter des petites boules de liege ou de verre foufflé ;

EFFETS.

Tous ces petits corps électrifés par communication, font attirés fenfiblement par-tout ce qui n'eft point électrique, comme on fait qu'ils le feroient par un corps électrifé, s'il ne l'étoient pas eux-mêmes.

II. Expérience.

Préparation.

Laissez tomber sur un tube électrisé, une petite feuille de métal ; attendez un instant que la répulsion électrique l'en ait séparée, & entretenez-la flottante en l'air, en tenant le tube au-dessous d'elle.

Effets.

Si vous présentez le bout de votre doigt à ce petit corps ainsi suspendu en l'air, vous pourrez remarquer que non-seulement il se jette avec précipitation sur le doigt non électrique qu'on lui présente, mais aussi qu'il réjaillit immédiatement après de la même maniere, (quoique moins fortement), qu'il est repoussé par le tube qui l'a électrisé : ce dernier effet est plus sensible, si au lieu de votre doigt, vous présentez à la petite feuille un écu ou quelqu'autre morceau de métal au bout d'un bâton de cire d'Espagne.

III. Expérience.

Préparation.

Que l'on suspende avec un fil de
soie,

foie , une groſſe aiguille à coudre ,
entre deux timbres de métal , dont
l'un ſoit électriſé par communication
& l'autre non iſolé.

EFFETS.

On verra l'éguille aller perpétuellement de l'un à l'autre timbre ,
comme ſi elle étoit également attirée
& repouſſée par les deux ; de ſorte
que ſi l'on ne le ſait pas d'ailleurs, on
aura peine à deviner par la ſeule
inſpection , lequel des deux reçoit
l'Electricité du globe.

REFLEXIONS.

Ces expériences & une infinité
d'autres que je ne puis rapporter ici ,
prouvent donc qu'un corps , ſans être
directement électriſé, peut attirer &
repouſſer les corps légers qu'on lui
préſente ; & que ces mouvements
alternatifs , qui font de véritables
ſignes d'Electricité, peuvent ſe montrer d'une maniere équivoque , & ne
nous pas déſigner à coup ſûr le corps
à qui la vertu électrique eſt communiquée immédiatement. On me dira

peut-être, que la prétendue attraction du timbre non ifolé fur l'éguille, celle du doigt fur les boules flotantes, ou fur la petite feuille de métal fufpendue en l'air, ne font que des apparences trompeufes, & que la vertu qui produit ces mouvements, réfide en réalité dans le petit corps qui fe porte vers le doigt ou vers le timbre non électrique : femblable en cela à un petit aimant fufpendu au bout d'un fil, lequel fe précipite fur une enclume, parce que cette grande maffe de fer ne peut venir à lui.

Hé bien quand cela feroit ; quand je devrois confidérer & le Magnétifme & l'Electricité comme deux vertus uniquement réfidentes dans les fujets qu'elles qualifient, c'eft-à-dire, la premiere dans la pierre d'aimant & dans le fer aimanté, & la feconde dans le corps frotté ou dans le conducteur ifolé fur lequel on fait agir le globe ; tout ce qui pourroit réfulter de cette confidération, qui ne convient gueres à la Phyfique d'aujourd'hui, c'eft que les attractions & les répulfions, tant magnétiques qu'électriques, peuvent nous tromper dans bien des occaſions où il s'agit de décider entre deux corps, lequel poſſede réellement en ſoi la vertu qu'elles annoncent; & c'eſt préciſément ce que j'ai entrepris de prouver.

Mais je prétends faire plus ; après avoir montré précédemment que l'Electricité n'eſt autre choſe qu'une certaine matiere en mouvement, & en continuant de conſidérer ſes phénomenes comme les effets d'une cauſe vraiement méchanique , je me flatte de prouver ſolidement , tant par les expériences que je viens de citer, que par celles qui vont ſuivre, je me flatte, dis-je, de prouver que les corps non iſolés qui ſont expoſés à l'action des corps électriſés, ne ſont pas des êtres purement paſſifs vis-à-vis d'eux, mais qu'ils contribuent réellement & d'une maniere efficiente à toutes les apparences extérieures qui annoncent la vertu électrique.

IV. EXPÉRIENCE.

PRÉPARATION.

J'électriſe fortement par le moyen d'un globe de verre, une perſonne qui se tient debout sur un gâteau de résine : en continuant de l'électriser ainsi, je lui fais étendre la main qui ne touche point le globe, dans une situation verticale ; une autre personne qui n'est point isolée de même, mais simplement debout sur le plancher étendant le bras horizontalement, présente un doigt vis-à-vis cette main à une distance de 7 à 8 pouces. Voyez *la Figure* 5.

Effets.

1°, Il sort de ce doigt non isolé une matiere invisible qui fait contre la main électrisée un souffle très-sensible, & tout-à-fait semblable à celui qu'on a coutume de sentir au-delà des aigrettes lumineuses d'une barre de fer qu'on électrise.

2°, Si l'on approche le doigt plus près de cette main électrisée comme à la distance de trois pouces ou un peu moins, cette matiere invisible qui ne faisoit qu'un souffle, s'enflamme alors avec une forte de bruissement, & se fait apercevoir sous la forme d'une belle aigrette B, qui ne differe point de celles qu'on voit briller au bout de la barre de fer qu'on électrife, fi ce n'eft qu'elle fouffre ordinairement quelques intermittences, & que fes éruptions font accompagnées d'un plus grand bruit.

3°, En approchant le doigt encore plus près de la main électrifée, on voit l'aigrette lumineufe dont je viens de parler, fe refferrer & former un trait de feu fort vif C, qui éclate avec bruit & avec douleur de part & d'autre, comme il arive en toute autre occafion, quand on s'approche pour toucher un corps fortement électrifé.

4°, Si la perfonne qui eft fur le gâteau de réfine, & que l'on continue d'électrifer, tient en fa main une cuiller de métal pleine d'efprit-de-vin un peu chauffé fur des charbons ardents, l'autre perfonne qui n'eft point ifolée y met le feu avec le bout de fon doigt D, en le portant un peu brufquement à quelques lignes de diftance au-deffus de la liqueur.

5°, L'aigrette de matiere enflammée, & le fouffle dont nous avons fait mention dans les deux premiers

résultats, font sentir l'odeur de phosphore ou d'ail absolument de la
même maniere que les extrémités
d'un corps qu'on électrise pendant
un certain temps par communication.
Et l'on observe tous ces mêmes effets,
si, au lieu du doigt, on présente le
bout d'une verge de fer ou de quelqu'autre métal, à la main, au visage,
& quelquefois aussi à tout autre endroit du corps de la personne qu'on
électrise malgré l'interposition des
habits.

On reconnoît donc par le détail
de cette expérience, qu'il est des
cas où l'on voit faire à un corps qui
est considéré comme non électrique,
tous les effets que l'on prend communément pour les signes les plus
certains d'une Electricité bien déci-
dée ; de sorte qu'en pareille occasion
si l'on appercevoit ces phénomenes
par une porte ou par une fenêtre
entr'ouverte, qui empêchât de découvrir l'appareil, & qui ne laissât
voir que les effets, il seroit bien difficile, je pourrois dire impossible, de
décider à coup sûr quel seroit celui
des deux corps sur lequel agiroit im-

FIG. 4.

FIG. 5.

B

C

D

bras non Jsolés

bras Electrisés

FIG. 3.

A

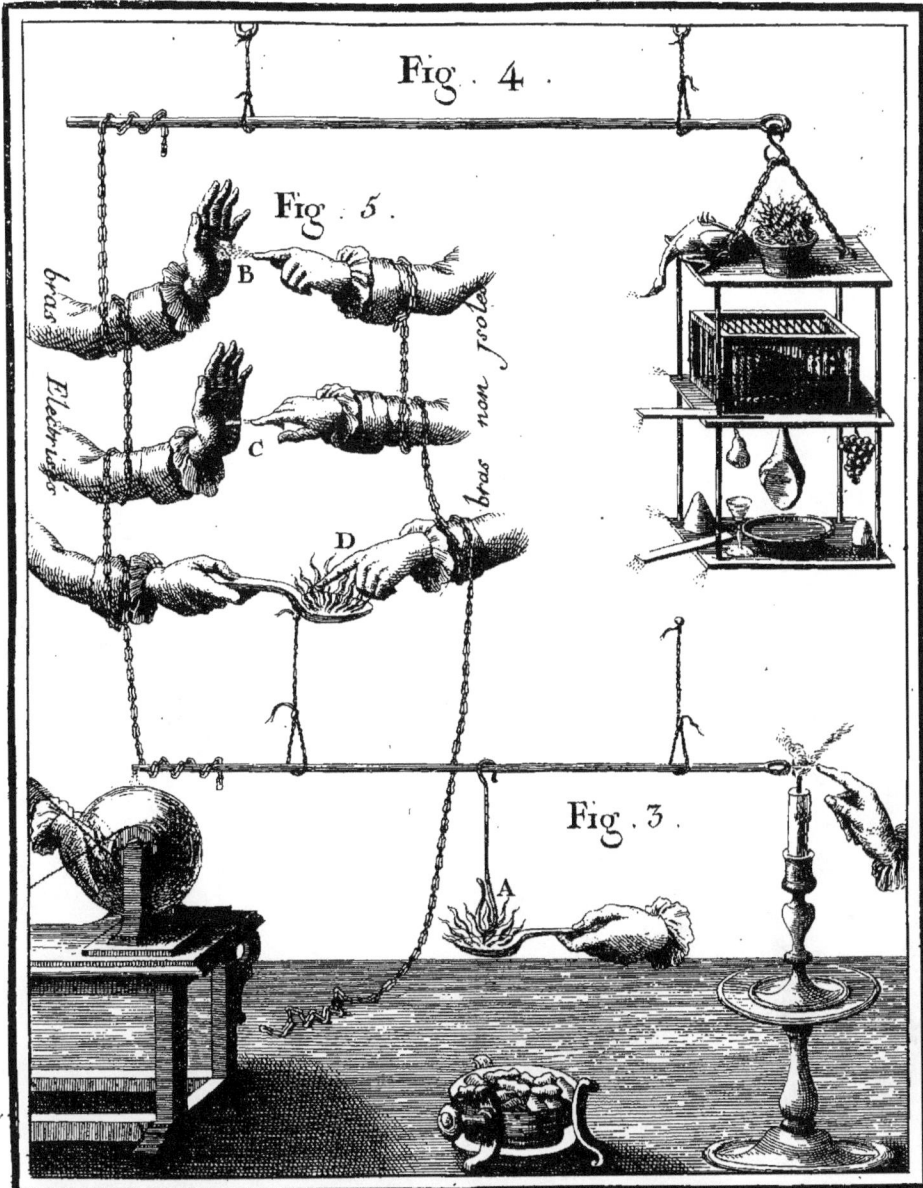

Gobin del. et Sculp.

médiatement le globe , & que l'on
devroit regarder comme possédant
en soi la vertu électrique , en supposant qu'on ne la dût reconnoître que
dans l'un des deux seulement. Faisons
voir maintenant que chacun de
ces effets peut augmenter ou diminuer par certaines circonstances ,
& sans qu'on ait lieu de croire que le
globe ni le conducteur ait changé
d'état.

V. EXPERIENCE.

PREPARATION.

Electrisez un homme qui ait les
deux mains libres , comme dans la
fig. 6 ; qu'il en tienne une étendue
au-dessus d'une platine de fer blanc
A, sur laquelle on ait répandu des
fragments très-menus de ces feuilles de cuivre dont les Vernisseurs se
servent pour enjoliver leurs ouvrages, & que cela lui soit présenté
par un autre homme non isolé ; qu'il
porte pareillement son autre main
au-dessus d'un gâteau de résine *B* , ou
d'un pain de cire bien uni sur lequel
on ait répandu pareille quantité de
ces mêmes fragments.

Effets.

Quelque soin que l'on ait pris pour rendre ces petites feuilles de métal également légeres de part & d'autre, & quelque attention que l'on ait de tenir celles-ci & celles-là à égales distances des deux mains électrisées, on remarquera constamment que celles qui sont posées sur le fer blanc, sont attirées & repoussées bien plus vivement que les autres ; & que si on les tient à des distances inégales, ce sont les premieres qui sont attirées de plus loin.

On ne peut pas dire raisonnablement que l'une des deux mains de la même personne reçoive du globe plus d'Electricité que l'autre : au reste il seroit aisé de prouver que cela n'est pas , en faisant changer de place au gâteau de cire , & à la feuille de fer blanc : il est visible que la différence des effets vient uniquement de celle des supports , sur lesquels on a mis les petites feuilles de métal ; & nous en dirons la raison dans un autre endroit.

VI.

VI. Expérience.

Préparation.

Que l'on suspende sur la même ligne, & avec des fils de même longueur, 1°, une feuille de cuivre battu C (*fig.* 7.) qui ait environ 2 pouces de diametre; 2°, à quinze pouces de distance sur la même ligne, un fragment d'une pareille feuille E, mais qui n'ait tout au plus qu'un demi-pouce de largeur; 3°, enfin une lame extrêmement mince de cire blanche D, de la même grandeur, & de la même figure que la plus grande des deux feuilles de métal. Qu'on présente ensuite vis-à-vis de ces trois corps, & parallélement à la ligne dans laquelle sont leurs centres, un tube de verre bien électrisé, comme on voit par la *Figure* 7.

Effets.

On verra presque toujours la grande feuille de métal C ne faire qu'un petit mouvement vers le tube, tandis que la cire D paroît constamment attirée, & d'une maniere très-sensible; on remarquera aussi que le

Tome VI.   * D d

mouvement de la plus petite feuille de métal *E*, tant pour être attirée que pour être repouffée, fera bien plus vif que celui des deux autres corps.

Le même tube paroît donc plus électrique, fi l'on en juge par les mouvements de la cire, que fi l'on s'en rapporte à ceux qu'il imprime à la grande feuille de métal ; & les deux feuilles de cuivre qui ne different entr'elles que par la grandeur, indiquent encore des degrés d'Electricité fort différents.

VII. Expérience.

PREPARATION.

Electrifez un tube de verre ou un globe, & communiquez avec l'un ou avec l'autre la vertu électrique à une barre de fer, ou à un tuyau de fer-blanc ifolé ; comparez entr'elles les impreffions que pourront faire fur la peau de votre vifage les émanations invifibles de ces différents corps électrifés, pour favoir quelles font les plus fortes, ou celles qui fe font fentir à une plus grande diftance.

EFFETS.

Il est certain qu'en faisant cette comparaison de la maniere que je viens d'indiquer, vous trouverez les écoulements qui viennent du verre frotté, plus sensibles, & agissant de plus loin que ceux du conducteur isolé.

Cependant vous pourrez observer en même temps que tous les autres signes d'Electricité sont communément plus forts de la part du conducteur, que de la part du globe ou du tube ; les aigrettes & les étincelles qui sortent du verre, ne sont pas comparables pour la grandeur, ni pour la force, à celles que donne la barre de fer isolée ; & si l'on veut produire de grands effets, c'est par l'Electricité communiquée qu'on y parvient, plutôt que par celle qu'on excite en frottant.

Les émanations électriques qui se font sentir par leur choc contre la peau ou par leur odeur, & qui sont assurément des signes d'Electricité bien certains, ne peuvent donc servir à déterminer son degré de force, fi les corps électrifés, que l'on compare entr'eux, ont acquis leur vertu par différents moyens, puifque ces effets, comme on vient de le voir, font communément plus ou moins fenfibles, felon la maniere dont un corps a acquis fon Eléctricité, par frottement ou par communication. On verra même par des obfervations que je rapporterai ci-après, que ces émanations venant du même corps, peuvent fe faire fentir plus ou moins fortement dans certaines circonftances qui ne changent rien à l'état du corps électrifé, mais feulement à celui de l'Obfervateur qui les éprouve.

VIII. Expérience.

Préparation.

Electrifez un conducteur qui foit un tuyau de fer blanc de deux pouces de diametre ou environ, fur 5 à 6 pieds de longueur, & ouvert de part & d'autre. Obfervez d'abord tous les fignes d'Eléctricité qu'il donnera dans cet état; enfuite bouchez le bout qui eft le plus reculé du

globe, avec une piece de métal folide, qui foit terminée en pointe
courte & fort mouffe, bien arrondie, & fans aucun angle.

EFFETS.

Vous remarquerez infailliblement
en multipliant les épreuves, que tous
les autres fignes d'Electricité fubfiftant à peu-près les mêmes dans les
deux cas, les aigrettes qui paroiffent
au bout du conducteur dans le premier, font très-différentes de celles
qu'on voit dans le fecond; celles-ci
fort groffes, & fournies de rayons
très-denfes, s'élancent avec bruit,
& par intervalles; celles-là plus con-
tinues, reffemblent à une frange de
lumiere, plus rare, & d'un feu plus
léger; de forte que fi l'on n'avoit
égard qu'aux aigrettes, on croiroit
volontiers que la vertu électrique du
conducteur eft d'abord foible, &
enfuite beaucoup plus forte.

Dans les intervalles de temps où
les aigrettes ne paroiffent pas au
bout de la groffe pointe, ou bien
dans des circonftances défavorables à
la vertu électrique, fi les aigrettes ne

D d iij

paroiſſoient point du tout, on les fera naître en approchant le plat de la main de l'endroit où on les attend.

Ce dernier réſultat prouve encore que la proximité de certains corps peut faire paroître des aigrettes où il n'y en auroit pas, ou augmenter la grandeur & la force de celles qui ſeroient foibles, & le tout, ſans que les autres ſignes annoncent ni plus ni moins d'Electricité dans le conducteur ou dans le globe.

Et comme les étincelles ſont formées par des aigrettes dont les rayons ſe condenſent, & ſe réuniſſent en un ſeul trait de feu, on doit s'attendre que les mêmes cauſes qui augmentent celles-ci, rendront auſſi celles-là plus fortes & plus apparentes.

Quant à la douleur plus ou moins grande que les étincelles font ſentir, c'eſt encore une occaſion d'erreur pour quiconque ne voudra conſulter que ce ſigne d'Electricité ; outre qu'il y a des perſonnes moins propres que d'autres à exciter ces feux, il peut arriver que la même, & avec le même doigt, les reſſente plus ou moins, parce qu'elle les aura reçus à quel-

que endroit de la peau plus ou
moins fenfible.

Reflexions.

Par les quatre premieres expé-
fiences de cet article, on voit que
le corps non électrifé, ou réputé
tel, produit vis-à-vis de celui qu'on
électrife tous les fignes ordinaires
d'Electricité : on voit par les quatre
dernieres que tous ces phénomenes,
lors même qu'ils font produits par un
corps électrifé, font fujets à des variations confidérables, occafionnées
par des caufes étrangeres : faut-il
conclure delà que nous ne pouvons
porter aucun jugement certain fur le
fujet où réfide véritablement l'E-
lectricité, ni fur les différents degrés
de force que cette vertu peut avoir ?
Ce feroit prendre un parti outré : je
penfe que nous ferons plus fagement,
en réformant nos idées, fi l'expérience nous y contraint, & en profitant
des leçons qu'elle nous donne ; pour
ne point attribuer à la caufe principale ce qui n'eft dû qu'aux circonftances.

Nous nous fommes accoutumés à
D d iv

croire & à dire qu'un corps ne peut
s'électrifer qu'autant qu'il eſt iſolé :
en prenant cette regle au pied de la
lettre, nous nous ſommes accordés
à nommer *non électriſé* ou *non électrique*, celui qui n'eſt point iſolé, & ſur
lequel on ne fait point agir immédiatement le globe ou le tube de verre.
Mais devons-nous maintenant appel-
ler de ce nom, d'une maniere abſolue
& ſans correctif, un corps à qui nous
voyons faire preſque tout ce qui
annonce l'Electricité d'un conducteur iſolé? L'homme de la quatrieme
expérience qui eſt debout ſur le
plancher, eſt-il dans ſon état naturel
quand il ſort du bout de ſon doigt
un ſouffle très-ſenſible, des aigrettes
lumineuſes, des étincelles qui éclatent avec bruit & avec douleur, &c?
Peut-on dire que le ſujet de ces phénomenes, univerſellement reconnus
pour être des ſignes d'Electricité, ne
ſoit point affecté de cette vertu?

Mais cet homme, me dira-t-on,
ne produit ces effets que par le bout
de ſon doigt, bien différent en cela
des conducteurs iſolés, dont l'Electricité ſe manifeſte de toutes parts.

Je conviens de cette différence ;
j'avoue que l'homme dont il s'agit,
n'eſt point électrique au point d'en
donner des marques par toutes les
parties de ſon corps ; mais pour être
électrique & pour en porter le nom,
faut-il qu'il reſſemble de tout point
à un conducteur iſolé : ſi cela étoit,
on ne pourroit pas dire qu'on ſe fait
électriſer quand on fait ſur ſoi-même
l'expérience de Leyde ; car celui qui
reſſent la commotion, n'eſt point
électrique à la maniere d'un conducteur iſolé.

Et d'ailleurs qui nous aſſurera que
cet homme, qui ne montre des ſignes
d'Electricité qu'au bout de ſon doigt,
n'en donneroit point par toutes les
autres parties de ſa perſonne, s'il étoit
vis-à-vis d'un corps beaucoup plus
électrique que ne le ſont nos conducteurs iſolés dans les cas ordinaires?

Pour moi, il me ſemble qu'on doit
nommer *électrique*, ou regarder comme *électriſé*, tout corps en qui la matiere électrique produit quelque effet
extraordinaire, tout corps qui devient le ſujet de quelque phénomene
d'Electricité, ſauf à déclarer de

quelle maniere il a acquis cette qualité, & en quoi son état differe de
celui d'un autre corps autrement affecté de la même vertu.

Deux sortes
de Conduc-
teurs ; les
uns isolés,
les autres
non isolés.

Sur ce pied-là je distingue deux
sortes de conducteurs, les uns isolés qui manifestent leur Electricité
par toutes les parties de leur surface ;
les autres non isolés qui ne montrent
la leur que par l'endroit le plus voi-
sin d'un corps électrisé par frottement
ou par communication ; & je ferai voir
dans la IIIᵉ Section que la matiere
électrique se meut essentiellement
de la même maniere dans les uns
comme dans les autres.

Carillon
électrique;
application
qu'on en
peut faire.

L'Eguille suspendue entre les
deux timbres de la troisieme expérience, produit un petit carrillon
qui dure autant de temps que l'électrisation par laquelle elle est mise en
jeu : il est aisé de voir, qu'en multipliant les timbres, & en variant à
propos leurs dimensions, un curieux
qui prendra goût à cet amusement
en pourra faire resonner un grand
nombre avec le même globe, plusieurs à la fois, si cela entre dans
ses vues, ou les uns après les autres,

en interrompant par des attouchements bien ménagés, l'Electricité de
ceux qu'il voudra tenir en silence.
En voilà assez, je pense, pour faire
connoître tout le secret de cette jo-
lie invention, & pour mettre sur la
voie de l'éxécution : au reste on en
a fait un Livre (ᵃ) que l'on pourra
consulter, si l'on veut de plus amples instructions.

On fera du carrillon électrique
une application plus sérieuse, &
peut-être plus utile ; si l'on met l'appareil des timbres à portée de recevoir l'Electricité naturelle, je veux
dire, celle qui regne quelquefois dans
notre atmosphere, sur-tout aux approches des orages accompagnés de
tonnerre ; car la nuit comme le jour
on en sera averti par ces sons ; &
leur fréquence plus ou moins grande,
indiquera encore si cette Electricité
est plus ou moins forte, plus ou
moins dangereuse. Voyez ma septie-
me Lettre sur l'Electricité, *Tom. I*,
pag. 163 *& suiv.*

IL seroit bien à souhaiter que nous

Electrome-
tres.

(*a*) Le Clavecin électrique, chez Guerin &
Delatour, rue S. Jacques.

euſſions quelqu'inſtrument propre, non-ſeulement à nous indiquer ſi un corps eſt électrique, mais de combien il l'eſt plus qu'un autre, ou plus qu'il ne l'a été lui-même dans un autre temps, ou dans des circonſtances différentes : ce ſeroit-là véritablement l'*Electrometre* que nous cherchons depuis long-temps, que quelques-uns ſe ſont flatté d'avoir trouvé, mais que perſonne ne poſſede, pour dire les choſes comme elles ſont. Tout ce qu'on nous a offert, pour meſurer l'Electricité, ne vaut pas mieux que les deux bouts de fil qu'on laiſſe pendre à côté l'un de l'autre au corps qu'on électriſe, & qui deviennent divergents entr'eux en devenant électriques avec le corps auquel ils tiennent ; l'angle plus ou moins ouvert, qu'ils forment en s'écartant l'un de l'autre, nous dit à peu-près ce que nous devons penſer de leurs degrés d'Electricité comparés entr'eux, mais il nous laiſſe ignorer quelle eſt leur Electricité abſolue.

Il y a plus ; c'eſt que ſi le conducteur eſt un aſſemblage de différents corps plus électriſables les uns

que les autres , ces deux fils pen-
dants, nous feront bien remarquer
qu'il y a dans l'un plus d'Electricité
que dans un autre ; mais par cela
même que les différentes parties du
conducteur font fufceptibles de différents degrés de vertu , l'état de
l'une ou de l'autre fût-il bien connu,
nous laiffera toujours très-incertain
du degré d'Electricité qui appartient
au globe d'où procede cette vertu.

LA cinquieme expérience nous
apprend combien le choix des fupports eft important, quand il s'agit
d'apprécier l'action des corps électrifés fur les autres corps qu'on leur
préfente ; elle paroît d'autant plus
forte que ces fupports font plus propres à s'électrifer par communication. Cependant M. Dufay préféroit
les appuis de verre ou de cire d'Efpagne, pour pofer les corps légers
qu'il vouloit attirer ; mais il prenoit
la précaution de les chauffer auparavant ; & j'ai obfervé que ces matieres, quand elles ont été préfentées
au feu , quoiqu'elles ne foient pas
de la nature des conducteurs , ne
laiffent pas d'avoir avec eux quel-

que chofe de commun, que j'expliquerai par la fuite.

XX.
LEÇON.
Certains
corps plus
attirés & re-
pouffés que
d'autres,

LES corps électrifés attirent généralement toutes fortes de corps affez
légers ou affez libres pour obéir à la
matiere invifible qu'il met en jeu;
mais il enleve plus facilement les
uns que les autres ; il eft certain qu'à
volumes & poids égaux, une feuille
de cuivre battu eft attirée, & repouffée plus vivement & de plus loin
qu'un morceau de papier ; un ruban
mouillé, mieux que le même ruban fec,
quoique celui-ci foit plus léger, &c.
Cela ne tient point à la couleur comme on l'avoit foupçonné, on s'en
eft affuré par des expériences décifives ; il y a tout lieu de croire qu'il
faut s'en prendre à la denfité, qui
étant plus grande dans le métal &
dans le ruban mouillé, &c, met ces
corps plus en prife à la caufe im-
pulfive qui les porte vers le corps
électrifé, ou qui les en éloigne. La
grandeur, la figure, le fens dans lequel le corps attirable fe préfente,
font encore des chofes qui doivent
entrer en confidération ; mais ce que
j'ai à dire fur cela, s'entendra mieux

quand j'aurai fait connoître la caufe premiere des attractions & des répulfions.

Tous les fignes d'Electricité, dont j'ai fait mention dans cet article, fubfiftent autant de temps que l'on fait durer l'électrifation du conducteur ifolé; mais dès que l'on cesse de frotter le verre de qui il tient fa vertu, les émanations fenfibles, les aigrettes lumineufes, l'odeur de phofphore s'évanouiffent prefque toujours, & il ne refte que les attractions, les répulfions & les étincelles; & ces derniers fignes ont coutume de durer plus long-temps quand le conducteur a beaucoup de maffe & de furface, que quand il eft menu, toutes chofes égales d'ailleurs : j'ai vu fouvent des barres de fer pefant 60 ou 80 livres, attirer & étinceler plus de fix heures après avoir été électrifées, parce qu'elles étoient demeurées ifolées, & que rien n'y avoit touché.

Les conducteurs qui gardent plus long-temps leur vertu électrique, la perdent auffi plus difficilement, quand on veut la leur ôter par des

XX.
Leçon.
Durée de la vertu électrique dans les Conducteurs.

attouchements ; ceux dont je viens de faire mention produifent ordinairement plufieurs étincelles avant que d'être entiérement défélectrifés ; il n'en faut le plus fouvent qu'une pour avoir cet effet fur les autres : on a vu des hommes électrifés dans des circonftances favorables, mettre pied à terre, faire plufieurs pas, remonter fur leur gâteau de réfine, & paroître encore fenfiblement électriques. Mais il faut convenir que cela eft extraordinaire.

Le verre, comme nous l'avons dit, s'électrife difficilement par communication ; mais quand on eft parvenu à l'électrifer de cette maniere, on en obtient des effets dont les autres conducteurs ne font pas capables, & que j'aurai foin de faire connoître : il garde auffi fon Electricité plus long-temps qu'aucune autre matiere que l'on connoiffe, foit qu'il l'ait acquife par frottement, foit par communication : fouvent il en donne encore des marques très-fenfibles au bout de 30 ou 36 heures.

Le verre électrifé de l'une ou de
l'autre

l'autre maniere perd bien plus difficilement fon Electricité que les conducteurs communs ; je ne parle pas
feulement de la durée , mais de la
ténacité, pour ainfi dire, avec laquelle
la vertu électrique paroît réfider en
lui : tirez une étincelle d'un homme
électrifé , ou touchez feulement fon
habit avec le bout de votre doigt ,
en voilà affez pour lui enlever le
pouvoir de donner aucun figne d'E-
lectricité ; & fi vous touchez pareillement un tube de verre nouvellement frotté,à peine déféleEtriferez-
vous l'endroit qui aura éprouvé cet
attouchement ; & fi vous repofez ces
inftruments fur des corps électrifables
& non ifolés, une heure ou deux après,
vous pourrez les trouver encore en
état d'attirer & de repouffer très-fenfiblement.

Le globe,ou le tube deverre , quand
on a ceffé de le frotter, continue de
lancer des émanations invifibles, d'attirer & de repouffer, d'étinceller vis-
à-vis les corps qu'on lui préfente,
s'ils font de nature à faire des conducteurs , de faire fentir l'odeur de
phofphore ; mais il eft rare qu'il

XX.
Leçon.
Durée de la
vertu élec-
trique dans
le verre.

donne des aigrettes lumineuses ; & les étincelles qu'il produit dans les cas ordinaires, sont plus foibles & élatent moins que celles qu'on excite autour d'un corps électrisé par communication.

XX.
Leçon.

Signes d'E-
lectricité
dans le
vuide.

QUAND l'Electricité se porte dans le vuide, elle se manifeste, comme dans le plein air, par des attractions & par des répulsions, à quelque différence près dont nous ferons mention dans la suite ; mais les feux qu'elle produit alors, différent beaucoup des aigrettes & des étincelles ordinaires : les premieres n'ont point leurs rayons aussi distincts ni aussi divergents ; leur feu est plus serré, & devient, dans certaines occasions, si diffus, qu'il remplit tout le récipient d'une lumiere à peu-près uniforme ; les dernieres, quand elles ont lieu, sont comme foudroyantes, & vont assez souvent jusqu'à casser le vaisseau dans lequel elles éclatent.

L'Electricité
communi-
quée ne dif-
fere point es-
sentielle-
ment de
celle qu'on
excite par le
frottement.

ON voit par ces dernieres observations que l'Electricité est essentiellement la même, soit qu'on l'excite par frottement, soit qu'elle soit communiquée, puisque dans l'un & dans

l'autre cas, elle s'annonce par des
fignes de la même nature, & qui ne
different que par des plus ou par des
moins.

On doit remarquer auffi que tous
ces effets que nous prenons pour des
fignes d'Electricité, font toujours
effentiellement les mêmes de la part
des corps frottés, comme de la part
des conducteurs proprement dits ;
cependant c'eft par le moyen de
ceux-ci qu'on doit agir, quand on
cherche à produire les plus grands
phénomenes : un tube ou un globe
de verre, fi bien frotté qu'il foit,
ne fera jamais lui-même ce qu'il fait
faire à une barre de fer ifolée ou à un
homme placé fur un gâteau de cire.

II. SECTION.

Dans laquelle on expose ce que l'expérience a fait connoître de plus certain, & de plus propre à nous éclairer sur la cause générale des Phénomenes électriques.

JE NE cherche pas seulement à rendre raison de tel ou tel fait en particulier : plusieurs des phénomenes électriques s'expliquent visiblement l'un par l'autre : l'Electricité, par exemple, se porte à 1200 pieds de distance par une corde de chanvre ; tandis qu'elle s'étend à peine à quelques pieds par une corde de soie : cette différence vient, comme on sait, de ce que les corps les moins électriques par eux-mêmes sont les plus propres à le devenir par communication ; & réciproquement. Une feuille de métal qui a touché un tube de verre nouvellement frotté, s'en éloigne ensuite constamment : on sait que cela se fait ainsi, parce que généralement tout corps électrifé par voie de communication, s'écarte, autant qu'il peut, de celui qui l'a mis en cet état, &c. Mais ces caufes prochaines font elles-mêmes les effets de quelque autre caufe plus reculée & plus générale ; l'électricité qui fe manifefte par tant de phénomenes différents, doit venir primitivement de quelque principe unique, d'un méchanifme peut-être fort fimple, que la nature dérobe à nos yeux, dont les effets fe multiplient & varient fans ceffe par des combinaifons de circonftances dont nous avons peine à démêler & à prévoir les fuites.

C'eft ce méchanifme fecret qui picque depuis long-temps notre curiofité, que je me propofe de dévoiler ici : plus j'ai defiré de le connoître, plus j'ai réfolu de ne le point deviner au hazard ; je me fuis défié de l'imagination toujours trop prompte à former des fyftêmes. Si j'ai laiffé agir la mienne, ce n'a été que fur la liaifon & les rapports que les faits pouvoient avoir entr'eux; fi j'ai effayé de deviner ce que je ne voyois pas, j'ai toujours eu foin que mes conjectures fuffent fondées fur ce que j'avois vu.

Je ne propoferai rien que je ne cite les faits qui m'ont inftruit, afin qu'on puiffe juger fi c'eft à tort ou avec raifon que je me fuis déterminé à croire ce que j'avance.

PREMIERE PROPOSITION.

Cette matiere fubtile qui fe meut autour & au dedans des corps électrifés, & que nous nommons Matiere Electrique, *n'a point un mouvement circulaire ou en forme de tourbillon, comme quelques Auteurs l'avoient penfé; mais il paroît qu'elle s'élance en ligne droite, & qu'elle conferve cette direction autant qu'elle peut.*

Il y a des cas où la matiere électrique fe montre à nos yeux fous la forme d'un fluide lumineux; & alors rien ne nous empêche de reconnoître comment elle affecte de fe mouvoir: mais dans bien d'autres occafions elle demeure invifible; & quoique, par fes rayons apparents, elle nous indique d'une maniere affez fûre la direction qu'elle fuit lorfque nous ne la voyons plus ; cependant pour ne laiffer fur cela aucune incertitude ni aucun doute , nous porterons nos recherches fur les émanations invifibles comme fur les autres, & nous prouverons que ni celles-ci ni celles-là ne circulent autour du corps qu'on électrife.

Il faut, avant toutes chofes, que l'on convienne avec moi de cette regle reçue de tous ceux qui fe mêlent de Phyfique expérimentale , favoir, qu'un corps qui eft choqué directement par un autre corps , au point d'en être déplacé, fe meut dans la direction de celui qui l'a choqué ; d'où il fuit néceffairement qu'on peut juger en toute sûreté du mouvement d'un corps qu'on ne voit pas, par la route qu'il fait prendre à celui qui eft apparent : &, en effet , comment jugeons-nous de la direction du vent , fi ce n'eft par le mouvement des girouettes qu'il dirige , par celui des corps légers qu'il entraîne ? Les courants de matiere magnétique , leur exiftance fuppofée, ne font-ils point admis par tous les Phyficiens, comme des caufes dont on peut faire ufage pour expliquer la direction des aimants?

Quand la matiere électrique fera vifible, nous jugerons donc de fes mouvements par l'infpection de fes rayons; mais quand elle échappera à notre vue, nous aurons recours à nos autres fens, ou nous aurons égard à la maniere dont fon action fe fera fentir fur les autres corps. Je viens aux preuves de notre premiere propofition.

I. Expérience.

Préparation.

Répandez fur une table de bois, ou encore mieux fur une feuille de fer blanc, bien unie & bien feche, des corps légers de toutes efpeces, les uns plus petits que les autres, & préfentez au-deffus un tube de verre bien électrifé, vous remarquerez ce qui fuit.

Effets.

1°, Les plus petits corps, fur-tout ceux qui font minces & tranchants comme

comme des fragments de feuille d'or ou de cuivre, s'élancent foit de la table au tube, foit du tube vers la table, prefque toujours en ligne droite.

2°, Ceux qui ont un peu plus de volume ou qui font d'une figure plus arrondie, comme les boulettes de cotton, les duvets de plume, &c, fouffrent le plus fouvent quelques détours; mais ces détours font irréguliers, tantôt à droite tantôt à gauche, & n'annoncent point du tout l'impulfion d'un fluide qui circule.

II. EXPÉRIENCE.

PRÉPARATION.

Tenez d'une main un tube fortement électrifé, &, avec l'autre main, préfentez-lui un fil de foie ou de lin que vous tiendrez feulement par un bout.

EFFETS.

De quelque façon que vous teniez ce fil, vous obferverez qu'il fe dirigera toujours dans une ligne droite qui tend au tube. F (*fig. 7*).

*Ff

Cette expérience se fait encore mieux, quand on présente le fil, ou un ruban, à une barre de fer que l'on électrise par le moyen d'un globe de verre.

III. EXPÉRIENCE.

PRÉPARATION.

Sous une barre de fer suspendue horizontalement & que l'on continue d'électriser, présentez une feuille d'or ou de cuivre qui ait environ un pouce & demi en quarré, présentez-la par son tranchant, en la tenant sur une assiette de métal, ou sur une feuille de fer blanc, ou bien sur un carton mince sous lequel vous tiendrez le doigt ou la main, G (*Fig.* 8).

EFFETS.

Vous verrez cette feuille de métal aller & venir entre son support & la barre de fer; & avec un peu d'attention & d'habitude, vous parviendrez à la faire demeurer suspendue à quelques pouces au-dessous de la barre de fer; alors elle n'aura d'autre mouvement que celui de se promener,

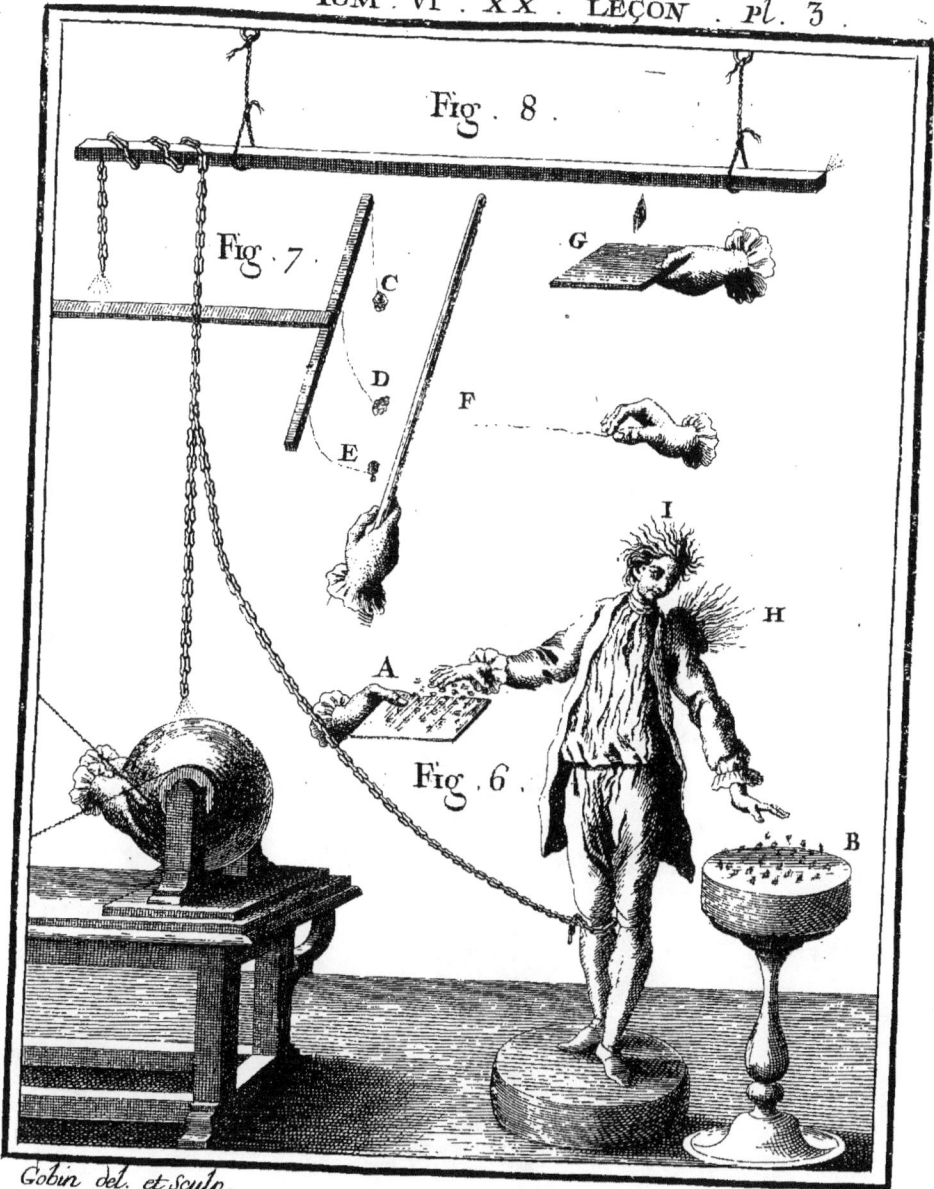

Fig . 8 .

Fig . 7 .

Fig . 6 .

Gobin del. et sculp.

comme en fautant le long de la barre
électrifée.

OBSERVATIONS.

A juger des mouvements de la
matiere électrique par ceux qu'elle
imprime , & par fes effets les plus
conftants & les plus réglés , il paroît
donc qu'elle ne circule point , &
que l'atmofphere qu'elle forme autour du corps électrifé , n'eft point
un tourbillon proprement dit.

Quand je dis que la matiere électrique fe meut en ligne droite, cela
doit s'entendre de fes mouvements
libres , fans obftacles , & hors des
circonftances qui peuvent les déterminer d'un côté plus que de l'autre :
c'eft pourquoi , dans les expériences
rapportées ci-deffus , & dans beaucoup d'autres que l'on pourroit citer
pour prouver la même propofition,
il faut confidérer que fouvent la pe-
fanteur des corps attirés ou repouffés,
combinée avec l'impulfion de la
matiere électrique , peut produire
des mouvements en ligne courbe ;
mais ce qu'il y a de bien conftant,
c'eft que toutes ces déviations ne

F f ij

montrent point une circulation, &
qu'elles font auffi variables que les
caufes fortuites à qui elles font dûes.

Il en eft de même des mouvements
de la matiere électrique, lorfqu'elle
eft apparente par fa lumiere : les
rayons des aigrettes, les traits de
feu qu'ils forment en fe réuniffant
pour étinceller, font naturellement
droits; mais le doigt ou un morceau
de métal qu'on leur préfente, les
détermine à fe courber; & avec tout
cela cependant on ne voit jamais
ces émanations lumineufes tourner
en forme de tourbillon, autour des
corps qui les lancent ou qui les reçoivent. *Voyez* le 4ᵉ. & le 5ᵉ. réfultat
de la 2ᵉ. exp. du 1ʳ. article.

SECONDE PROPOSITION.

La matiere électrique s'élance du corps
électrifé, & fe porte progreffivement
aux environs jufqu'à une certaine
diftance.

Il faut fe rappeller ici les réfultats
des deux premieres expériences rapportées dans le premier article de la
premiere fection: ce fouffle léger,

ces efpeces de filaments invifibles
que l'on fent contre la peau, quand
on préfente le vifage ou le revers
de la main à un tube ou à un globe
de verre nouvellement frotté; ces
aigrettes lumineufes qu'on voit fortir
par les angles d'une barre de fer électrifée; ces traits de feu qui éclatent
& qui picquent le doigt de celui qui
les excite ; tous ces fignes d'Electricité prouvent d'une maniere in-
conteftable que le fluide fubtil qui
rend les corps électriques , paffe
réellement du dedans au dehors de
ces mêmes corps, & fe répand autour d'eux jufqu'à une certaine diftance : on aura preuve complette &
furabondante de cette vérité, fi l'on
fait bien attention à ce qui réfulte
des expériences fuivantes.

IV. EXPÉRIENCE.

PRÉPARATION.

ÉLECTRISEZ fortement une barre
de fer ifolée, (fig. 9), dont vous aurez
mouillé la furface avec de l'eau ou
avec de l'efprit-de-vin, & préfentez-
y le revers de la main A, comme pour

F f iij

Preuves de
la matiere
effluente.

sentir les émanations invisibles dont nous avons fait mention plusieurs fois.

Effets.

Au lieu de ce souffle léger qui ressemble aux attouchements du cotton bien cardé, ou d'un duvet de plume extrêmement rare, vous sentirez un vent frais qui fait sur la peau l'impression d'une pluie très-fine & poussée avec force.

Cet effet ne prouve-t-il pas assez clairement que la liqueur dont on a mouillé la barre de fer, est emportée par la matiere électrique qui en sort, & qui étant armée, pour ainsi dire, de ces corpuscules étrangers, frappe avec plus de force que de coutume la main qu'on lui présente, & y fait sentir cette fraîcheur qui est propre aux fluides qui mouillent?

V. Expérience.

Sur une barre de fer semblable à la précédente, mais bien essuyée & bien seche, répandez du son de farine ou du tabac grossiérement rappé, & que quelqu'un non isolé y

porte la main tandis qu'on commence
à faire agir le globe, afin qu'elle ne
s'électrife que dans l'inftant où l'on
voudra obferver les effets.

EFFETS.

Dès que la barre de fer deviendra
électrique, on verra le fon ou le
tabac qu'on aura mis deffus, s'élever
en l'air comme s'il étoit foufflé par
deffous, B (*fig. 9*).

Il eft effectivement foufflé & enlevé par les émanations invifibles,
mais très-fenfibles, que l'on fent
avec la main ou avec le vifage autour de tous les conducteurs qu'on
électrife : feroit-il raifonnable de
méconnoître cette caufe qui fe préfente fi naturellement ?

VI. EXPÉRIENCE.

PRÉPARATION.

Qu'on électrife fortement un
homme ifolé fur un gâteau de réfine
ou autrement ; fi cet homme porte
fes cheveux ou une perruque fans
pommade, il fuffira qu'il refte découvert, finon l'on pourra fuppléer

à ſes cheveux par une poignée de filaſſe qu'on lui placera ſur la tête, ou qu'on lui attachera en quelque endroit. *Voyez I* ou *H* (*fig.* 6),

EFFETS.

A meſure que cet homme s'électriſera, vous verrez ſes cheveux ſe dreſſer en l'air en ſe tenant écartés les uns des autres ; & vous rendrez cet effet encore plus ſenſible, ſi vous tenez votre main étendue, ou une plaque de métal à une diſtance de 7 à 8 pouces au-deſſus de lui.

Des cheveux qui ſe dreſſent ainſi, tandis qu'on les électriſe, annoncent, on ne peut pas mieux, l'écoulement de la matiere qui les enfile, & qui les tient dans cette direction ; & ſi vous en doutez encore, faites cette expérience dans un lieu privé de lumiere, & vous appercevrez ſouvent aux extrémités de ces cheveux hériſſés, des petites houpes lumineuſes qui ne peuvent être que l'effet de la matiere électrique qui s'enflamme en débouchant de ces petits canaux dans l'air extérieur.

OBSERVATIONS.

Je ne m'arrêterois pas davantage à

prouver ma seconde proposition, si
je voulois la restreindre au verre électrisé & aux conducteurs qui reçoivent
de lui leur vertu; premiérement, parce que tout le monde convient avec
moi que de ces corps, quand on les
électrise, il sort réellement une matiere qui se répand au dehors; secondement, parce que je crois que
cela est suffisamment prouvé par les
expériences que je viens de citer, pour
toute personne qui ne cherche point à
contester, mais seulement à s'instruire.

Mais je ne dois pas dissimuler que
j'ai contre moi quelques Auteurs qui
ne veulent point convenir, en général, que tout corps électrisé lance
hors de lui la matiere électrique; ils
exceptent le soufre, la cire d'Espagne, la soie, & en général toutes
les matieres que nous nommons *résineuses*, en parlant d'Electricité; pré-
tendant que ces corps, quand ils
sont électrisés, bien loin d'avoir des
émanations comme le verre & les
conducteurs, ne font qu'en tirer des
leurs ou des autres corps qui les environnent. Je suis donc obligé de
pousser plus loin mes preuves, & de

montrer , contre la prétention de ces Messieurs , que les conducteurs électrisés par le soufre , par la cire d'Espagne , &c , ne diffèrent point essentiellement de ceux sur lesquels on fait agir le verre frotté , & que les uns comme les autres ont des écoulements réels de matiere électrique , qui se portent du dedans au dehors.

VII. Expérience.

Préparation.

En la place d'un globe de verre , mettez-en un de soufre , & électrisez, par un temps convenable , une verge plate de fer de deux ou trois lignes d'épaisseur & de quatre à cinq pieds de longueur , & répétez avec ce conducteur la 4e. & la 5e. expérience.

Effets.

Si l'Electricité est passablement forte , vous reconnoîtrez , en présentant la main , que la liqueur est enlevée de dessus la surface du fer , par l'électrisation du globe de soufre comme par celle du verre ; vous

verrez de même que le fon de farine
ou les autres poudres feront enlevées
comme dans la 6ᵉ expérience, quoique peut-être avec moins de force.
Voyez C, D (*fig.* 10).

VIII. EXPÉRIENCE.

PRÉPARATION.

Electrifez avec le même globe de
foufre une autre verge de fer, ou la
même qui foit terminée en pointe
menue, & regardez attentivement
ou à la vue fimple, ou avec un verre
lenticulaire de 2 pouces de foyer,
ce qui fe paffe au bout de ce conducteur, E (*fig.* 10).

EFFETS.

Vous y appercevrez un petit feu
court, dont vous aurez peine à diftinguer le mouvement à la vue
fimple ; mais, avec le verre qui
groffit, vous verrez immanquablement que c'eft une petite aigrette
de matiere enflammée dont les rayons
divergent & s'épanouiffent, comme
celles qu'on voit aux extrémités an-
guleufes ou à la pointe F (*fig. 9*),

d'un conducteur électrisé par le verre, & auxquelles elle ressemble parfaitement, à cela près qu'elle est plus petite.

S'il vous reste des doutes sur la vraie direction des rayons de cette aigrette, si vous soupçonnez que ce puisse être une matiere qui entre dans la pointe plutôt qu'une matiere qui en sort, vous ferez cesser vos incertitudes en faisant les épreuves suivantes.

IX. Expérience.

Préparation.

Présentez à la pointe où paroît la petite aigrette, que d'autres appellent le point lumineux, une chandelle G (*fig.* 11) nouvellement éteinte, de maniere que le jet de fumée qui reste, passe à quelques lignes de distance vis-à-vis de cette même pointe.

Effets.

En répétant plusieurs fois cette épreuve, vous remarquerez qu'une grande partie de la fumée est chassée en avant, comme s'il sortoit un

souffle de la pointe vis-à-vis de laquelle on la fait passer.

Et véritablement il en sort un
petit vent que l'on sent sur la peau
de la main quand l'Electricité est un
peu forte , & à-peu-près comme on
l'éprouve avec un pareil conducteur
qui tient son Electricité du verre.

X. EXPÉRIENCE.

PREPARATION,

Il faut ajuster à l'extrémité du conducteur des expériences précédentes ,
une pointe de métal H (fig. 11),
qui soit creuse, & au bout de laquelle
il y ait un très-petit trou, de maniere
qu'une liqueur, par son poids , n'en
puisse sortir que goutte à goutte ;
on pourra la faire de fer blanc, & la
charger d'esprit-de-vin.

EFFETS.

Lorsque le globe de soufre électrisera le conducteur & le tuyau
pointu qui le termine, la liqueur,
qui tomboit goutte à goutte auparavant, s'écoulera avec une accélération très-sensible , & par plusieurs
petits jets continus & divergents qui
représenteront une sorte d'aigrette.

Et si avec une chandelle allumée, on met le feu à l'esprit-de-vin , on verra la flamme qui en naîtra, se porter en avant comme celle d'une bougie que l'on souffle avec un chalumeau I (*fig.* 11).

RÉFLEXIONS.

Identité des feux électriques produits par le soufre , & de ceux qui sont produits par le verre.

LES dernieres expériences que je viens de rapporter , & qui ont été vérifiées de la maniere la plus authentique, prouvent, ce me semble, incontestablement, que, d'un conducteur électrisé par le soufre, il émane une matiere fluide, capable d'impulsion & de s'enflammer ; car elle se montre sous la forme d'aigrette lumineuse , & elle pousse en avant les liqueurs, la fumée, la flamme, les poussieres, &c. Je dis que ce fluide est la matiere électrique ; & si l'on me le conteste , je demande qu'on m'apprenne donc ce que c'est que cette matiere qui ne paroît que par l'électrisation, qui produit les phénomenes de l'électricité , & qui ne differe point de celle que je vois aux conducteurs électrisés par le verre, d'où l'on convient qu'elle sort.

Fig. 9.

A
B
F
K
E
Fig. 10.
D

Globe de
Verre

Fig. 11.
C
G
L
H
I

Globe
de Soufre

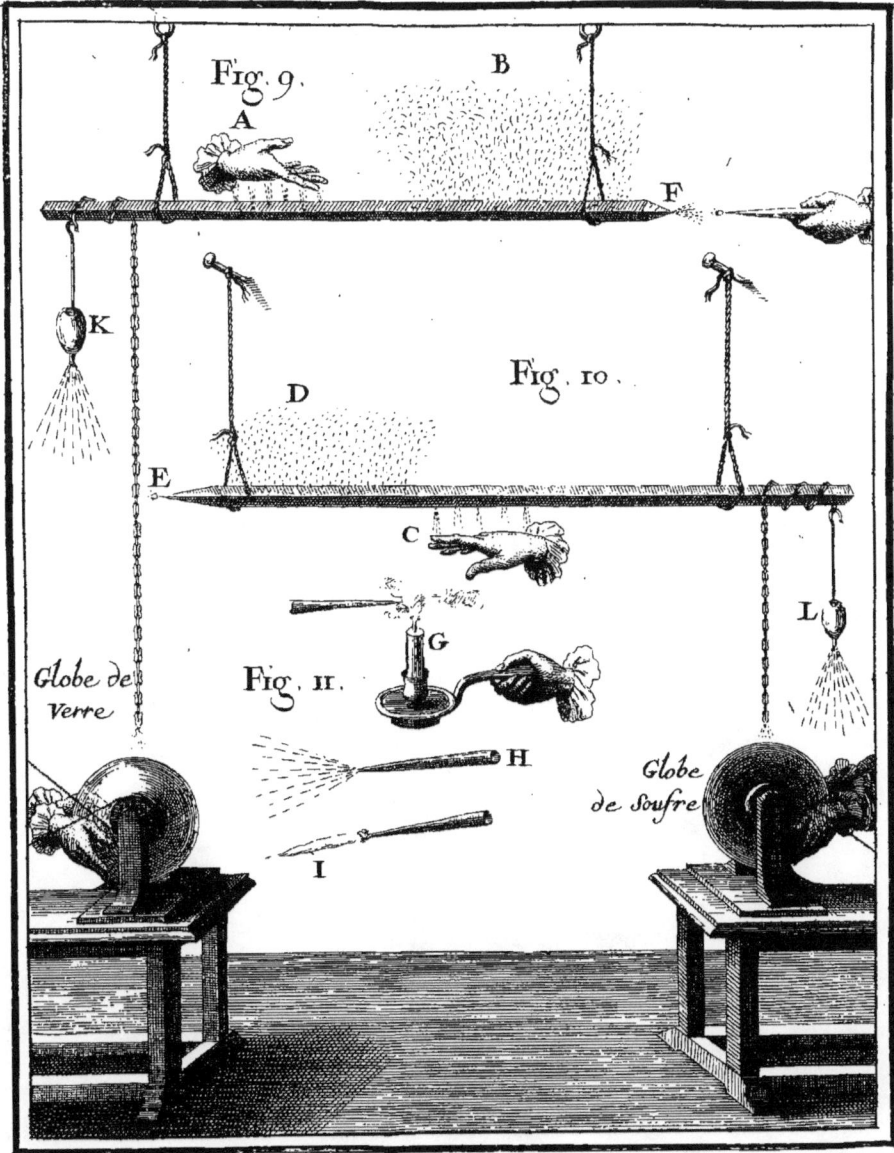

Gobin del. et Sculp.

pi
ci
pi
te

ci
a
Ld
di
di
di
ci
qi
fe

di

m
di
pi
fo
u
pa

ke
fi
le
qi
qi

Les aigrettes, dit-on, que fait paroître le foufre au bout de fes conducteurs, font toujours bien plus petites que celles des mêmes conducteurs électrifés par le verre.

Cela eft vrai; mais qu'eft-ce que cela fait à la nature de ces feux & à la direction de leurs mouvements? La flamme d'une très-petite bougie différe-t-elle par effence de celle d'un gros flambeau? La différence de leurs volumes met-elle quelqu'un en droit de le prétendre, non plus que d'affurer que l'une fe meut en fens contraire de l'autre?

On m'allegue qu'il y a des raifons de convenance & d'analogie, qui menent à croire que les petits points de lumiere qu'on apperçoit à la pointe du conducteur électrifé par le foufre, font produits uniquement par une matiere qui entre, & non point par une matiere qui fort.

Je ne connois point ces raifons fur lefquelles on prétend fe fonder, ou fi je les connois, je crois devoir les apprécier bien au-deffous de ce qu'on veut les faire valoir; mais quelles qu'elles puiffent être, ces raifons de convenance & d'analogie peuvent-elles prévaloir contre des faits bien conftatés & décififs ? Quand je vois fortir la matiere électrique d'un corps, quand je m'en fuis affuré par des preuves fans réplique, quand vingt témoins capables d'en juger, & qui n'ont point à defirer que cela foit ou ne foit point, m'affurent que je ne me fuis point trompé, & qu'ils voient ce que j'ai vu, dois-je préférer à cette évidence l'opinion de deux ou trois hommes qui s'obftinent à dire que je fuis dans l'erreur, parce que, difent-ils, ce que je foutiens ne peut quadrer avec l'idée qu'ils fe font faite de la vertu électrique ?

Je perfifte donc à croire & à dire, d'après les expériences rapportées ci-deffus, que, de tous les corps, fans exception, qui font électrifés foit par le verre, foit par des matieres réfineufes, il fort des jets de matiere électrique, tantôt vifibles, tantôt invifibles, qui fe portent en avant, foit dans l'air qui les environne, foit dans les autres corps qui les avoifinent.

Et comme ces émanations fe font
voir

voir ou sentir de toutes parts autour
des conducteurs, j'ajoute qu'elles
débouchent en même temps par une
infinité d'endroits, & qu'elles forment
autour d'eux une atmosphere de
rayons droits & animés d'un mouvement progressif ; mais quoique ces
jets de matiere effluente soient certainement en très-grand nombre,
cependant je crois être en état de
prouver la proposition suivante.

TROISIEME PROPOSITION.

*La matiere qui sort des corps électrisés,
n'occupe qu'une partie des pores de
leur surface, ceux apparemment qui
sont les plus ouverts & les plus propres
à favoriser ses éruptions.*

XI. EXPÉRIENCE.

PRÉPARATION.

Si l'on répete la 5e. expérience,
non pas avec du son de farine ni
avec du tabac rappé, mais avec de
la poudre à poudrer les cheveux,
que l'on aura tamisée ou fait tomber
avec une houpe sur le conducteur,
on remarquera les effets suivants.

Tome VI. G g

Effets.

1°, Dès que la barre de fer devient électrique, la plus grande partie de la poudre s'éleve en l'air & se dissipe.

2°, Mais il en reste sur la surface du fer électrisé une infinité de petites parties qui ne s'en vont point, quoique l'on continue de frotter le globe.

3°, Cependant cette portion de poudre est de nature à être enlevée comme la premiere ; car si on la ramasse sur quelque endroit du conducteur, la plus grande quantité partira, & il en restera encore, dans ce même endroit, une portion qui ne sera pas enlevée. Comme les parcelles de poudre qui sont enlevées de dessus le conducteur, nous indiquent les endroits par où s'élance la matiere électrique qui les chasse, celles qui restent, nous donnent à penser qu'elles reposent sur des places d'où il ne sort rien ; car toutes les parties de la poudre étant également mobiles, on doit croire que celles qui restent en repos, ne sont point en prise à la cause impulsive qui fait partir les autres. Or quoique les endroits découverts par les parties enlevées, soient en très-grand nombre, & fort près les uns des autres ; quand on considere la prodigieuse quantité de pores qui doivent être ouverts à la surface du fer, on conçoit aisément que la portion de poudre expulsée par les effluences de la matiere électrique, n'en pouvoit couvrir qu'une portion assez médiocre ; & il n'est pas vraisemblable que ce qui reste de cette poudre sur le conducteur, tandis que l'on continue de l'électriser, ne repose précisément que sur des parties solides du fer, d'où l'on peut conclure légitimement, comme je l'ai énoncé dans la proposition, que la matiere électrique, en sortant des corps électrisés, n'occupe qu'une partie de leurs pores, qui n'est pas même la plus grande.

QUATRIEME PROPOSITION.

La matiere électrique sort du corps électrisé en forme de bouquets ou d'aigrettes, dont les rayons divergent beaucoup entr'eux.

On a pu remarquer dans les

expériences de la section précédente, que toutes les fois que la matiere électrique s'enflamme d'elle-même en sortant par les extrémités ou par les angles d'un conducteur électrisé, & qu'elle devient par-là sensible à la vue, elle se présente toujours sous la forme de bouquets épanouis, ou d'aigrettes composées de rayons distincts, & qui vont en s'écartant de plus en plus les uns des autres. Mais on pourroit peut-être imaginer que les effluences de matiere électrique ne prennent cette forme qu'aux extrémités ou aux angles des conducteurs où elles s'enflamment communément; & que, partout ailleurs, chaque émission n'est que d'un seul jet : il faut donc faire voir que la matiere électrique, de quelque endroit du conducteur qu'elle émane, soit qu'elle devienne lumineuse & apparente, soit qu'elle demeure invisible, se divise presque toujours en plusieurs rayons qui vont en s'écartant les uns des autres, comme ceux d'une aigrette.

XII. EXPÉRIENCE.

PRÉPARATION.

Il faut électrifer dans l'obfcurité une barre de fer, fur toute la longueur de laquelle on aura parfemé des petites gouttes d'eau.

EFFETS.

En promenant la main d'un bout à l'autre du conducteur & à quelques pouces de diftance de fa furface, on verra fortir de toutes les gouttes d'eau autant d'aigrettes bien enflammées & bien épanouies, qui feront fur la peau l'impreffion d'un vent frais & humide. *Voyez* les *fig.* 9 & 10.

XIII. EXPÉRIENCE.

PRÉPARATION.

Après avoir bien effuyé & féché la barre de fer de l'expérience précédente, que l'on arrange fur toute fa longueur plufieurs petits tas de fon de farine, ou de cette rapure de bois qu'on met fur l'écriture.

EFFETS.

Dès que cette barre deviendra électrique, tout ce qui aura été mis deſſus, ſera enlevé comme dans la 5e. expérience ; mais ce qu'il faut bien remarquer dans celle - ci, c'eſt que les pouſſieres forment toujours , en s'élevant , une eſpece de gerbe qui indique viſiblement que la matiere inviſible qui les chaſſe , s'épanouit de la même maniere. *Voyez* les *fig. 9* & 10 aux lettres *B, C.*

XIV. EXPÉRIENCE.

PRÉPARATION.

Au lieu des tas de pouſſieres, que l'on mette , toujours ſur la même barre, autant de petits vaſes qu'on voudra remplis d'eau , & percés par en bas, de maniere que l'écoulement ne ſe faſſe naturellement que goutte à goutte. Ces vaſes pourront être , ſi l'on veut, des coques d'œufs, ſuſpendues comme *K* (*fig.* 9.) & *L,* (*fig.* 10), au conducteur avec des fils de fer , & auxquelles on aura adapté par en bas un bout de tube capillaire avec un peu de cire d'Eſpagne.

EFFETS.

Auffi-tôt que le conducteur & fes petits vafes deviendront électriques, on verra tous ces écoulements, qui n'alloient que goutte à goutte, s'accélérer, & chacun d'eux fe divifer en plufieurs petits jets divergents, & formant entr'eux une aigrette d'eau.

Perfonne ne doutera que ces écoulements ne foient accélérés par l'impulfion de la matiere électrique qui fort avec l'eau par le tube capillaire, & qui augmente, par fon mouvement précipité, l'effet du poids qui entraîne la liqueur; mais, pour s'affurer que la divifion & l'épanouiffement des petits jets font encore l'ouvrage de la matiere électrique qui les enfile, on obfervera que chacun d'eux eft électrifé; car il fe plie vers les corps non ifolés, & étincelle contre eux; & l'on verra de plus, quand l'eau fera toute écoulée, la matiere électrique en forme d'aigrette au bout du tube où commençoit l'écoulement.

Ces écoulements d'eau électrifés, quand ils fe font un peu en grand &

dans l'obscurité, ont un effet admirable. Il faut suspendre au bout d'un conducteur, un de ces vases de fer blanc terminés en pointe, dont on se sert pour arroser les planchers avant que de les balayer : si l'eau, en s'écoulant par son propre poids, ne forme qu'un jet de la grosseur d'une petite plume à écrire ; lorsqu'elle sera électrisée, elle se divisera en une infinité de jets divergents, tous électriques & capables d'étinceler ; & à l'endroit de leurs divisions, on verra briller huit ou dix aigrettes de matiere enflammée, arrangées autour de la colonne d'eau, & formant une espece de goupillon de lumiere. *Voyez* mes *Recherches* sur la cause particuliere des phénomenes électriques, 5e *Discours*, p. 343, Pl. 1 (*fig.* 1.)

***
**
*

CINQUIEME

CINQUIEME PROPOSITION.

Tous les corps qu'on électrise soit par frottement, soit par communication, reçoivent, ou de l'air environnant, ou des autres corps voisins, une matière tout-à-fait semblable à celle qu'ils lancent autour d'eux.

De tous ceux qui ont écrit sur l'électricité, il n'y a personne qui ne convienne avec moi que le soufre, la cire d'Espagne & les matieres résineuses, quand on les frotte, ne reçoivent la matiere électrique ou des corps voisins, ou de l'air ambiant ; mais quelques Auteurs soutiennent qu'il n'en est pas de même du verre, qui, selon eux, n'en reçoit uniquement que du corps qui le frotte, & nullement de l'air ni des autres substances, qui l'approchent, isolées ou non ; c'est donc par des expériences faites avec du verre, que je dois préférablement prouver ma proposition, puisque c'est le seul point sur lequel il reste encore quelque contestation.

XV. Expérience.

Préparation.

TANDIS qu'une perſonne non iſolée électriſe un globe de verre avec ſes mains, ſi l'on préſente vers l'équateur de ce globe à cinq ou ſix lignes de diſtance de ſa ſurface, tel corps que l'on voudra comme *A*, ou *B* (*fig.* 12) pourvu qu'il ne ſoit pas de ceux qui ne s'électriſent que par frottement, on voit infailliblement les effets ſuivants.

Effets.

1°, On voit entre le corps que l'on préſente & la ſurface du verre, des petites gerbes ou des franges d'une matiere enflammée.

2°, Les rayons qui compoſent ces feux, ſont animés d'un mouvement progreſſif & ſi rapide, qu'il eſt ſouvent accompagné d'un petit bruiſſement.

3°, Ces feux ſont plus ſerrés, plus animés, plus forts du côté du corps qu'on préſente au verre, & vont toujours en ſe raréfiant & s'affoibliſſant, à meſure qu'ils approchent de celui-ci.

REFLEXIONS.

Ces effets bien confidérés & revus mille & mille fois depuis trente ans que j'électrife , me font dire avec confiance , que ces franges ou aigrettes lumineufes font des courants de matiere électrique qui coulent de ces corps que l'on préfente, vers le globe que l'on frotte : cela me paroît d'une telle évidence , que je m'en rapporterois volontiers aux yeux de tous ceux qui en voudront juger par eux-mêmes en fe faifant repréfenter l'expérience que je viens de citer : mais le fait dont il s'agit ici eft contraire à un fyftême d'Electricité , que quelques perfonnes s'efforcent encore de foutenir ; on me le nie fans façon , en affurant que les franges lumineufes de notre expérience ont une direction toute oppofée à celle que je leur attribue , & qu'elles font uniquement compofées de la matiere électrique qui fort du globe , pour fe jetter dans les corps que l'on met à fa portée.

Que puis-je faire de mieux en faveur du Lecteur qui ne fera point à portée d'examiner les effets par lui-même, que d'opposer à la prétention de deux personnes qui ne sont point de mon avis, le témoignage unanime de tous les Auteurs qui se sont le plus distingués dans cette partie de la Physique ? C'est une maxime reçue parmi nous, que les raisons valent mieux que des autorités ; mais les autorités font des raisons quand il s'agit de faits à vérifier.

M. Wilson dans un Ouvrage imprimé en Anglois en 1746, après avoir expliqué quelques phénomenes électriques, continue ainsi, suivant une Traduction que je tiens d'une main non suspecte : « On expliquera de la même maniere, une autre expérience faite dans une chambre obscure, savoir, *la lumiere divergente qui sort d'un corps non électrique, tendant au globe de verre qu'on électrise* ».

M. Waitz, dans sa Dissertation, qui a remporté le prix de Berlin en 1745 : « Si l'on fait tourner rapidement, dit-il, un globe de verre ou de porcelaine, & qu'on le frotte avec

» un couffin, il s'électrifera; & alors,
» *si l'on approche de fa furface, le doigt,*
» *ou un morceau de métal, on verra*
» *fortir de ces corps plufieurs ruiffeaux*
» *de feu qui feront entendre une forte de*
» *fifflement.* Trad. de l'Allemand.

Dans un Ouvrage de M. Winkler,
imprimé à Leypfik en 1746, & intitulé : *De la vertu électrique de l'eau*
électrifée dans des vafes de verre, on lit
ce qui fuit : « Quand on approche le
» bout du doigt ou un morceau de
» métal d'un vaiffeau de verre, plein
» d'eau qu'on électrife, on voit
» même pendant le jour, *une lumiere*
» *qui s'écoule de ces corps* ».

M. Watfon, dans le Mémoire qui
a pour titre : *Suite des expériences &*
obfervations, pour fervir à l'explication
de la nature & des propriétés de l'Elec-
tricité, s'exprime ainfi : « Le courant
» de matiere électrique, *qui va des*
» *corps non électrifés à ceux qui le font,*
» devient fenfible au tact; on le fent
» comme le fouffle d'un vent frais ».

M. Boze, dans fon 3ᵉ Mémoire
intitulé : *De Electricitate inflammante &*
beatificante, imprimé en 1744, parle
en ces termes : « *Globus è contra*

» *cuſpidibus manus tangitur ; ibi in loco*
» *obſcuro attentè adhibeas oculos ; vi-*
» *debis , non totam digitorum lucere*
» *extremitatem quæ immediatè à globo*
» *raditur, ſed eſſe fluxum punctulorum,*
» *filorum quaſi ſubtilium decem , viginti*
» *in cute orientium».*

Voici de quelle maniere s'exprimoit le feu P. Gordon dans ſes Eléments de Phyſique expérimentale, p. 252 : *Si digitus aut aliud corpus propius accedat corpori giranti , è corpore illo admoto lux versùs corpus electricum quaſi erumpere & cum ſtridore & ſibilo in illud ferri obſervatur.*

Dans une Diſſertation du P. Beraud, couronnée par l'Académie de Bordeaux en 1748, on lit ces paroles : « Si on électriſe fortement » un globe de verre , & qu'on ap- » proche de ce globe , à la diſtance » de trois ou quatre lignes, un mor- » ceau de métal , le bout du doigt » &c , *on voit auſſi-tôt jaillir de ces* » *corps, des traits de flamme* , par la » raiſon que j'ai dite dans l'article » précédent ».

Le feu P. Garo , Minime & Profeſſeur de Phyſique expérimentale à

Turin, dans une Lettre imprimée en
1753, repréſentoit ceci au P. Bec-
caria des Ecoles pies, & ſon Suc-
ceſſeur : » Eſſendo al bujo accoſterete
» un dito al vetro ſtropicciato, chia-
» ramente vedrete la lucente elet-
» trica materia portarſi continua-
» mente dall' voſtro dito al vetro ».

Il parut à Veniſe, en 1746, un
Ouvrage anonyme, mais de bonne
main, intitulé : *dell Ellettriciſmo*. On
y lit, p. 310 : » Se dunque ad una
» palla di vetro che ſi fa girare dalla
» machina, quando s'avvicina un
» dito, eſce prima adeſſa una colonna
» di luce che s'alza colla punta d'alla
» ſuperficie della palla, per toccar
» la colonna lucente che gli vien in
» contro, &c ».

A toutes ces citations qui n'ont
pas beſoin de commentaires, puiſ-
qu'elles contiennent formellement l'é-
noncé de ma propoſition par rapport
au verre électriſé, je pourrois joindre
les témoignages de MM. Hauxbée,
Jallabert, du Tour, le Cat, de Romas,
&c; mais je m'en abſtiens pour abré-
ger, & je finis par un certificat qui
fera connoître que j'ai pris toutes les

précautions que j'ai pu imaginer, pour ne me point tromper sur le fait que je soutiens ici.

Extrait des Regiftres de l'Académie Royale des Sciences.

Du 23 Août 1752.

» M. l'Abbé Nollet ayant demandé » des Commiffaires pour être témoins » de plufieurs expériences qu'il avoit » faites concernant l'Electricité, l'A- « cadémie nomma MM. Bouguer, de » Montigny, de Courtivron, Dalem- » bert & le Roy , qui ayant été pré- » fents aux expériences contenues au » Journal qu'il en a lu , attefterent » unanimement que les réfultats leur » avoient paru tels que M. l'Abbé » Nollet les a énoncés; en foi de » quoi j'ai figné le préfent certificat, » après avoir paraphé le Journal dont » il s'agit. A Paris , le 2 Septembre » 1752 ».

Signé GRANDJEAN DE FOUCHY, *Secretaire perpétuel de l'Académie Royale des Sciences.*

Or le Journal dont il s'agit dans ce Certificat, eft celui qui eft imprimé

à la fin du premier vol. de mes Lettres
fur l'Electricité ; voici ce que contient l'article 21. « Un homme s'élec-
» trifa fur un gâteau de réfine , en
» tenant dans fa main la bouteille
» de Leyde , tandis qu'on tiroit des
» étincelles de fon crochet : cet
» homme , en cet état , préfenta fes
» doigts à un demi-pouce près du
» globe de verre que l'on frottoit ,
» & l'on en vit couler des jets de feu
» continus, comme il arrive à ceux qui ne
» font point électrifés ».

En concluant de toutes ces preuves,
que le verre & en général tous les
corps électrifés par frottement , reçoivent la matiere électrique de tous
les autres corps qui font près d'eux,
il ne faut point oublier la reftriction
que j'ai mife à ma propofition , en
excluant toutes les fubftances qui
ne font pas propres à être *conducteurs* ; en effet , le verre , le foufre ,
la cire d'Efpagne , les réfines &c ,
quand on les préfente au globe ou
au tube électrifé , ne font voir que
peu ou point du tout de ces feux
dont nous avons fait mention dans
les réfultats de la derniere expérience,

& ils n'en produifent pas davantage quand on les met vis-à-vis des conducteurs ifolés que l'on électrife.

XVI. EXPÉRIENCE.

PRÉPARATION.

Il faut répéter ici la 4ᵉ expérience du 3ᵉ article de la fection précédente, dont l'appareil eft repréfenté par la *fig.* 5ᵉ, & obferver de nouveau tous les réfultats dont j'ai fait mention avec quelques circonftances que je vais y ajouter.

EFFETS.

1°, La matiere électrique qui fort du doigt de la perfonne non ifolée, s'annonce d'une maniere non équivoque par le petit fouffle qui fe fait fentir à la main de la perfonne qu'on électrife.

2°, Par les rayons de matiere lumineufe qu'on voit fortir de ce même doigt, & qui deviennent fouvent affez forts & affez alongés pour former une aigrette.

3°, Par les ttaits de feu qu'il lance en avant, quand il eft à une certaine

proximité de la main électrisée. Et
si l'on a peine à décider duquel des
deux corps vient le trait de feu, à
cause de sa prompte éruption, on
pourra substituer au doigt non isolé
une pointe de métal un peu fine ;
par ce moyen, l'étincelle sera plus
petite, mais on la verra très-distinctement partir de la pointe.

4°, Par l'inflammation de l'esprit-
de-vin ; car si l'on imaginoit que le
doigt non isolé ne contribue en
rien à cet effet, qu'il ne fournit
rien du feu qui éclate, on pourroit
aisément se détromper, en lui subs-
tituant un bâton de cire d'Espagne,
qui certainement n'enflammera pas
la liqueur comme lui.

5°, Par l'odeur de phosphore que
le corps non isolé répand quelquefois, lorsque la vertu électrique est
excitée à un certain degré ; car cette
odeur ressemble parfaitement à celle
des aigrettes qui partent des conducteurs qu'on électrise.

6°, Enfin, au lieu du doigt d'un
homme non isolé, on peut présenter
à la main électrisée tel corps que l'on
voudra, pourvu qu'il soit de la classe

de ceux qu'on appelle *Conducteurs*, parce qu'ils s'électrisent mieux par communication que par frottement : & l'on obtiendra de même tous les effets dont je viens de faire mention, avec la seule différence du plus ou moins ; les uns étant plus ou moins propres que les autres à fournir la matiere électrique au corps isolé, sur lequel on fait agir le globe.

OBSERVATIONS.

Lorsque la matiere électrique se rend sensible comme dans l'expérience que je viens de rapporter, on peut juger immédiatement de son existance & de ses mouvements : mais quand elle n'est ni assez abondante ni assez animée pour se faire sentir par elle-même, c'est dans ses effets que nous devons l'étudier. Nous voyons des écoulements lumineux aux extrémités, aux pointes, ou aux angles d'une barre de fer qu'on électrise, & nous concluons en toute sûreté que la matiere électrique sort & se dissipe par-là. Nous voulons savoir ensuite si cette barre électrisée n'auroit point aux autres en-

droits de fa furface , des émanations
de cette même matiere , mais moins
animées , & que nos yeux ne peuvent
appercevoir; & d'une voix unanime,
nous décidons qu'il y en a , parce
que tous les corps légers qu'on place
deffus , font enlevés dans l'inftant
même qu'elle devient électrique.

Or , quand je vois de pareils corps
fe précipiter de toutes parts , fur cette
même barre, tandis que l'on continue
de l'électrifer , ne puis-je pas dire
avec autant de raifon , qu'ils me dé-
célent la préfence & l'action d'une
matiere invifible qui vient des corps
voifins ou de l'air ambiant, à la barre
de fer électrifée ; fur-tout quand je
fai d'ailleurs que tous ces corps qui
avoifinent celui qu'on électrife ,
étant rapprochés davantage , lui
lancent d'une maniere très-apparente
des torrents de matiere électrique?

Et comme ces attractions apparentes , ou plutôt ces appulfions des
corps légers au corps électrifé , fe
font en toutes fortes de fens, nous
avons tout lieu de penfer que cette
matiere invifible qui vient de toutes
parts au corps électrifé , au travers

de l'air qui l'entoure, forme autour de lui une infinité de rayons convergents dont il est comme le terme commun.

SIXIEME PROPOSITION.

Tout corps électrisé par frottement, ou tout conducteur isolé qu'on électrise, a autour de lui une atmosphere de ce fluide qu'on nomme matiere électrique, dont les rayons animés d'un mouvement progressif, vont en deux sens opposés, les uns partant du corps électrisé pour se porter aux environs, les autres venant à lui, de l'air ou des autres corps qui sont autour de lui.

Cette proposition a deux membres que j'ai déja prouvés l'un après l'autre ; j'ai fait voir d'une part, que la matiere électrique sort du corps qu'on électrise, en forme de rayons divergents, & que ces effluences ou émanations continuent autant de temps que dure l'Electricité ; d'un autre côté, j'ai établi par des expériences concluantes, que l'air & les autres substances qui sont aux environs & à une certaine proximité,

fourniffent à ce même corps une
matiere femblable à celle qu'il perd ,
& que cet effet commence & ceffe
avec la vertu électrique; mais ce que
j'ai fpécialement en vue préfen-
tement, c'eft de faire voir , par des
preuves & par des raifons incontef-
tables , la fimultanéïté de ces deux
effets, laquelle eft de la plus grande
importance dans cette matiere, & que
j'ai peine à faire goûter à des gens
prévenus pour certains fyftêmes qui
ne peuvent quadrer avec ce fait.

XVII. Expérience.

Préparation.

Electrisez bien un tube de verre
& une barre de fer ifolée convenablement; préfentez fous l'un & fous
l'autre des fragments de feuilles d'or
ou de cuivre , placés fur une table
de bois bien unie & bien effuyée ,
comme dans la 1ere expérience , &
examinez bien attentivement comment fe font les attractions & répulfions.

Effets.

En répétant cette expérience

XX. Leçon.

Preuves de la fimulta-néïté des deux cou-rants de ma-tiere élec-trique.

plusieurs fois & en différents temps, vous reconnoîtrez infailliblement que le même côté & les mêmes endroits du corps électrisé attirent & repoussent en même temps, je ne dis pas le même corpuscule ; cela implique contradiction, mais plusieurs d'entr'eux placés à côté les uns des autres, de maniere que vous verrez descendre les uns, tandis que les autres monteront au tube ou à la barre de fer.

Si ces petits corps se meuvent en vertu de la matiere électrique qui les pousse, il faut bien que cette matiere se meuve elle-même en deux sens opposés, puisqu'elle fait monter les uns & descendre les autres ; & ces mouvements contraires ayant lieu en même temps, on doit convenir que les deux portions de matiere électrique qui les produisent, agissent en même temps avec des directions opposées.

XVIII. Expérience,

Préparation.

Laissez tomber sur un tube de verre électrisé, une petite feuille de métal,

métal, ou un duvet de plume, &
attendez que ce petit corps soit
repoussé en l'air, & y demeure flottant au-dessus du tube, comme dans
la seconde exp. du 3e article de la
1ere section.

Effets.

Pendant tout le temps que le tube,
par sa répulsion, soutiendra la petite
feuille de métal à plus d'un pied de
distance au-dessus de lui, ce même
tube ne cessera d'attirer d'autres
corps à quelque endroit de sa surface que vous les présentiez. Voyez
la *fig.* 13.

Voilà donc encore des attractions
& des répulsions simultanées, qui
indiquent clairement que la matiere
électrique agit en même temps en
deux sens opposés autour du même
corps électrisé.

XIX. Expérience.

Préparation.

Répétez la 4e & la 5e expériences
de cette section, & présentez tel
corps que vous voudrez & à quelque

endroit que ce foit de la barre de fer qui fert de conducteur.

Effets.

Vous obferverez qu'il y aura attraction par tout, tandis que la liqueur ou le fon de farine fera enlevé. (*fig.* 14).

Remarquez de plus que les parties les plus menues du fon, qui reftent comme fixés fur la barre de fer, ont bien l'air d'y être retenues par des filets de matiere électrique affluente, qui percent ces petits corps pour rentrer dans le fer; car il n'eft gueres poffible d'imaginer qu'ils repofent tous fur des parties folides du métal, & qu'il n'y en ait pas un grand nombre à l'embouchure de fes pores.

XX. Expérience.

Préparation.

Préparez cette expérience comme la 14e, & qu'une perfonne non ifolée prenant en fa main un petit vafe plein d'eau, & garni tout autour de petits tubes, par lefquels la liqueur s'écoule goutte à goutte, le préfente fucceffivement à tous ceux qui font électrifés fur le conducteur.

EFFETS.

Vous verrez, 1°, que l'écoulement du petit vaiffeau non ifolé *C*, (*fig. 15*) s'accélérera & fe divifera en plufieurs petits jets divergents , comme ceux qui tiennent au conducteur.

2°, Vous remarquerez que cet effet n'a lieu que pour les écoulements qui fe font vis-à-vis des corps électrifés ; & que les autres , quoique venant du même vaiffeau, continuent de fe faire goutte à goutte.

Puifque l'on attribue l'accélération des écoulements électrifés aux émanations précipitées de la matiere électrique , on eft également fondé à dire que ceux qui s'accélerent de même vis-à-vis d'un conducteur qu'on électrife, doivent cette augmentation de mouvement à une caufe femblable ; & l'on peut s'en affûrer encore en examinant, dans un lieu privé de lumiere , le bout du tube par où fe fait l'écoulement : on y voit ordinairement un point lumineux qui indique affez clairement l'éruption de la matiere électrique.   Ii ij

XXI. Expérience.

Il faut ifoler dans une fituation horizontale, un tuyau de fer blanc ou de carton couvert de papier doré, qui ait 3 ou 4 pouces de diametre, ou davantage fi l'on veut, & environ 6 pieds de longueur ; que l'on attache fur toute la furface extérieure de ce tuyau, des petites houppes de filaffe ou de fil très-fin, en fi grand nombre qu'on voudra, & longues de 4 à 5 pouces ; que l'on faffe paffer ce conducteur ainfi préparé par le centre d'un cercle de fer non ifolé, de 2 pieds ou environ de diametre, & garni dans toute fa circonférence de houppes femblables à celles dont je viens de parler, & efpacées de 3 en 3 pouces.

Effets.

Si l'on électrife alors le tuyau, on verra, 1°, toutes ces houppes fe dreffer autour de lui & fur toute fa longueur, & former autant d'aigrettes épanouies & femblables par la figure, à celles que nous fait voir ordinairement la matiere électrique, quand elle devient lumineufe.

2°, En même temps, toutes les houppes du cercle de fer se dirigeront vers le tuyau électrisé, comme vers leur centre commun. Voyez la *fig.* 16.

Ces deux effets auront toujours lieu, quoiqu'on fasse changer de place au cercle, en le faisant aller & venir suivant toute la longueur du tuyau.

3°, Et si quelqu'un se donne la peine de multiplier les cercles, & d'en établir tel nombre qu'il voudra d'un bout à l'autre du tuyau-conducteur, il verra faire à chacun d'eux en même temps, ce que je viens de dire d'un seul.

Si les attractions apparentes & les répulsions par lesquelles on voit toutes ces houppes de part & d'autre se diriger les unes vers le tuyau, les autres vers le cercle, font des indices suffisants d'une matiere invisible qui les entraîne, il faut convenir, à l'inspection de ces effets, que cette matiere est partagée en deux courants qui se meuvent en mêms temps en sens contraires ; je dis en même temps ; car si elle ne faisoit que sortir du conducteur pour y rentrer, les houppes ou les filaments qu'elle dirige en les enfilant, fe reffentiroient néceffairement de ces allées & de ces retours ; nous les verrions alternativement fe dreffer dans un fens & dans l'autre ; leur tendance ne feroit pas conftante comme elle l'eft.

Le tableau que forment les houppes du cercle avec celles du tuyau électrifé, repréfente affez bien aux yeux l'idée que je me fuis faite des atmofpheres électriques : après avoir bien réfléchi fur les phénomenes, je crois qu'elles font compofées de rayons dirigés en fens contraires, & que chacun d'eux eft véritablement animé d'un mouvement de tranflation, comme un jet de liqueur qu'on fait fortir avec précipitation par un trou fort étroit, ou qui traverfe un milieu affez perméable pour le laiffer jouir d'une grande vîteffe : car je ne puis croire que ces atmofpheres reffemblent, comme quelques Auteurs nous l'affurent, à des vapeurs accumulées ; cette façon de les concevoir me paroît abfolument incompatible avec tout ce que l'expérience nous met fous les yeux ; j'en

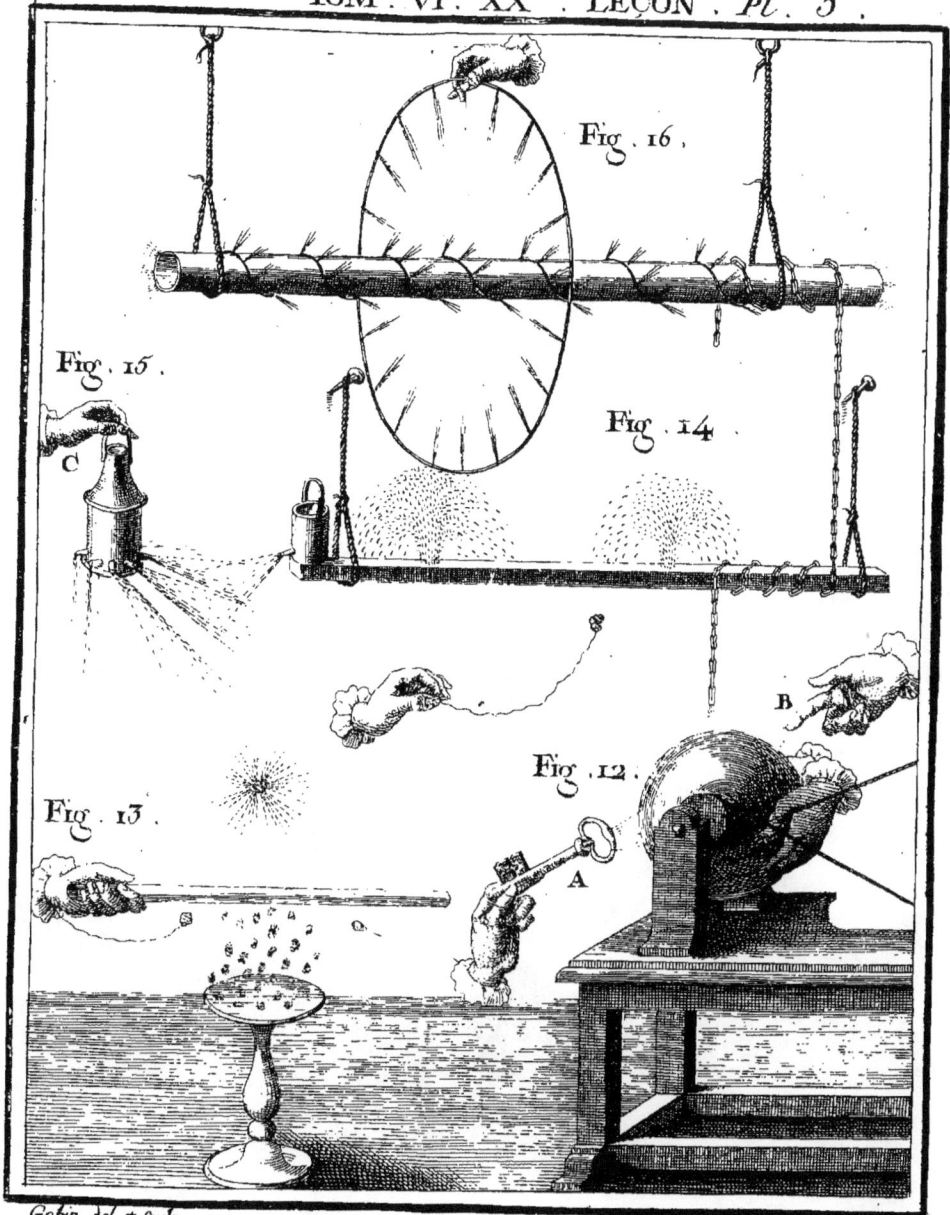

FIG. 16.

FIG. 15.

FIG. 14.

C

FIG. 13.

FIG. 12.

B

A

Gobin del. et sculp.

dira
IIIᵉ

E
une
le p
en j
lſof
mét

S
obſ
poi
&
lun
ou
ru

]
re
col
ble
tri
de
ne
co

dirai quelque chofe de plus dans la
IIIe Section.

XXII. EXPERIENCE.
PREPARATION.

Electrifez, avec un globe de verre,
une verge de fer ifolée, dont le bout
le plus reculé du globe foit terminé
en pointe, & qu'une perfonne non
ifolée préfente une autre pointe de
métal à celle qu'on électrife.

EFFETS.

Si l'expérience fe fait dans un lieu
obfcur, on voit à chacune des deux
pointes, une aigrette lumineufe :
& ces deux efpeces de cônes de
lumiere fe joignent par leurs bafes,
quand on les approche affez près
l'un de l'autre. *F*, (*fig. 9*).

OBSERVATIONS.

Perfonne ne contefte que l'aigrette, qu'on apperçoit à la pointe du
conducteur ifolé, ne foit un véritable écoulement de la matiere électrique, qui fe porte du dedans au-
dehors ; mais quoique le feu de l'autre pointe foit de la même forme,
compofé de rayons femblables, & ani-

384 L E Ç O N S   D E   P H Y S I Q U E

mé d'un mouvement progreffif en avant affez fenfible ; parce qu'il eft ordinairement plus petit, il y a quelques Auteurs électrifants qui fe perfuadent, & qui veulent perfuader aux autres, que ce n'eft point une aigrette femblable à l'autre ; ou que fi c'en eft une, elle eft uniquement compofée de rayons convergents à la pointe, & qu'au lieu d'en fortir, ils ne font que s'y précipiter.

Mais pour fe convaincre du peu de fondement de cette prétention, on n'a qu'à examiner ce petit feu avec un verre lenticulaire, fi les yeux feuls ne fuffifent pas, & l'on verra diftinctement que les rayons de cette petite aigrette fe portent en avant, & qu'ils vont à la rencontre de ceux qui viennent de la pointe électrifée.

Et fi cette obfervation ne fuffifoit point encore, on diffiperoit entiérement fes doutes, en expofant devant la pointe non ifolée la flamme ou la fumée d'une petite bougie, qui ne manqueroit pas d'être foufflée en avant par la matiere électrique qui produit l'aigrette dont il eft ici queftion. Une pointe creufe & chargée

gée de quelque liqueur, prouvera encore d'une maniere inconteſtable ce que je ſoutiens ici.

Alléguer qu'en pareil cas, la fumée, la flamme, les liqueurs ſont portées en avant par l'air agité, ſans dire comment cela peut arriver ; ou que ce qui produit ces effets eſt un fluide inconnu qui ſort de la même pointe en même temps que la matiere électrique y entre ; c'eſt oppoſer à l'évidence des fictions obſcures qui n'ont point de vraiſemblance, & qui ne peuvent être goûtées que par des gens prévenus pour quelque ſyſtême.

Au reſte, ſi c'eſt une choſe reconnue de tout le monde, que les feux électriques qui paroiſſent aux pointes, ſont d'autant moins marqués que ces pointes ſont plus fines, quand nous voulons bien ſincérement ne nous point tromper, ni tromper les autres ſur la nature, la forme & les mouvements de ces feux, pourquoi faire nos épreuves de préférence avec les corps qui nous les rendent comme imperceptibles ; que ne rendons-nous ces pointes plus

grosses & plus mousses ; que ne met-
tons-nous, en présence l'un de l'autre, le doigt d'un homme non isolé,
& celui d'un autre homme qu'on
électrise : or il est certain que si l'on
fait l'expérience de cette manière,
on n'aura pas besoin de verre qui
grossisse les objets, pour appercevoir
quelle direction tiennent les feux de
part & d'autre ; la grandeur de leurs
rayons, leurs éruptions intermitten-
tes, le vent qu'ils feront sentir, ne
laisseront sur cela aucune équivoque.

Mais quand on s'obstineroit à
n'employer que des pointes très-
fines, & que par-là on parviendroit
à rendre le feu électrique si petit,
qu'on ne pût pas juger s'il entre ou
s'il sort de celle qui n'est point isolée, que gagneroit-on par-là contre
moi ? Rien, sinon que de pareilles
pointes ne sont pas propres à prouver ni pour ni contre la proposition générale par laquelle je dis que
tout corps électrisable par communication, mais non isolé, fournit
de la matiere électrique au corps
isolé qu'on électrise : l'indécision des
pointes ne tireroit jamais à consé-

quence contre les autres corps dont
les effets font vifibles & hors de
conteftation ; au contraire , la gé-
néralité & l'évidence de ceux - ci
nous autoriferoit à préfumer d'elles
des phénomenes femblables , s'ils
pouvoient devenir affez fenfibles.

SEPTIEME PROPOSITION.

*La matiere électrique qui fort d'un con-
ducteur ifolé par toutes les parties de
fa furface qui n'aboutiffent point au
globe , vient au moins en partie, &
immédiatement de ce globe , & du corps
qui le frotte.*

XXIII. EXPÉRIENCE.

Qu'on électrife de fuite, & autant
de temps qu'on voudra, un conducteur quelconque , ifolé convenablement.

EFFETS.

On ne voit point tarir les émanations électriques : elles durent au
moins autant que le frottement du
globe qui les fait naître. J'aurai occafion par la fuite de citer des expé-

riences dans lesquelles ces effets ont été soutenus pendant 5 à 6 heures sans interruption & sans diminution sensible des effluences électriques.

XXIV. Experience.

Preparation,

Frottez un globe ou un tube de verre dans un temps convenable à l'Electricité , & laissez-le isolé pendant un quart-d'heure, & même davantage : après cela approchez-le d'un homme ou d'une verge de fer en état de recevoir la vertu électrique.

Effets,

En procédant ainsi , vous électriferez infailliblement le conducteur , & il en donnera des marques par des effluences sensibles de matiere électrique : il repoussera , par exemple , les corps légers que vous placerez sur lui ; & s'il y a quelques parties pointues à sa surface , il en sortira des aigrettes lumineuses.

XXV. EXPÉRIENCE.

PREPARATION.

Il faut électrifer plufieurs fois de
fuite le même conducteur avec le
même globe, & faire durer également l'électrifation pour chaque expérience ; mais dans les unes, il faut
faire frotter le globe par un homme
ifolé ; & dans les autres, par le même
homme communiquant avec le plancher, & avec tous les autres corps.

EFFETS.

Vous remarquerez conftamment
que dans le dernier cas l'Electricité
eft bien plus forte & plus durable
que dans le premier : dans celui-ci,
les émanations électriques du conducteur font languiffantes, & vont en
s'affoibliffant de plus en plus ; dans
l'autre, elles font bien plus mar-
quées, & fe foutiennent autant de
temps que dure l'électrifation.

OBSERVATIONS.

Des expériences que je viens de
rapporter il réfulte trois chofes, 1°,

que les émanations électriques du conducteur isolé ne viennent point de son propre fonds, puisqu'il ne s'épuise point par ces écoulements, quelque temps qu'on les fasse durer ; 2°, que le corps électrisé par frottement, est en état par lui-même d'animer & d'entretenir, du moins pendant un certain temps, les effluences électriques, puisque séparé du corps qui l'a frotté, il est en état tout seul de produire cet effet ; 3°, que le coussin ou le corps qui frotte, fournit une bonne partie de cette matiere qui s'écoule par le conducteur isolé, puisque les émanations de celui-ci font moins abondantes, & moins durables avec un frottoir isolé, qu'avec ce même corps lorsqu'il fait partie d'une plus grande masse : & l'on a vu dans le 2ᵈ Article de la 1ᵉʳᵉ Section, que les meilleurs frottoirs font ceux qu'on fait avec des subſtances les plus capables de fournir la matiere électrique, soit qu'ils en contiennent davantage, soit qu'ils la transmettent plus facilement.

Mais le globe, ni le corps qui le

frotte, ne fourniffent point de leur
propre fonds toute cette matiere qui
paffe par le conducteur ifolé pour fe
répandre au-dehors ; ils la tiennent
eux-mêmes ou de l'air qui les environnent, ou des autres corps qui
font capables & à portée de leur en
fournir ; cela s'apperçoit aifément
par les attractions apparentes que
l'un & l'autre exercent fur tout ce
qu'il y a autour d'eux d'affez léger
pour fe laiffer entraîner ; les duvets
de plume, les feuilles de métal, les
boulettes de coton, fe précipitent
fur le globe, & fur le couffin qui le
frotte, pourvu que celui-ci foit ifolé ;
& s'il ne l'eft pas, il fert de canal à
la matiere électrique qu'il tire des
corps avec lefquels il communique ;
& il la rend vifiblement fous la forme
d'aigrettes, par celles de ces parties
qui ne touchent pas tout-à-fait au
verre frotté : c'eft une obfervation
que chacun peut faire en frottant le
globe dans un lieu privé de lumiere ;
il verra fouvent ces feux électriques
s'élancer du bout de fes doigts vers
le globe, s'il le frotte avec la paul-
me de fa main.

K k iv

La matiere électrique effluente du conducteur isolé, vient donc immédiatement du globe & du couffin qui le frotte, & originairement de l'air qui les touche ou des autres fubftances qui font à portée de la leur fournir, comme je l'ai avancé & prouvé; mais que devient celle qui eft affluente à ce même conducteur, celle qui fe rend à lui de toutes parts, & qui ne ceffe d'y arriver pendant tout le temps que l'on foutient l'électrifation? car il faut que cette matiere paffe au-dehors du conducteur après y être entré, fans quoi il en regorgeroit à la fin, & il ne pourroit plus en recevoir, ce qui n'arrive jamais. Voici la Réponfe à cette queftion.

HUITIEME PROPOSITION.

La matiere électrique qui vient de toutes parts au conducteur isolé, & que j'ai nommée matiere affluente, *ou affluences électriques, se rend aussi en grande partie au globe & au corps qui le frotte, d'où elle passe dans l'air environnant, ou dans les autres corps contigus.*

XXVI. EXPÉRIENCE.

PREPARATION.

Obſervez attentivement la frange lumineuſe qui paroît toujours à l'extrémité du conducteur iſolé, qui aboutit au globe : il faut, pour bien faire, que le conducteur ſoit une barre de fer de 5 à 6 pieds de longueur, & un peu platte par le bout qui répond au globe ; ou que ce ſoit un homme qui préſente le bout de ſes doigts à 7 ou 8 lignes au-deſſus de la ſurface du verre, & à 2 ou 3 pouces de diſtance du frottoir ; le globe tournant de maniere que les parties frottées paſſent par la voie la plus courte au conducteur : il eſt à propos auſſi que cette expérience ſe faſſe dans un lieu bien obſcur.

Effets.

Vous verrez que la frange lumineuse, dont il est ici question, est un véritable écoulement de matiere électrique qui se porte au globe : tous ceux qui n'ont point épousé de système incompatible avec ce fait, l'ont vu & rendu tel que je viens de l'énoncer ; mais quoiqu'il soit de la plus grande évidence, j'ai été obligé de prendre quelques précautions pour empêcher qu'on ne l'obscurcît, & qu'on ne le rendît douteux pour ceux qui ne seroient point à portée de le voir par eux-mêmes : voici un Extrait des Regiftres de l'Académie des Sciences qui fera voir qu'il a été dûement vérifié.

« M. l'Abbé Nollet ayant deman- » dé des Commiffaires pour être té- » moins de plusieurs expériences con- » cernant l'Electricité, l'Académie » nomma MM. Deparcieux, Fouge- » roux, Bezout, Tillet & Briffon, » qui ont attefté unanimement que » les résultats de ces expériences, » auxquelles ils ont affifté, étoient » tels que M. l'Abbé Nollet les a

» énoncés dans le Mémoire qu'il a
» lu à l'Académie ; en foi de quoi j'ai
» signé le préfent Certificat. À Paris
» ce 19 Avril 1760 ».

   Signé GRANDJEAN DE FOUCHY ,
    Secretaire perpétuel de l'Académie
   Royale des Sciences.

Or le Mémoire dont il eſt fait
mention dans le certificat , eſt imprimé tout au long à la fin du
ſecond volume de mes Lettres ſur
l'Electricité , avec approbation de
l'Académie ; & on y lit , à l'article
16 , ce qui ſuit :

   » On prit pour conducteur une
» barre de fer quarrée de 6 pieds
» de longueur , & dont chaque face
» avoit environ 8 lignes de largeur :
» on fit aboutir une de ſes extrémités
» à un demi-pouce de la ſurface du
» globe, un peu au-deſſus de l'endroit
» où l'on appliquoit la main pour le
» frotter : le fer étant électriſé , on
» en vit ſortir des filets de matiere
» lumineuſe , qui ſe dirigeoient vers
» la ſurface du verre, comme les fran-
» ges de l'exp. 14e (^{a}) , & en même

_____

(a) L'expérience 14 du même Mémoire.

» temps l'on vit briller à l'autre
» bout deux aigrettes bien épa-
» nouies , qui se faisoient sentir
» comme un souffle sur la peau , &
» qui poussoient en avant la flamme
» d'une bougie jusqu'à l'éteindre.

» Cette expérience répétée avec
» des bâtons de bois verd , avec des
» cordes de chanvre mouillées , &
» généralement en prenant pour con-
» ducteurs , toutes substances élec-
» trisables par communication , a
» toujours montré les mêmes effets à
» la différence près du plus au moins».

On m'objectera sans doute ce que
j'ai énoncé dans la 7e proposition ;
savoir, que la matiere électrique vient
du globe au conducteur ; & l'on insis-
tera en disant , que le conducteur
n'étant à portée du globe , que par
cette extrémité même où l'on apperçoit la frange lumineuse , il faut bien
que ce feu soit une matiere qui passe
du globe au conducteur, & non pas,
comme je le prétends, du conducteur
au globe.

Cette objection est spécieuse ;
mais, dans le fonds, elle n'est d'aucune conséquence contre moi ,

jufqu'à ce qu'on m'ait prouvé qu'il
ne peut y avoir qu'un feul courant
de matiere électrique entre le globe
& le bout du conducteur qui fe préfente à lui ; car s'il eft poffible qu'il
y en ait deux : je ne nierai pas qu'il
n'y en ait un qui paffe invifiblement
du globe à la barre de fer , parce
qu'il y a des raifons pour le croire ;
maisjefoutiendrail'exiftence de celui
qui vient du fer au globe , parce que
je le vois diftinctement , & que tout
le monde, à deux ou trois perfonnes
près , le voit comme moi.

Il faut donc confidérer la barre
de fer électrifée , ou tout autre conducteur ifolé , comme le canal
commun de deux courants de matiere électrique, l'un venant du globe
& qui fournit toutes ces effluences
tant vifibles qu'invifibles dont j'ai
prouvé l'exiftence ; l'autre venant
de l'air extérieur & des autres corps
environnants , & qui débouche du
côté du globe fous la forme de frange
ou d'aigrette lumineufe.

Quand une fois il eft prouvé que
les effluences & affluences électriques
exercent leurs mouvements dans la

maſſe d'air qui entoure le globe, pourquoi la même choſe ne ſe paſſeroit-elle pas dans une barre de fer, s'il eſt conſtaté d'ailleurs que le métal, quoique très-compact, eſt cependant, pour la matiere électrique, un milieu plus perméable que la colonne d'air dont il tient la place?

XXVII. Expérience.

Préparation.

Laiſſez en place la barre de fer de l'expérience précédente, pour ſervir de conducteur, & faites frotter le globe de verre par un homme iſolé.

Effets.

Cet homme qui frotte le globe, devient électrique comme un conducteur ordinaire, & en donne des ſignes par toutes les parties de ſon corps; il attire & repouſſe les corps légers; il paroît une petite aigrette lumineuſe à la pointe de ſon épée, s'il en a une; les corps non iſolés tirent de lui des étincelles; ſes cheveux ou ceux de ſa perruque deviennent divergents, &c.

OBSERVATIONS.

Tous ces effets font des indices très-certains d'une matiere qui fort de cet homme , & qui s'exhale dans l'air dont il eft environné ; & ce qui prouve bien que cette matiere vient en grande partie de la barre de fer ifolée , c'eft que plus cette barre a de volume , plus l'Electricité du corps frottant devient fenfible.

Elle le devient encore davantage, quand le conducteur ceffe d'être ifolé, quand il communique avec de grandes maffes plus capables que l'air, de lui fournir le fluide qu'il doit tranf-mettre au globe : de forte que l'on peut prendre pour regle que cette expérience réuffira d'autant mieux , que le conducteur fera plus grand que le corps frottant , toutes chofes égales d'ailleurs.

On pourra remarquer que fi dans l'expérience que je viens de rappor-ter, l'homme ou tout autre frottoir ifolé porte une pointe de métal qui s'avance dans l'air, l'aigrette qu'on en voit fortir, eft toujours beaucoup plus petite que ne feroit celle d'une pareille pointe qui feroit partie du conducteur : je dirai ailleurs la raison de cette différence, qui est réelle & constante : mais qu'on y prenne bien garde ; ce petit feu, quoi qu'en disent quelques personnes que ce fait incommode, est une véritable aigrette produite par une matiere qui sort de la pointe, sans préjudice à celle qui paroît y entrer en même temps, & que je ne nie pas ; son éruption, quand l'Electricité est assez forte, se fait sentir par un petit souffle qui pousse la flamme & la fumée d'une bougie, qui fait frémir les liqueurs qu'on y présente, & qui accélere les écoulements, quand la pointe est creuse & chargée d'eau ou d'esprit-de-vin : de telles preuves doivent l'emporter sur des doutes d'opinion & de systême.

Eclaircissements.

En soutenant la réalité de cette matiere qui sort visiblement de la pointe, je dis que c'est sans préjudice à celle qui peut y entrer; car en même temps que le corps frottant reçoit par le globe, une partie de la matiere électrique qui vient du conducteur, je pense bien que celle qu'il continue
de

de fournir au globe, il la reçoit de l'air ambiant & des autres corps voisins; & que, par conséquent, cette pointe qui fait partie de lui-même, reçoit en même temps qu'elle dissipe; mais je n'entends pas que ces deux courants opposés n'aient qu'un seul & même passage : quelque fine que soit la pointe de métal, c'est toujours un corps très-gros eu égard à la subtilité du fluide électrique ; sa porosité peut aisément se partager entre la portion qui entre & celle qui sort.

Je n'entends pas non plus que toute la matiere électrique affluente, que peut recueillir un conducteur isolé de grand volume, passe au globe ; cette frange de matiere lumineuse que l'on voit déboucher de ce côté-là, ne répond pas, ce me semble, à la quantité qu'on peut présumer qu'il a reçue ; je pense donc qu'une bonne partie de ces affluences, en tombant sur la longueur du conducteur, traverse son épaisseur, & produit des effluences à la partie opposée.

Je crois aussi que tout ce que le

conducteur porte au globe n'est point rendu sans déchet au coussin ; une bonne partie de cette matiere se dissipe dans l'air ou dans les autres corps qui sont à portée de la recevoir.

J'en dis autant de la matiere que le corps frottant fournit au globe ; le conducteur n'en reçoit que ce qui n'a point été répandu ailleurs pendant la rotation ; c'est pourquoi il est important de le faire aboutir à un endroit qui ne soit point fort éloigné de celui qui est frotté par le coussin ; & de faire tourner le globe de maniere, que les parties frottées arrivent par la voie la plus courte au conducteur qu'on veut électrifer : il faut lire, pour être plus amplement instruit, un excellent Ouvrage de M. du Tour, *Sur les différents mouvements de la matiere électrique*, imprimé, à Paris chez Vincent, en 1760; il est rempli d'expériences curieuses & décisives sur ce sujet, & de vues très-ingénieuses sur ce qu'il y a de plus délicat & de plus difficile en Electricité.

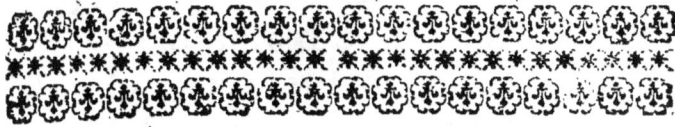

XXI. LEÇON.

Sur l'Electricité, tant naturelle qu'artificielle.

III. SECTION.

Sur la cause générale & immédiate des Phénomenes électriques.

L'ELECTRICITÉ est l'effet d'une cause méchanique : il n'y a plus qu'un sentiment sur cela aujourd'hui, comme je l'ai remarqué au commencément de la 1ere Section. Mais ce méchanisme, objet de la curiosité de ceux qui voient les phénomenes, & principalement des Physiciens qui les ont découverts, est encore regardé & annoncé par bien des gens, comme un mystere impénétrable à l'esprit humain. Ce n'est pas cependant que ce qu'il y a de plus sin-

L l ij

gulier & de plus important dans cette matiere, ne puiſſe maintenant s'expliquer d'une maniere très-intelligible & vraiſemblable : à force d'analyſer les faits, d'examiner ce qu'ils ont de commun & de particulier, en remontant des plus compoſés aux plus ſimples, nous ſommes enfin parvenus à celui qui eſt comme la ſource de tous les autres ; & ſur les cauſes de celui-ci même, nous ſommes en état d'offrir des conjectures raiſonnables & fondées ſur des analogies très-rapprochées : voilà, je crois, tout ce qu'on peut attendre & exiger de la Phyſique Expérimentale.

Mais la plupart des perſonnes à qui nous offrons ces explications, quoiqu'elles les demandent avec une impatience qui va quelquefois juſqu'au reproche, aiment bien mieux, dans le fonds, qu'on leur montre des effets qui les ſurprennent & qui les amuſent, que de leur donner à comprendre des cauſes contre la découverte ou l'intelligibilité deſquelles elles ſont prévenues.

Cette prévention, peu obligeante pour nous, eſt aſſez ſouvent l'ou-

vrage de la pareffe ou de l'amour-
propre : ce qu'on ne fe fent point
en état de faire, on penfe volontiers
qu'un autre l'entreprendroit vaine-
ment. Il eft plus court & plus commode de dire : Ho ! jamais perfonne
n'expliquera cela ; que d'écouter,
autant qu'il le faudroit, celui qui
dit : Je vous l'expliquerai, fi vous
voulez me fuivre attentivement &
fans prévention.

Il faut convenir auffi que tout le
monde n'eft pas en état de comprendre le méchanifme de l'Electricité, fût-il expliqué de la maniere
la plus heureufe. Il faut au moins
être initié dans la connoiffance des
autres effets naturels ; il faut être un
peu au fait de la nature des fluides,
de leur maniere de fe mouvoir &
de fe metre en équilibre, du pouvoir
qu'ils ont fur les autres corps, de
ce qui peut réfulter de leur choc &
de leurs écoulements, &c. Combien
de gens nous demandent la caufe des
phénomenes électriques ; combien
d'autres fe flattent de l'avoir trouvée,
& nous l'offrent avec confiance, qui
ne favent rien de tout cela, & qui

commencent leur Phyſique par où ils la devroient finir, je veux dire, par l'Electricité !

Je m'attends donc bien que, de tous ceux qui ouvriront ce volume, il y en aura pluſieurs qui ne prendront pas la peine de lire, encore moins d'étudier ce que je vais écrire dans cette 3ᵉ ſection ; & ils feront fort bien, s'ils n'ont d'ailleurs quelques connoiſſances de Phyſique, ou s'ils ne ſe ſentent pas le courage de me ſuivre avec attention & ſans préjugé : mais, dans le grand nombre, j'eſpere trouver des Lecteurs judicieux & préparés à cette leçon par celles qui ont précédé : à ceux-ci, j'oſe aſſurer que je ne leur offre rien de pénible à comprendre, & qui ne ſoit très-conforme aux principes univerſellement reconnus, & prouvés dans les cinq premiers tomes de cet Ouvrage.

Ce que je ſais touchant le méchaniſme de la vertu électrique, je le tiens de l'expérience ; je me ſervirai de la même voie pour l'enſeigner : je vais retracer en lettres italiques ce que j'ai prouvé dans les deux Sections précédentes, relativement aux caufes les plus générales des phénomenes ; & dans le cours de mes explications, je diftinguerai, par ce même caractere, ce que j'emprunterai de ces vérités prouvées, afin qu'on puiffe diftinguer du premier coup d'œil ce qui gît en fait, de ce qui n'eft que de raifonnement, & régler fa confiance fuivant l'un ou l'autre.

PROPOSITIONS FONDAMENTALES, *tirées de l'expérience, & à l'aide defquelles on peut rendre raifon de tous les Phénomenes électriques connus jufqu'à préfent.*

I. *L'Electricité eft l'effet d'une matiere fluide qui fe meut autour ou au-dedans du corps électrifé.*

II. *Ce fluide n'eft ni la matiere propre du corps électrifé, ni l'air groffier que nous refpirons.*

III. *Il y a tout lieu de croire que la matiere électrique eft la même que celle du feu élémentaire & de la lumiere, unie à quelque autre fubftance qui lui donne de l'odeur.*

IV. *Cette matiere eft préfente par-tout,*

dans l'intérieur des corps, comme dans l'air qui les environne.

V. La matiere électrique excitée ou mise en action, se meut, autant qu'elle peut, en ligne droite, & son mouvement, pour l'ordinaire, est un mouvement progressif qui transporte ses parties.

VI. La matiere électrique est assez subtile pour pénétrer au travers des corps les plus durs & les plus compacts.

VII. Mais elle ne les pénetre pas tous avec la même facilité. Les corps vivants, les métaux, l'eau, sont ceux dans lesquels elle passe le plus facilement ; le soufre, la cire d'Espagne, le verre, les résines, la soie, sont ceux dans lesquels elle a le plus de peine à pénétrer, à moins que ces corps ne soient frottés ou chauffés.

VIII. L'air de notre atmosphere n'est pas autant perméable pour la matiere électrique, que les métaux, les corps vivants, l'eau, &c.

IX. Quand la matiere électrique sort d'un corps avec beaucoup d'impétuosité, & qu'elle débouche dans l'air, soit qu'elle soit visible ou non, elle se divise en plusieurs jets divergents, qui forment une espece de gerbe ou d'aigrette.

X. Un corps électrisé par frottement ou
par

par communication, lance de toutes parts
des rayons de matiere électrique qui s'é-
tendent en lignes droites dans l'air ou dans
les autres corps d'alentour.

XI. Tant que durent ces émanations,
une pareille matiere vient de toutes parts
au corps électrisé, en forme de rayons
convergents.

XII. Ces deux courants de matiere
électrique, qui vont à sens contraires,
exercent leurs mouvements en même
temps; & l'un des deux est plus fort que
l'autre.

XIII. Les pores par lesquels la matiere électrique sort du corps électrisé, ne
sont pas en aussi grand nombre que ceux
par lesquels elle y rentre.

XIV. La matiere qui vient au corps
électrisé, ne lui est pas fournie par l'air
seulement, mais par tous les autres corps
du voisinage, qui sont capables de s'électriser par communication.

XV. La matiere qui sort du conducteur
isolé par les différentes parties de sa surface,
qui n'aboutissent point au globe, vient
en bonne partie de ce globe & du corps
qui le frotte.

XVI. La matiere électrique, qui vient
de toutes parts au conducteur isolé, se

Tome VI.   * M m

rend en grande partie au globe & au corps qui le frotte, d'où elle paſſe dans l'air environnant ou dans les autres corps contigus.

XVII. Les corps électriſés par communication, perdent aiſément leur vertu par l'attouchement d'un autre corps non iſolé.

XVIII. Le verre électriſé par frottement ou par communication, ne ſe déſélectriſe pas de même, & peut garder ſon Electricité bien plus long-temps que les conducteurs ordinaires.

Application que l'on peut faire de ces principes pour expliquer les phénomenes de l'Electricité.

Deux claſ-
ſes de phéno-
menes élec-
triques.

LES phénomenes de l'Electricité peuvent ſe diſtribuer en deux claſſes: dans l'une, nous renfermerons tous ces mouvements tant alternatifs que ſimultanés, auxquels on a donné les noms d'*attraction* & de *répulſion*, & généralement tout ce qui s'opere par une cauſe qui demeure inviſible.

L'autre comprendra tous les faits qui ſont accompagnés de lumiere, petillements, piquures, inflammation, commotion; car, quoique ces merveilles éclatent à nos yeux fous des apparences tout-à-fait différentes les unes des autres, & que le peu de relation que nous voyons entr'elles, nous porte à les confidérer comme autant d'objets indépendants, qui doivent être examinés féparément; cependant lorfque l'habitude a diffipé un certain éclat qui nous éblouit d'abord, & que l'étonnement fait place à la réflexion, on s'apperçoit peu à peu que les effets qui paroif- foient les moins analogues, fe rap- prochent, & ne font le plus fouvent que des extenfions, les uns des autres, ou les fuites néceffaires d'une caufe commune, mais variées par quelque circonftance : pour peu qu'on y penfe, on verra que de tous les phénomenes de ce genre, que l'on connoît, il n'en eft point qu'on ne puiffe com- prendre dans la divifion que je viens d'établir.

ARTICLE PREMIER
contenant les phénomenes de la premiere Claffe.

L'ATTRACTION électrique, ce mouvement par lequel les corps

légers se portent comme d'eux-
mêmes au corps électrisé, est, sans
contredit, de tous les phénomenes
électriques, le premier en date; elle
a été connue bien des siecles avant
qu'il fût question des autres effets;
& à cet égard elle a mérité de préférence l'attention des Physiciens;
elle la mérite encore plus par les
variations singulieres dont elle est
susceptible, & par les vains efforts
que bien d'habiles gens ont faits pour
nous en rendre raison : ne le dissi-
mulons pas, si quelqu'un vous offre
l'explication des phénomenes électriques, & qu'il mette celui-là à part,
défiez-vous-en; c'est un homme qui
a manqué son but: ou s'il entreprend
de vous l'expliquer, & qu'il ne
réussisse pas, comptez que ce mauvais
succès influra sur tout le reste. La 1ere
chose qu'il faut faire, c'est de bien
démêler pourquoi les corps s'approchent & s'éloignent de celui qui est
électrisé ; comment l'attraction se
change en répulsion; d'où vient que
de plusieurs petits corps semblables,
les uns sont attirés, tandis que les
autres sont repoussés; par quelle

caufe méchanique un corps électrifé
attire ce qu'un autre corps électrifé
repouffe, &c. Je dis qu'il faut affigner
à ces effets une caufe méchanique ;
car fi, à chaque queftion que je ferai,
on me fait naître une vertu répulfive
ou une vertu attractive, & que, fuivant le befoin, on en multiplie les
efpeces, je n'aurai aucun égard pour
tous ces enfants de l'imagination, &
je dirai à celui qui les produit, que
leur regne eft paffé.

PREMIER FAIT.

Un corps électrifé par frottement
ou par communication , attire ou
repouffe tous les corps légers & libres
qui font dans fon voifinage.

EXPLICATION.

*Le corps électrifé lance , de toutes
parts , une matiere fluide* [10], *qui fort en
forme d'aigrettes* [9]*, & qui lui fait une
atmofphere d'une certaine étendue.* Cette
matiere effluente, *dont les rayons font
divergents entr'eux,* eft en même temps
remplacée *par une matiere femblable
qui vient par des lignes convergentes* [11].
Voyez la *Fig.* 17 qui repréfente

XXI.
LEÇON.

Pourquoi
les corps font
attirés.

une portion annulaire d'un tube ou l'équateur d'un globe environné des deux matieres effluente & affluente.

L'une & l'autre matiere ayant un mouvement progreſſif [5], *& ſimultané* [12], doit entraîner avec elle tout ce qui lui donne priſe, & qui eſt aſſez libre pour obéir à ſon impulſion.

Mais, comme *ces deux courants de matiere ſe meuvent en ſens contraires* [12], le corps léger qui ſe trouve dans la ſphere d'activité du corps électriſé, doit obéir au plus fort, à celui des deux qui a le plus de priſe ſur lui.

Si le corps léger qu'on veut attirer, eſt d'un très-petit volume ou d'une figure tranchante, comme une feuille de métal, *E* ou *F* (*fig. 17*), il eſt chaſſé vers le corps électrique par la matiere affluente.

Et la matiere effluente ne l'empêche pas d'y arriver, parce que ſes rayons, *qui ſont divergents* [9], ou *les aigrettes diſtantes les unes des autres* [13], ne lui oppoſent que des obſtacles rares & accidentels, à travers leſquels il ſe fait jour.

Une preuve qu'il rencontre des obſtacles, c'eſt qu'il arrive rarement au corps électrique par une voie bien directe ; assez ordinairement , c'est après plusieurs détours qu'on apperçoit d'autant mieux que ce corps léger a plus d'étendue ; j'en atteste tous ceux qui sont dans l'habitude de voir & de répéter eux-mêmes ces expériences.

QUAND cette étendue égale seulement celle d'un petit écu , il est fort ordinaire que le premier mouvement de la feuille soit de s'écarter du corps électrisé qu'on lui présente ; & si elle commence par s'en approcher , elle ne parvient pas jusqu'à lui ; à une certaine distance plus ou moins grande , elle est arrêtée ou repoussée.

C'est que la feuille , lorsqu'elle a une certaine largeur , & qu'elle se présente de face, ne peut plus échapper aux rayons des aigrettes , qui sont toujours plus rares à la vérité que ceux de la matiere affluente , à cause *de leur divergence* [9] , & *de la distance des aigrettes entr'elles* [13] , mais qui ont toujours plus de vîtesse ou de force , sur-tout à une petite distance de leur origine ou de leur éruption.

S'il est donc plus ordinaire de voir un corps s'approcher d'abord de celui qui est électrisé, que de le voir s'en écarter par son premier mouvement, c'est que, pour lui donner une légéreté suffisante, on n'emploie communément que des fragments d'un très - petit volume , & d'une figure, le plus souvent très-propre à les faire échapper aux rayons divergents des aigrettes ; mais on est comme sûr d'avoir un effet tout contraire , quand ou prend soin de concilier avec la légéreté qui convient , une grandeur & une figure telles , qu'elles laissent assez de prise à la matiere affluente.

II. FAIT.

Dès que le corps léger qu'on vouloit attirer, a touché le corps électrique , ou qu'il s'en est seulement approché de fort près, quelque petit que soit son volume, quelque figure qu'il ait , il s'en écarte constamment après.

Ce second fait paroît d'abord contraire à l'explication que je viens de donner du premier. Si la petitesse du volume a fait échapper le corps attiré, aux rayons de la matiere effluente, pourquoi, dira-t-on, la même caufe n'a-t-elle plus le même effet après le contact ?

EXPLICATION.

C'eft que cette caufe ne fubfifte plus ; le petit corps a reçu une augmentation de volume, invifible à la vérité, mais qui n'en eft pas moins réelle, comme on va le voir.

Quand ce petit corps pouffé par la matiere affluente, a touché le tube électrique, il eft électrifé lui - même par communication ; & *un corps électrifé, tel qu'il foit, & de telle maniere qu'on l'électrife, devient tout hériffé d'aigrettes qui forment autour de lui une atmofphere de rayons divergents* 1º.

Pourquoi le même corps qui a été d'abord attiré, ne manque pas d'être repouffé enfuite.

Cette atmofphere augmente donc confidérablement fon volume, & le met en prife aux rayons de matiere effluente, qui le tiennent écarté du tube électrique, autant de temps que l'Electricité fubfifte dans l'un & dans l'autre, (*H fig.* 17.)

III. Fait.

Un corps léger que l'on a électrifé, & que l'on tient fufpendu ou flottant en l'air par l'action du corps électrique dont il s'eft écarté, ne manque pas de revenir à ce même corps, auffi-tôt qu'il a été touché du doigt, ou de quelqu'autre corps femblable & non ifolé.

Explication.

Pourquoi le corps repouffé revient au corps électrique dès qu'onl'a touché.

L'attouchement d'un corps non ifolé, lui fait perdre fon électricité [17], & par conféquent cette atmofphere d'aigrettes qui augmentoit invifiblement, mais réellement fon volume; ainfi, après cet attouchement, il fe trouve dans le même état où il étoit avant que d'avoir été électrifé, & difpofé de nouveau, par la petiteffe de fon volume ou par fa figure propre, à fe laiffer emporter vers le corps électrifé, en échappant encore, comme la premiere fois, aux rayons divergents de la matiere effluente.

Quand je dis en échappant aux rayons divergents de la matiere effluente, je le répete encore, ce n'eft pas que je prétende que ce corps, tout petit qu'il soit, ne rencontre aucun de ces filets de matiere dont le mouvement s'oppose au sien: il en rencontrera sans doute ; mais, comme ils sont rares en comparaison de ceux de la matiere affluente 9 & 13, il donnera plus constamment prise à ceux-ci, & ne souffrira qu'un retardement ou une déviation de la part de ceux-là.

IV. FAIT.

Les corps électrisables par communication, mais qui ne sont point isolés, attirent les petits corps électrisés qui se présentent à eux. Un homme, par exemple, avec le bout de son doigt ou avec un morceau de métal, attire une petite feuille d'or électrisée & flottante en l'air. (*fig. 18.*)

EXPLICATION.

TANT que la petite feuille C, qu'on suppose électrisée, n'est entourée que de son atmosphere propre, & de l'air dans lequel elle est suspendue & isolée, rien ne la détermine à se porter d'un côté préférablement à

Pourquoi les corps non isolés attirent à eux de plus petits corps qui ont reçu la vertu électrique.

l'autre : premiérement , parce que *ses effluences se faisant en même temps & avec une égale force , par les différents points de sa surface* , elles s'appuiént également de toutes parts sur l'air ambiant, ce qui doit mettre la réaction de ce dernier fluide en équilibre avec elle-même. En second lieu , parce que *les affluences A , B , &c. venant à elle également & en même temps de tous les côtés* [11], elles ne peuvent la pousser vers l'un plutôt que vers l'autre.

Mais quand on en approche le doigt ou *tout autre corps plus perméable à la matiere électrique , que la portion d'air dont il tient la place* [8], les rayons effluents du corps c se plient, vers lui, trouvant de sa part moins de résistance que n'en éprouvent de la part de l'air, les effluences de la partie opposée : delà vient que ces deux corps se joignent , & que le plus petit , comme étant le plus mobile , semble être attiré par l'autre.

V. Fait.

Pendant qu'un corps léger , pareil à celui du fait précédent , demeure fufpendu & flottant en l'air au-deffus d'un tube de verre électrifé qu'il a touché, fi on lui préfente un autre tube de verre nouvellement frotté, il s'en écarte comme du premier : il s'approche au contraire d'un bâton de cire d'Efpagne, d'une boule de foufre, &c, qu'on a électrifée.

EXPLICATION.

AVANT que d'entrer dans l'explication de ce fait, il eft bon d'avertir le Lecteur, qu'il n'eft pas conftant ; & que, quand on fait l'expérience un grand nombre de fois & en différents temps, on éprouve fouvent que le foufre, la cire d'Efpagne & les corps réfineux, étant électrifés, repouffent au lieu d'attirer, ce que le verre a rendu électrique. *Voyez* à la fin du Tome II de mes *Lettres fur l'Electricité*, l'article 45 des expériences vérifiées en préfence des Commiffaires nommés par l'Académie Royale des Sciences.

Pourquoi les petits corps électrifés par le verre, & qui s'en écartent enfuite, ne s'éloignent pas de même d'un bâton de cire d'Efpagne électrifé.

Mais comme ce fait fe préfente affez communément tel que je l'ai énoncé d'abord, il faut que je dife comment il peut avoir lieu, & par quelles raifons il peut manquer.

Pour être en état de bien entendre l'explication qu'on peut donner
de ce cinquieme fait, il faut fe faire
une idée bien nette de ce qui fe paffe
entre deux corps dont l'un feulement
eft électrifé, ou entre deux corps qui
le font tous deux.

Dans le premier cas, c'eft-à-dire,
lorfque l'un des deux corps feulement
eft électrifé, *il fort de celui qui ne l'eft
pas, une matiere qui eft affluente par
rapport à l'autre* [14] ; *& de celui-ci, il
s'élance perpétuellement des aigrettes
dont les rayons font divergents entr'eux* [10].

Dans le fecond cas, c'eft-à-dire,
quand les deux corps, qui font en
préfence l'un de l'autre, font actuellement électriques, *il fort de tous deux
une matiere effluente* [10], dont les rayons
vont en fens contraires de l'un à
l'autre corps. Et, *tandis que cette matiere émane ainfi des deux corps, une
femblable matiere vient de toutes parts à
eux, foit de l'atmofphere, foit des corps
voifins, pour remplacer & perpétuer ces
émanations.* [11] & [14].

Ainfi, dans l'un & dans l'autre cas,

la matiere électrique qui vient de
l'un des deux corps , eft toujours
oppofée à celle qui vient de l'autre ;
& , par conféquent , pour qu'ils
puiffent s'approcher , il faut de deux
chofes l'une , ou que ces rayons qui
vont en fens contraires de l'un à
l'autre corps , perdent toute leur
action , ou que chacun de ces deux
courants trouve un paffage affez libre
dans le corps qu'il rencontre ; car
fi ces émanations fubfiftent , & qu'en
fortant de l'un des deux corps , elles
ne puiffent pas facilement entrer dans
l'autre , elles ne manqueront pas
d'entretenir une diftance entre les
d'eux ; ce que l'on a nommé *répulfion.*
Revenons maintenant à notre fait.

La petite feuille de métal électrifée
fuit conftamment tout verre électrique , parce que , comme on l'a
dit ci - deffus , *fon volume augmenté*
par une atmofphere de rayons diver-
gents , donne affez de prife aux émana-
tions du verre [1]°.

La même chofe n'arrive pas lorfqu'on lui préfente un morceau de
foufre ou de cire d'Efpagne nouvellement frotté , pour deux raifons : la

premiere, parce que les rayons effluents de ces matieres électrisées *sont plus foibles que ceux du verre,* & qu'apparemment la matiere qui sort d'un bâton de cire d'Espagne électrisé, n'a pas plus de force ordinairement que celle qui *vient de tout autre corps non électrique en présence d'un corps électrisé* [14], & qui n'empêche pas, comme on sait, l'approximation réciproque. La seconde raison est que *les matieres résineuses, le soufre, les gommes, &c, dans lesquelles le fluide électrique a peine à se mouvoir pour l'ordinaire, en sont pénétrés plus facilement, quand on les frotte ou qu'on les chauffe* [7].

Ainsi la feuille de métal électrisée n'est pas repoussée par le soufre qu'on vient de frotter, parce que les rayons effluents de cette petite feuille le pénetrent, comme elle est pénétrée elle-même par ceux de ce soufre électrisé ; & cette pénétration mutuelle fait que la résistance est moindre entre ces deux corps, que par-tout ailleurs aux environs ; car c'est un fait, *que la matiere électrique a plus de peine à pénétrer dans l'air de l'atmosphère que dans les corps les plus denses & les plus durs* [8]. Voilà

Voilà ce qui arrive le plus communément ; mais il peut se faire aussi
que les rayons effluents de la petite
feuille électrisée manquent de force
pour pénétrer dans le soufre , ou
que celui-ci ne soit pas assez péné-
trable pour eux , faute de n'avoir pas
été frotté ou chauffé suffisamment ,
ou que ses propres effluences ayant
trop de vigueur , empêchent celles
de la petite feuille d'arriver jusqu'à
lui ; & alors il y a répulsion comme
en présence du verre électrisé.

Il est inutile de dire que je nomme
ici le soufre pour toutes les substances
qui produisent ce même effet ; & ce
qui me fait croire que la répulsion
ou l'attraction, en pareil cas, dépend
de quelqu'une des causes que je viens
d'alléguer, c'est que souvent la même
boule de soufre , le même bâton de
cire d'Espagne, attire ce qu'il repous-
soit, ou repousse ce qu'il attiroit un
instant auparavant, & sans être frotté
de nouveau, mais seulement parce
qu'on le présente un peu plutôt
ou un peu plus tard , de plus près ou
de plus loin.

De tous les phénomenes électriques, il n'en eſt pas de moins certain, de moins conſtant que celui dont il eſt ici queſtion ; ſi quelqu'un peut ſe vanter de le faire réuſſir à ſon gré toutes les fois qu'il voudra, il faut qu'il ſoit ſûr de réunir des cir- conſtances très-difficiles à ſaiſir : & dès-lors, je dis que c'eſt un effet variable ; non, pas qu'il n'arrive ſûrement quand tout ce qui doit le produire ſera raſſemblé ; avec cette condition, tout effet naturel eſt in- faillible ; mais parce qu'il dépend de pluſieurs cauſes très-délicates, & que le plus habile Phyſicien auroit bien de la peine à prévoir & à régler la part que chacune d'elles doit y avoir.

VI. Fait.

Un corps électriſé par frottement ou par communication, attire & repouſſe en même temps, par le même côté de ſa ſurface, pluſieurs corps légers qu'on lui préſente, de- ſorte que les uns vont à lui, tandis que les autres s'en écartent.

EXPLICATION.

XXI.
Leçon.
Comment
les attrac-
tions & ré-
pulsions
électriques
font simul-
tanées.

LE phénomene des attractions &
répulsions simultanées, est celui contre lequel viennent échouer sans
ressource tous ceux qui prétendent
expliquer les effets de la vertu électrique avec un seul courant de matiere. Quand on n'attribue au corps
électrisé que celle qui lui vient du
dehors, on peut bien par-là rendre
raison jusqu'à un certain point, des
mouvements qu'on nomme *attractions*:
on en est quitte après pour glisser
légérement sur la cause des *répulsions*. Si l'on n'admet que la matiere
lancée de toutes parts autour du corps
électrisé, on peut bien dire pourquoi il chasse les petits corps qui le
touchent, comment il les tient écartés de lui; & l'on répond comme on
peut, à ceux qui demandent d'où
vient que de pareils corps sont attirés.
Mais il faut se taire ou dire de mau-
vaises raisons, quand il s'agit d'expliquer comment, par l'un ou par
l'autre de ces deux courants, des
corps tout semblables entr'eux
sont poussés en même temps, les uns

N n ij

dans un fens, les autres dans un fens oppofé. Auffi met-on ce fait à l'écart, comme s'il n'exiftoit pas; & quoique je l'aie objecté bien des fois, perfonne n'a fait femblant de m'avoir entendu.

Pour moi qui ai duement prouvé que ces deux courants exiftent en même temps autour du corps électrifé, & qui ai expliqué ci-deffus les attractions par l'un, & les répulfions par l'autre, je n'ai qu'un mot à ajouter, pour faire remarquer que ces deux effets peuvent avoir lieu enfemble.

En effet, puifque *la matiere élec-trique, tant effluente qu'affluente, eft divifée par rayons, dont chacun eft ani-mé d'un mouvement propre & progreffif* 5, 10, 11; n'eft-il pas tout fimple que chacun d'eux entraîne avec lui tout ce qu'il trouve en fon chemin, d'affez mobile pour obéir à fon impulfion? Les corps attirés font donc ceux qui obéiffent à la matiere affluente, & les corps repouffés font ceux qui font emportés par la matiere effluente.

Les uns & les autres devroient

naturellement aller & venir en ligne
droite, *ainſi que le fluide inviſible qui
les entraîne* [5]. Mais comme les mou‑
vements ſont oppoſés, il eſt preſque
impoſſible qu'il n'arrive des chocs &
des déviations ; & parce que c'eſt le
hazard qui les produit, les effets
apparents qui en réſultent, ſont auſſi
de ceux qu'on ne peut pas prédire.

Comme toutes les parties du corps
électriſé ont leurs effluences & leurs
affluences, il doit y avoir auſſi attrac‑
tions & répulſions ſimultanées à
chacune d'elles ; les effets ont lieu
par‑tout où regnent les cauſes.

VII. FAIT.

Les attractions & les répulſions
électriques, toutes choſes égales
d'ailleurs, ſont plus ou moins vives,
& s'étendent à des diſtances plus ou
moins grandes, ſuivant la nature des
ſupports, ſur leſquels ſont placés les
petits corps qui doivent être attirés
& repouſſés.

EXPLICATION.

LES corps qui ſont attirés en appa‑
rence, ſont pouſſés réellement vers

XXI.
LEÇON.

Comment
la nature des
supports in-
flue sur les
attractions
& répul-
sions.

le corps électrisé, *par la matiere électrique qui lui vient de toutes parts* [11]. Mais
cette matiere affluente ne lui vient pas
seulement de l'air ; elle vient aussi
*de tous les autres corps du voisinage,
qui sont capables de s'électriser par communication* [14]; *& dans ceux-là, la matiere
électrique se meut avec bien plus de facilité
que dans tous les autres, tant pour entrer
que pour sortir* [7]. Si vous placez donc
des corps légers sur un support de
métal, sur la main d'un homme, &c,
ils seront portés au tube ou au conducteur électrisé plus vivement & de
plus loin, que s'ils étoient placés sur
un gâteau de résine, ou suspendus
en l'air ; parce que la matiere électrique, que la présence du corps
électrisé détermine à venir à lui, *sort
du métal & des corps vivants, &c,
plus abondamment & avec plus de
force que des corps résineux & de
l'air* [7] & [14].

De même, quand ces petits corps
ont touché le tube de verre ou le
conducteur qui les attire, ils sont
électrisés eux-mêmes, repoussés vers
leur support, & hors d'état d'être
attirés de nouveau, jusqu'à ce qu'ils

aient perdu leur électricité acquise ;
or, *comme rien n'est plus propre à la leur
ôter promptement que le métal non isolé* [17],
ils ne l'ont pas plutôt touché, que
la matiere affluente les reprend, pour
les entraîner au corps électrisé. Au
lieu que si le support étoit de la cire
d'Espagne ou quelque matiere résineuse, le petit corps électrisé n'y
perdroit sa vertu que lentement ; &
quand il auroit repris son premier
état, & qu'il seroit sujet à attraction,
*la matiere qui vient d'un pareil sup-
port, est si foible* [7], qu'elle ne le por-
teroit qu'avec peine vers le tube ou
vers le conducteur.

On voit par-là comment les attractions & répulsions électriques peuvent
devenir plus fortes ou plus foibles
par le voisinage de certains corps,
& combien il est important d'avoir
égard à ces circonstances, quand on
fait ces sortes d'expériences, dans la
vue de résoudre quelque question.

VII. FAIT.

Tout ce qu'on veut électriser par
communication, doit être posé sur
des matieres qui ne s'électrisent bien

que par frottement ; telles sont le soufre, la cire d'Espagne, les résines, la soie, &c.

EXPLICATION.

Pourquoi certaines matieres sont plus propres que d'autres à isoler les corps qu'on veut électrifer par communication.

UN corps s'électrise par communication, lorsque la matiere électrique, *qui réside en lui* [4], reçoit du mouvement par le contact ou l'approximation d'un corps déja électrique, qui la détermine à se porter du dedans au dehors : or la cause qui détermine, doit agir d'autant plus efficacement, qu'elle agit sur un corps plus isolé ou plus petit, puisqu'alors elle a moins de matiere à mettre en mouvement. Un homme qui se tient placé immédiatement sur le plancher d'une chambre, ne s'électrise que très-peu ou point, parce qu'il communique avec de grandes masses qui sont électrisables comme lui, & que l'action qu'on exerce sur la matiere électrique qui réside en lui attaque en même temps *celle de tous les autres corps* [4], avec lesquels il a communication. Et cette action partagée à tant de corps, n'a presque point d'effet sensible sur aucun d'eux.

Il n'en est pas de même, si l'on
met

met un gâteau de réfine fous les pieds
de cet homme ; comme *les corps de
cette efpece ne s'électrifent prefque point
par communication* [7], le corps électrique qui doit communiquer fa vertu,
n'agit alors que fur l'homme ifolé,
& ne détermine au mouvement que
la matiere qui eft en lui.

Pour rendre cette explication plus
claire , il faut que je reprenne les
chofes de plus haut, & que je dife
de quelle maniere je conçois qu'un
corps s'électrife quand on le frotte ,
& comment , une fois électrifé, il
communique fa vertu à un autre
corps.

QUAND je frotte un tube de verre ,
un bâton de cire d'Efpagne , une
boule de foufre, &c, je mets en
mouvement & les parties du corps
frotté , & la matiere électrique qui
en remplit les pores : eft - ce aux
parties du verre que le mouvement
s'imprime d'abord pour fe communiquer enfuite à la matiere électrique, ou tout au contraire ? C'eft
ce que j'examinerai ailleurs ; mais il
eft fûr *que la matiere électrique s'élance
fenfiblement du dedans au dehors* [10], & le

Idée de l'é-
lectrifation ,
ou de la ma-
niere dont
l'Electricité
s'excite par
le frotte-
ment.

verre s'échauffe : en voilà affez pour me faire croire que tout eft agité.

Le corps frotté ne s'épuife point par ces émanations continuelles, quelque temps qu'elles durent, parce que la matiere électrique qui fort, eft toujours remplacée *par une matiere femblable* [11], *qui vient non - feulement de l'air, mais même de tous les autres corps qui font dans le voifinage* [14]. *Si la matiere électrique eft préfente par-tout* [4], comme il y a tout lieu de le croire, elle doit s'empreffer de remplir tous les efpaces qui fe trouvent vuides des parties de fon efpece: c'eft le propre des fluides, de fe répandre uniformément, & de fe mettre en équilibre avec eux-mêmes : repréfentez - vous un feau percé de toutes parts, que vous auriez plongé dans un baffin ; fi vous épuifiez tout-à-coup ce vaiffeau avec une pompe ou autrement, ne fe rempliroit- il pas auffi-tôt aux dépens de l'eau du baffin, & ce remplacement ne fe feroit-il pas autant de fois que l'épuifement feroit réitéré ?

L'Electricité n'eft donc rien autre chofe que l'état d'un corps qui reçoit continuellement les rayons convergents d'une matiere très-subtile, tandis qu'il laisse échapper de toutes parts des rayons divergents d'une pareille matiere ; il est comme la source de celle-ci, & le terme de celle-là. Et comme l'effluence de l'une occasionne l'affluence de l'autre, le remplacement entretient aussi la durée des émanations.

XXI.
Leçon.

Approchons maintenant d'un corps qui est dans cet état, un autre corps capable de s'électriser par communication & convenablement isolé: la matiere électrique qui est en repos dans ce corps, doit se mettre en mouvement, & se porter du dedans au dehors par deux raisons : 1°., Parce que *tout ce qui est dans le voisinage d'un corps électrisé, lui fournit cette matiere que nous avons nommée affluente* [14]. 2°., Parce qu'une partie de cette même matiere qui réside dans le corps qu'on approche du corps électrisé, doit recevoir des impulsions continuelles de la part des rayons effluents qui s'élancent de celui-ci, *& qui sont capables de pénétrer dans les corps les plus compacts* [6].

Idée de la maniere dont les corps s'électrifent par communication..

Oo ij

Mais si ce corps perd ainsi la matiere électrique qui réside en lui, où il doit bien-tôt s'épuiser, ou bien il faut qu'il reprenne d'ailleurs une matiere semblable à celle qu'il perd; or on ne peut pas dire qu'il s'épuise, car ces émanations durent autant de temps qu'on veut les exciter; mais il lui arrive ce qu'on observe en général à tout ce qui est actuellement électrique, soit par communication, soit par frottement; *tant que dure l'émanation de la matiere intérieure, une pareille matiere vient de toutes parts remplacer celle qui sort* [11]. Ainsi l'électricité communiquée, comme celle qu'on excite par frottement, consiste toujours dans une effluence & dans une affluence simultanées de la matiere électrique.

Comme le premier de ces deux mouvements naît en partie par l'impulsion ou par le choc, dans le corps qu'on électrise par communication, & qu'un certain choc ne peut animer sensiblement qu'une certaine quantité de matiere, il est nécessaire de limiter celle que doivent mouvoir les rayons effluents du corps élec-

trique communiquant ; & c'eſt ce
que l'on fait en interpoſant quelque
matiere réſineuſe , *peu propre à être
pénétrée par le fluide électrique* [7], & qui
interrompt fort à propos la continuité
des corps électriſables.

VIII. Fait.

Dans l'expérience de Hauxbée, qui
eſt ſi connue (*A fig.* 19), des fils arrêtés
au centre d'un globe de verre électriſé, ſe dirigent en forme de rayons
qui tendent à l'équateur du globe ;
& d'autres fils attachés à un cerceau
en dehors, prennent une tendance
convergente au centre de ce même
globe.

Explication.

Après ce que j'ai dit ci-deſſus pour
expliquer les attractions électriques ,
il ne me reſte qu'à faire remarquer ici
que les deux ſurfaces du verre s'électriſent enſemble , quoiqu'on n'en
frotte qu'une. Les fils attachés au
centre du globe, ſont dirigés vers
la ſurface intérieure par la matiere
affluente qui les enfile , en venant
de l'air extérieur , par l'axe ſur le-

Explication
de l'expéri-
ence d'Haux-
bée & de ſes
circonſtan-
ces.

O o iij

quel ils font arrêtés; & ceux du cerceau deviennent convergents au globe par une pareille matiere qui fe rend de toutes parts à la furface extérieure.

Une circonftance affez finguliere de cette expérience, & qui mérite plus d'attention que le refte, c'eft que les fils du dedans changent de place, & femblent s'écarter quand on fouffle fur le verre, ou qu'on préfente le doigt par dehors à l'endroit où ils tendent.

On peut rendre raifon de ces effets, en difant, 1°, que le fouffle le plus fouvent chargé d'humidité, diminue ou fait ceffer l'électricité à la partie du verre qu'il attaque, & alors le fil qui s'y dirigeoit, retombe par fon propre poids: 2°. Quand on approche le doigt de la furface extérieure, *la matiere qui fort de ce doigt, en la préfence du globe électrifé* [14], paffe à travers le verre, & va fortifier les aigrettes de l'autre furface; & alors ces effluences de la furface intérieure l'emportent en force fur la matiere affluente qui dirige le fil, & elles le repouffent pour un temps.

Je n'imagine pas gratuitement que la matiere qui sort du doigt en pareil cas, pénètre dans le verre, & va fortifier les effluences de la surface intérieure du globe. Si l'on fait entrer dans ce vaisseau un peu de sciure de bois ou du son de farine, on verra très-distinctement chaque petite parcelle s'élancer & sauter, quand le bout du doigt se présentera dessous ; c'est une épreuve que j'ai répétée cent fois.

XXI. Leçon.

IX. FAIT.

Certains corps ont peine à s'électrifer les uns par frottement, les autres par communication, tandis que d'autres deviennent fortement électriques de l'une ou de l'autre maniere ; si la matiere électrique réside par-tout, d'où peut venir cette différence ?

Un corps n'est point électrisé, pour avoir en soi la matiere électrique ; *il faut que cette matiere en sorte pour être remplacée par une semblable* [10] & [11] ; il faut qu'il y ait effluence & affluence, comme je l'ai dit plusieurs fois ci-dessus ; or cette

Pourquoi certains corps s'électrifent mieux par le frottement, & d'autres par la communication.

O o iv

matiere, toute subtile qu'elle est, ne pénetre pas tous les corps indistinctement & avec la même facilité; elle trouve dans les uns des passages plus libres que dans les autres, tant pour sortir que pour entrer.

D'ailleurs il est probable que ces élancements sont causés & entretenus par quelque mouvement intestin, imprimé aux parties du corps que l'on a frotté : j'ai lieu de croire que le ressort de ces parties y entre pour beaucoup ; car j'observe qu'en général les corps dont les parties ont le plus de roideur, sont aussi les plus propres à s'électriser par frottement.

X. FAIT.

Quoique tout ce qui est léger & libre puisse être attiré ou repoussé par un corps actuellement électrique, il y a pourtant certaines matieres qui obéissent plus vivement que d'autres à ces attractions & répulsions.

EXPLICATION.

L'EXPÉRIENCE a fait connoître que cette disposition plus ou moins grande à être attiré & repoussé par un corps électrique, dépend moins de la nature des matieres que d'un assemblage plus ou moins ferré de leurs parties. On apperçoit aifément la raifon de ce phénomene, quand on confidere que les mouvements alternatifs, d'attraction & de répulfion, font les effets de la matiere électrique, tant effluente qu'affluente, qui, quoiqu'affez fubtile pour pénétrer dans les corps les plus compacts, & pour fe faire jour au travers de leurs pores, n'en eft pas moins une matiere compofée de parties folides, capables par conféquent de heurter & d'entraîner avec elle tout ce qu'elle rencontre de folide dans fon chemin. Les corps les plus denfes doivent donc lui donner plus de prife que les autres ; une paillette de métal, plus qu'un fragment de papier ; un ruban mouillé ou gommé, plus que le même ruban, s'il étoit lavé & fec, &c.

XXI.
LEÇON.
Pourquoi il y a des corps plus fufceptibles les uns que les autres, des attractions & répulfions électriques.

UNE chofe à laquelle il faut encore faire attention, c'eft que les corps qui font attirés & repouffés le plus vivement, font juftement ceux

Obfervation importante.

qui s'électrisent le mieux par communication ; une feuille de métal
à qui l'on présente un tube de verre
nouvellement frotté , s'électrise d'a-
bord peu ou beaucoup , c'est-à-dire ,
que la matiere électrique qui réside
en elle , se dispose à sortir de toutes
parts , ou sort réellement.

Le premier de ces deux états, (lorsqu'elle n'est point encore électrique ,
mais toute prête à l'être), état qui ne
peut cesser que quand elle ne tou-
chera plus la table ou le corps non
électrique qui la soutient ; ce premier
état , dis-je , la met plus en prise
qu'un morceau de papier, à la matiere
affluente qui va au tube ; car outre
son excès de densité , elle oppose
encore des pores pleins d'une matiere presqu'effluente ; de sorte
qu'elle n'a peut-être aucun point
de sa surface qui ne soit susceptible
du choc qui tend à la mener au
tube.

Lorsqu'elle s'enleve , & qu'elle
commence à s'approcher du tube ,
elle s'électrise alor s de plus enplus,
& *son volume augmente par une at-*
mosphere de- rayons divergents 10 ,

comme je l'ai dit ci-deſſus. Et il augmente quelquefois, de maniere que,
rencontrant les rayons de la matiere
effluente du tube en ſuffiſante quantité, la petite feuille de métal rétrograde avant qu'elle ait touché le
corps électrique qui l'attiroit.

Cette activité, comme l'on voit,
tant pour aller au tube que pour
s'en écarter, vient donc en très-
grande partie de la facilité avec laquelle certains corps reçoivent l'électricité d'un autre.

XI. FAIT.

L'Electricité ſe communique preſ-
qu'en un inſtant par une corde de
douze cents pieds & plus, à laquelle
on fait faire pluſieurs retours :
comment ſe peut-il faire que la matiere électrique paſſe ſi promptement
d'un bout à l'autre de cette corde,
& qu'elle en ſuive ainſi les différentes
directions ?

EXPLICATION.

C'EST une ſuppoſition très-vrai-
ſemblable, & que les plus habiles
Phyſiciens n'ont pas fait difficulté

d'avancer ou d'admettre que, dans les corps les plus denfes, il y a plus de vuide que de plein, plus de pores que de parties folides; on peut donc croire, à plus forte raifon, que dans une corde, dans une verge de fer, &c, la porofité eft telle, que la matiere électrique (*fluide fubtil qui réfide par-tout* [4]) jouit d'une continuité de parties non interrompue ; ainfi, dès que les rayons ou les filets de cette matiere très - mobile par elle-même, font pouffés par un bout, ou déterminés à fe mouvoir, comme je l'ai dit ci-deffus, je conçois que le mouvement eft bien-tôt tranfmis jufqu'à l'autre extrémité ; ou que les premieres parties venant à fortir, donnent lieu aux autres de les fuivre fans délai, à peu - près comme le mouvement fe tranfmet par une file de corps élaftiques & contigus ; ou bien comme l'eau d'un canal fe meut toute entiere, dès qu'on lui permet, ou qu'on la force de couler par un bout.

Ainfi, quand j'électrife une corde de deux cents toifes par l'une de fes extrémités, je ne prétends pas

que, dans le premier inftant, les
rayons effluents de l'autre bout foient
individuellement la matiere électrique du tube qui ait parcouru toute
la longueur de la corde, mais feulement une matiere femblable, qu'elle
a trouvé réfidente dans la corde, &
qu'elle a pouffée devant elle.

Si le fluide électrique ou le mouvement qui lui eft imprimé, fuit
toujours la corde, malgré fes détours
& fes finuofités, c'eft vraifembla-
blement en conféquence de ce principe que j'ai déja cité plufieurs fois:
*que la matiere électrique trouve moins
d'obftacles dans les corps les plus denfes,
que dans l'air même de l'atmofphere* [8].
Elle fuit les différentes directions du
corps qui lui oppofe le moins de
réfiftance.

XII. Fait.

Une légere humidité nuit à l'électricité qu'on excite par frottement;
& bien loin d'être nuifible, elle eft
favorable à l'Electricité par communication.

Pourquoi
l'humidité ,
qui ne nuit
point à l'é-
lectricité que
l'on commu-
nique , met
un obstacle
confidérable
à celle qu'on
veut exciter
par frotte-
ment.

EXPLICATION.

L'électricité que l'on fait naître par le frottement, dépend beaucoup d'un certain mouvement inteſtin que l'on fait prendre aux parties propres du corps que l'on frotte ; & ce mouvement lui - même , cette eſpece d'irritation exige que les parties ſoient libres, & jouiſſent de toute leur élaſticité ; une vapeur humide , ou une légere couche d'eau , empêche apparamment que ces parties ne ſe mettent en jeu, ou bien elle empâte, pour ainſi dire , les pores , & ne permet pas que la matiere électrique s'y meuve librement, tant pour entrer que pour ſortir.

L'Electricité qui ſe communique par des conducteurs , ne leur doit , ſuivant toutes les apparences , que les paſſages libres qu'ils donnent à la matiere électrique ; ce ſont des milieux purement paſſifs : or l'ex-périence fait connoître que l'eau reçoit & tranſmet aiſément cette matiere ; par conſéquent, ſi elle ſe trouve unie à quelqu'autre ſubſtance, bien loin d'empêcher que celle - ci

ne s'électrise par communication ,
elle doit au contraire faciliter cet
effet.

XIII. FAIT.

L'électrisation augmente la transpiration des animaux, accélere l'évaporation des liqueurs , & desseche les corps solides qui ont quelque suc ou quelque humidité à perdre.

Ces faits sont prouvés par une suite d'expériences que j'ai publiées dans les 4ᵉ & 5ᵉ Discours de mes *Recherches* sur les causes particulieres des phénomenes électriques, & dans les Mémoires de l'Académie des Sciences , *année* 1747 , p. 234 & *suiv.*

EXPLICATION.

Il faut se rappeller ici la 14ᵉ Expérience de la II Section , dans laquelle nous avons vu que des écoulements qui se faisoient naturellement goutte à goutte , ont été vivement accélérés par l'électrisation ; nous avons attribué cet effet aux effluences de la matiere électrique , qui entraînent rapidement les petites gouttes de liqueur qu'elles trouvent

Comment l'Electrisation accélere l'évaporation des liquides , la transpiration des animaux , &c.

sur leur chemin ; & en effet cette cause se présente si naturellement , qu'il n'est pas possible de la méconnoître. On peut de même lui attribuer ce qui arrive aux animaux & aux corps évaporables qu'on électrise ; la transpiration est un écoulement insensible qui se fait par les pores de la peau ; quand la matiere électrique est forcée de sortir par ces mêmes issues , elle entraîne ce qu'elle y rencontre ; si cela dure un certain temps, l'animal , à la fin , se trouve avoir plus transpiré qu'il n'auroit fait dans son état naturel.

C'est à-peu-près la même chose pour les corps capables d'évaporation ; quand on les électrise , ces mêmes effluences dont nous venons de parler , emportent avec elles les parties superficielles d'une liqueur ; ou bien elles chassent hors du corps d'où elles sortent, ce qu'elles trouvent de liquide dans ses pores : ainsi après une électrisation de quelque durée , on trouve un déchet sensible dans le poids,

On

On augmente aussi la transpiration des animaux, & l'on fait diminuer le poids des substances évaporables, en les plaçant seulement auprès des corps qu'on électrise.

Cela est encore prouvé par un grand nombre d'expériences, que l'on trouvera à la suite de celles que j'ai citées ci-dessus.

EXPLICATION.

Nous avons vu par la 20ᵉ Expérience de la II Section, que la matiere électrique qui vient des corps environnants au corps électrisé, accélere aussi les écoulements qui ne sont point isolés ; il est donc comme indubitable que la même matiere, en sortant de l'animal pour se rendre au corps qu'on électrise, précipite la transpiration, qui, sans cela, se feroit avec plus de lenteur.

Il est aisé de comprendre aussi qu'en pareil cas, une liqueur s'évapore plus vîte que de coutume, étant aidée par le fluide électrique qui traverse toute sa masse, pour

Pourquoi cet effet a lieu pour des corps non isolés qui sont placés dans le voisinage des corps qu'on électrise.

arriver au corps électrisé : une poire, ou un autre fruit, doit perdre aussi une portion de ses sucs, par la même cause.

XV. FAIT.

Les attractions & les répulsions ne sont pas aussi régulieres dans le vuide que dans l'air libre.

EXPLICATION.

Pour que ces mouvements aient une certaine régularité, il faut que les effluences électriques conservent leur forme ordinaire d'aigrettes épanouies ; il faut que leurs rayons, séparés les uns des autres, aient une certaine divergence, afin que les rayons de la matiere affluente puissent passer entr'eux, & y faire passer avec eux les petits corps qu'ils entraînent ; mais cette divergence si nécessaire aux rayons de la matiere effluente, vient principalement de la résistance qu'ils éprouvent de la part de l'air, en débouchant du conducteur ; cela n'a presque plus lieu dans le vuide ; les rayons effluents n'ont plus d'autre cause de diver-

XXI.
Leçon.

Pourquoi les attractions & répulsions électriques sont moins régulieres dans le vuide qu'en plein air.

gence que l'impétuofité de leur
éruption ; & l'on peut voir , en
faifant l'expérience dans l'obfcurité,
qu'ils demeurent réunis plufieurs
enfemble, fous la forme de gros jets
lumineux.

Ce qui prouve bien que c'eft-là
la véritable caufe de cette diminution ou irrégularité qu'on remarque
dans les attractions & répulfions
éprouvées dans le vuide , c'eft que
l'on corrige ce défaut , en terminant
le conducteur qui porte l'Electricité
dans le récipient , par une bouteille
de verre dont le fond foit arrondi ,
& qui contienne de l'eau ou du mercure (*B fig.* 19) ; car comme le
verre tamife davantage la matiere
électrique effluente, & la divife en
petits jets , les chofes fe paffent alors
à-peu-près comme dans l'air libre.

premiere étincelle que nous vîmes

ARTICLE SECOND

contenant les Phénomenes de la seconde Claffe.

Phénome-nes de la se-conde claffe prefque en-tiérement ignorés des Anciens.

LES Anciens n'ont point ignoré que l'ambre nouvellement frotté, jette quelque lueur en même temps qu'il attire les petites pailles ou autres corps légers qui font à fa portée : mais voilà tout ce qu'on peut légiti-mement leur attribuer touchant la connoiffance des lumieres électri-ques, confidérées comme telles : c'eft l'ouvrage de nos jours d'avoir rapporté à l'Electricité certains feux, connus véritablement dans l'An-tiquité, mais dont on ignoroit fi bien la caufe, qu'on les a pris pour des prodiges.

Les phénomenes d'Electricité, dans lefquels il y a lumiere ou in-flammation, font ceux qui ont le plus excité l'admiration des Phyfi-ciens qui les ont découverts, & l'é-tonnement des Amateurs ou des Curieux, à qui on les a montrés : je n'oublierai jamais la furprife que nous caufa, à M. Dufay & à moi, la

premiere étincelle que nous vîmes
éclater sur la jambe d'un des nôtres
que nous avions électrisé ; on se souviendra long-temps d'avoir vu la
Cour & la Ville se rendre avec le
plus grand empressement dans nos
Laboratoires, pour y voir, pour
y ressentir cette espece de ful-
mination qu'on nomme aujourd'-
hui l'*Expérience de Leyde* ; on se
souviendra d'avoir vu jusqu'au peuple
s'en divertir à prix d'argent dans les
lieux publics.

La matiere électrique devenant
apparente par elle-même, lorsqu'elle
s'anime jusqu'à s'enflammer, nous
laisse bien mieux appercevoir les
différents mouvements dont elle est
capable, que dans les autres cas où
elle demeure invisible : c'est aussi à
la faveur de ces effets acompagnés
de lumiere, que nous sommes parvenus à démêler les causes immédiates
& à former des conjectures plausibles
sur celles qui ne sont pas susceptibles
d'être recherchées, par la voie de
l'expérience : si l'Electricité s'étoit
manifestée d'abord par de tels signes,
il est à présumer que, n'ayant plus

Les feux
électriques
plus propres
que les autres
phénomenes
à nous éclai-
rer sur la na-
ture & sur les
causes de l'E-
lectricité.

affaire à un être invisible, nous aurions sçu plutôt en quoi consiste
essentiellement cette mystérieuse vertu. Les faits qui nous restent à expliquer, pour être les plus brillants &
les plus singuliers, ne sont pas les plus
difficiles.

I. FAIT.

A l'extrémité d'une barre de fer,
ou au bout du doigt d'un homme
qu'on électrise fortement & de suite,
il paroît communément un bouquet
ou une aigrette de rayons enflammés,
qu'on entend bruire sourdement, & qui
fait sur la peau une impression assez
semblable à celle d'un souffle léger.

EXPLICATION.

Comment
se forment
les aigrettes
lumineuses.

JE considere chaque particule de
matiere électrique, comme une petite
portion *de feu élémentaire, ou de toute
autre matiere analogue à celle-là, &
capable, comme elle, de s'enflammer par
le choc* [3]. Lorsque cette matiere, *qui
s'élance hors du corps électrisé, y rencontre celle qui vient la remplacer* [10] & [11],
elle reçoit un choc qui la fait briller
à nos yeux. Deux cailloux trans-

parents deviennent lumineux en se heurtant; pourquoi la matiere électrique ne feroit-elle pas la même chose, elle qui reffemble fi bien à la matiere de la lumiere, que la plupart des Phyficiens penfent que c'eft elle-même?

Les particules de matiere électrique, qui s'allument & s'entre-choquent, & que l'inflammation rend vifibles, doivent paroître rangées dans l'ordre avec lequel elles fortent du corps électrifé: or *la matiere effluente s'élance toujours en forme d'aigrettes ou de bouquets épanouis* [9].

Si l'inflammation de la matiere électrique vient de la collifion des parties qui vont en fens contraires, & de l'éclat fubit qui s'enfuit, &c, comme il y a tout lieu de le penfer, nous ne devons pas chercher ailleurs la caufe de ce petit bruit qu'on entend, quand on apperçoit les aigrettes lumineufes; car tout corps qui éclate fubitement, frappe & fait retentir l'air qui l'environne, plus ou moins fort, fuivant la grandeur de fon volume & la promptitude de fon expanfion.

Enfin le souffle léger qu'on sent sur la peau, quand on présente le visage ou le revers de la main aux bouquets lumineux, est l'effet naturel & ordinaire d'un fluide qui a un courant déterminé, & qui se meut avec une vîtesse sensible ; or *cette matiere, qui brille au bout d'une barre de fer électrisée, vient évidemment de l'intérieur de cette barre, & se porte progressivement aux environs jusqu'à une certaine distance* [s].

Pourquoi ces feux ne produisent qu'un vent frais.

On dira peut-être qu'une matiere enflammée devroit être brûlante, ou chaude au moins ; au lieu que les aigrettes lumineuses dont il est ici question, ne font sentir qu'un souffle dont le sentiment tient moins de la chaleur que du frais.

Mais ne sait-on pas que les idées de chaud & de froid sont relatives à nos sens, & que ce qu'on appelle *frais*, n'est autre chose qu'une chaleur très-tempérée & un peu moindre que celle de notre état ordinaire ? Ne sait-on pas aussi que les substances les plus légeres, les plus raréfiées, s'embrasent le plus aisément, c'est-à-dire, que telles d'entr'elles s'enflamment

amment par un degré de chaleur
qui fuffiroit à peine pour échauffer
fenfiblement un corps plus denfe ?
Ne fouffre-t-on pas de l'efprit-de-vin
ou de l'éther enflammé au bout de
fon doigt ?

Cela fuffit pour nous faire concevoir qu'il peut y avoir de véritables
inflammations qui n'atteignent pas
au degré de chaleur, qui nous eft
naturel & ordinaire ; telle eft apparemment celle de la matiere électrique, lorfque la divergence de fes
rayons lui fait prendre un certain
degré de raréfaction.

Ce qui rend ma conjecture vrai-
femblable, c'eft que, quand cette
même matiere vient à fe condenfer,
alors elle devient un feu affez actif
pour entamer les autres corps ; ces
mêmes aigrettes, qui ne faifoient
fentir qu'un fouffle léger, brûlent
vivement, comme on le va voir.

I I.   F A I T.

Lorfqu'on approche de fort près
le bout du doigt ou un morceau de
métal, d'un corps quelconque fortement électrifé, on apperçoit une

ou plusieurs étincelles très-brillantes qui éclatent avec bruit ; & si ce sont deux corps vivants que l'on applique à cette épreuve, l'effet dont je parle, est accompagné d'une picquure ou d'une commotion qui se fait sentir de part & d'autre.

EXPLICATION.

Ce qui fait éclater les étincelles électriques.

QUAND on présente un corps non isolé (sur-tout si c'est un animal ou du métal), à un autre corps fortement électrisé, les rayons effluents de celui-ci, *naturellement divergents* [9] & par conséquent raréfiés, acquierent une plus grande force, pour deux raisons ; 1°, parce qu'ils coulent avec plus de vîtesse ; 2°, parce que leur divergence diminue , & qu'ils se condensent : deux circonstances qu'il est aisé d'observer, si l'on présente le doigt aux aigrettes lumineuses , & qui s'expliquent aisément quand on fait d'ailleurs que *la matiere électrique trouve moins de difficulté à pénétrer dans les corps les plus denses, que dans l'air même de l'atmosphere* [8]. Ce n'est donc plus seulement une matiere effluente & rare qui heurte une autre

matiere venant de l'air avec peu de
vîteffe, comme dans le premier fait ;
c'est un fluide condenfé & accéléré
qui en rencontre un autre (*celui qui
vient du doigt* [14]) prefque auffi animé
que lui & par les mêmes raifons ;
ainfi le choc doit être plus violent,
l'inflammation plus vive, le bruit
plus éclatant.

Si les deux corps qui s'approchent,
tant celui qui eft électrifé que celui
qui n'eft point ifolé, font tous deux
animés, l'étincelle éclatte avec
douleur de part & d'autre, parce que
les deux filets de matiere enflammée,
qui fe rencontrent & qui fe choquent
fortement, fouffrent chacun une
répercuffion qui rend leur mouvement rétrograde ; & cette réaction
d'un filet de matiere qui fe dilate en
s'enflammant, doit diftendre avec
violence les pores de la peau, ou
remonter même affez avant dans
le bras, comme cela arrive en effet
le plus fouvent. Une perfonne électrifée qui tient en fa main une verge
de métal par un bout, reffent, comme
par contre-coup, toutes les étincelles
qu'on excite à l'autre extrémité :

Q q ij

comme auffi ces mêmes fecouffes fe font reffentir au coude de la perfonne non ifolée qui les excite avec fon doigt.

C'eft apparemment par cette raifon qu'on voit ceffer fubitement ou diminuer très - confidérablement l'Electricité d'un corps, à la furface duquel on excite une étincelle ; car je conçois que cette réaction dont je viens de parler, arrête tout d'un coup l'effluence de la matiere électrique, fans laquelle il n'y a plus d'affluence : & quand ces deux courants n'ont plus lieu, il n'y a plus d'électricité.

Objection. On m'objectera peut - être qu'en vertu de cette répercuffion, les effluences ne devroient ceffer qu'à l'endroit où l'on excite l'étincelle, & qu'elles devroient continuer partout ailleurs.

Réponfe. Confidérons que, *dans les corps électrifés, & électrifables par communication, la matiere électrique fe meut avec plus de facilité que dans l'air même* [8]. En conféquence de ce principe, nous devons penfer, qu'en préfentant le doigt de fort près à un conducteur électrisé, nous déterminons toutes les effluences à quitter leur premiere direction pour se porter de ce côté-là. Et, en effet, on observe que toutes les fois qu'on approche du conducteur, un corps de même nature, mais non isolé, les répulsions cessent ou diminuent beaucoup dans les fils d'épreuve ou dans tout ce qui leur ressemble, & que les aigrettes lumineuses s'affoiblissent ou disparoissent (^a).

On ne voit pas la même chose avec les corps électrisés par frottement, parce que *ce font des milieux auffi peu, & peut-être encore moins perméables que l'air pour la matiere électrique*[7], & que les effluences qui s'élancent des différents points de leur surface, ont moins de peine à continuer leur premiere route, qu'à revenir à travers l'épaisseur de ces corps, vers le doigt qui les provoque;

(*a*) Quand on voudra vérifier ce fait, il faut que ce soit sur un conducteur qui ait reçu la dose d'Electricité qu'on voudra lui donner, & que l'on ne continue pas d'électrifer; car s'il est à même de reprendre ce qu'il perd, les affoiblissements dont je parle, ne seroient peut-être pas affez sensibles.

Q q iij

**XXI.
LEÇON.**

ainſi, de toutes ces effluences, on ne répercute jamais que celles qui ſortent vis-à-vis du corps qui excite les étincelles : & par-tout ailleurs l'Electricité ſubſiſte avec elles.

III. FAIT.

Les étincelles éclatent quelquefois d'elles-mêmes ſans être provoquées par un autre corps : cela n'eſt-il pas contraire aux explications précédentes, où l'on prétend que l'effet en queſtion vient du choc de la matiere effluente contre la matiere affluente qui ſort d'un corps plus compact que l'air environnant ?

EXPLICATION.

D'où vien-
nent les étin-
celles ſpon-
tanées.

LES étincelles doivent éclater dans toutes les occaſions où les effluences & les affluences ſe rencontrent & ſe heurtent avec aſſez de force ; il eſt vrai que ce degré de force, qui dépend de la denſité des rayons & de leur vîteſſe, ſe trouve preſque toujours dans le cas où les deux courants s'élancent l'un contre l'autre en ſortant de deux corps, dont l'un eſt électriſé, & l'autre ſeulement électriſable

par communication ; mais on conçoit aisément que ces deux matieres
peuvent se choquer de même , &
produire un effet semblable dans
d'autres circonstances qui seront
propres à condenser leurs rayons, &
à leur donner une certaine énergie ;
ce n'est qu'autour du verre électrisé
qu'on remarque ces éclats spontanés,
qui d'ailleurs sont assez rares. J'en ai
produit par fois avec des tubes que
je frottois dans des temps secs &
froids ; & je les ai attribuées aux
effluences plus fortes que d'ordinaire,
& qui, se croisant d'une aigrette à
l'autre , opposoient à la matiere affluente une espece de foyer que sa
rencontre étoit capable d'enflammer :
voyez à la lettre G (*fig.* 17)
comment ce concours de rayons
peut avoir lieu.

On voit encore & plus souvent
éclater la matiere électrique aux
bords des carreaux de verre dorés
qu'on électrise par communication ;
mais on sait aussi que c'est le cas des
effluences les plus abondantes & les
plus rapides ; leur collision avec la
matiere affluente, (celle-ci ne vînt-

Q q iv

elle que de l'air ambiant) doit être forte à proportion ; car la grandeur du choc dépend de la vîtesse avec laquelle deux corps se rencontrent, & il suffit que l'un des deux en ait beaucoup, pour qu'ils se heurtent d'une maniere violente.

Enfin j'ai vu de ces fulminations à des bouteilles pleines d'eau que j'électrisois dans le vuide, & elles ont été quelquefois si violentes, que ces bouteilles en ont été brisées : je m'en suis pris de même au choc des deux matieres, & il m'a paru devoir être d'autant plus fort dans ces occasions, que les affluences sont fournies d'assez près par la platine de la machine pneumatique, laquelle étant, comme on fait, de métal, leur donne beaucoup plus d'énergie qu'elles n'en pourroient avoir, si elles sortoient immédiatement de l'air environnant ; ajoutez encore que le vuide dans lequel se fait cette collision des deux matieres, ne cause aucun déchet à la vîtesse avec laquelle chacune d'elles se porte vers l'autre.

La rupture de la bouteille est un

effet de la répercuſſion des effluences, & de la dilatation momentanée que le choc y produit ; j'inſiſterai davantage ſur ceci, lorſque j'expliquerai les commotions électriques.

IV. FAIT.

Un homme électriſé qui paſſe légérement ſa maïn ſur une perſonne non iſolée, vêtue de quelque étoffe où il y ait de l'or ou de l'argent, la fait étinceller de toutes parts, non-ſeulement elle, mais encore toutes les autres qui ſont habillées de pareilles étoffes & qui la touchent ; & ces étincelles ſe font ſentir aux perſonnes ſur qui elles paroiſſent, par des picottements qu'on a peine à ſouffrir.

EXPLICATION.

CE fait bien conſidéré n'eſt au fond que celui-ci qui eſt plus ſimple & plus connu. Tandis qu'un fil de métal non iſolé fait étinceller en E (fig. 19.) un corps qu'on électriſe, il étincelle lui-même par ſon autre extrémité F, s'il s'y rencontre quelqu'autre corps non iſolé qui lui ſoit

Comment les étincelles ſe multiplient par pluſieurs petits conducteurs preſque contigus les uns aux autres.

presque contigu ; & l'on peut multiplier cet effet en arrangeant ainsi
de pareils corps à la suite de celui qui
se présente au corps électrisé , en
observant toujours de les tenir
séparés les uns des autres , par un
très-petit intervalle.

Je dis que notre quatrieme fait revient à celui-là ; car ce sont des petits fils , ou des petites lames d'or &
d'argent , dont la continuité a été interrompue par les accidents que l'é-
toffe a soufferts ; ce sont des portions de métal séparées les unes
des autres par la soie , ou en
général par les matieres qu'on a fait
entrer avec elles dans le tissu : il ne
s'agit donc plus que de rendre raison
de ce dernier fait , & voici comment
on le peut faire.

Quand le premier de ces fils de
métal qui sont à la suite les uns des
autres , se trouve assez près du corps
qu'on électrise , la matiere effluente
de celui-ci , & la matiere affluente
qui vient de celui-là , s'enflamment
en se choquant , & cette collision
rend ces deux courants de matiere
électrique rétrogrades, comme je l'ai

fait entendre plus haut. Voici ce que
cela produit dans les petits intervalles *F G H I*, &c ; la matiere qui for-
toit du premier corps pour aller au
conducteur ifolé , étant répercutée
vers *F*, rencontre & répercute à fon
tour , celle qui débouche du fecond
avec la même tendance ; celle-ci, en
rétrogradant, fait la même chofe en
G, & ainfi de fuite ; & tant que ces
répercuffions font affez fortes , elles
fe manifeftent par des coups de lumiere , & par des fecouffes fenfibles
quand elles aboutiffent à des corps
animés.

Cette explication convient non-
feulement aux feux électriques , dont
on fait briller les étoffes enrichies
d'or & d'argent ; mais encore à ceux
qu'on voit pétiller en pareils cas, &
ferpenter fur les couvertures des livres , fur les papiers qui portent des
ornements formés avec quelque matiere métallique, fur la furface éta-
mée des miroirs, le long des chaînes qu'on fait étinceller par un
bout, &c.

Et comme les mouvements de la
matiere électrique fuivent volontiers

les différentes directions qu'on peut faire prendre aux corps qui la tranf-mettent, on peut arranger fur un carreau de verre ou fur une glace des petits bouts de fil de fer, fui-vant tel deffein qu'on voudra, com-me *C D* (*fig.* 19), & faire étincel-ler le premier en l'approchant d'un corps fortement électrifé; toutes les petites lumieres qui éclateront dans les intervalles, rendront vifible dans l'obfcurité le deffein qu'on aura fuivi.

V. FAIT.

Une perfonne électrifée, fur-tout fi elle l'eft par le moyen du globe de verre, allume avec le bout de fon doigt de l'efprit-de-vin, ou une autre liqueur inflammable, légére-ment échauffée, que lui préfente une autre perfonne non ifolée.

EXPLICATION.

Ce qui cau-fe les inflam-mations électriqnes.

Il y a toute apparence que la matiere qui fait l'Electricité, ou qui en opere les phénomenes, eft la même que cet élément, qu'on appelle feu ou lumiere [3], *& fur l'exiftence duquel prefque tous les* Phyficiens font d'accord aujourd'hui:

Fig. 17.

Fig. 18.

Fig. 19.

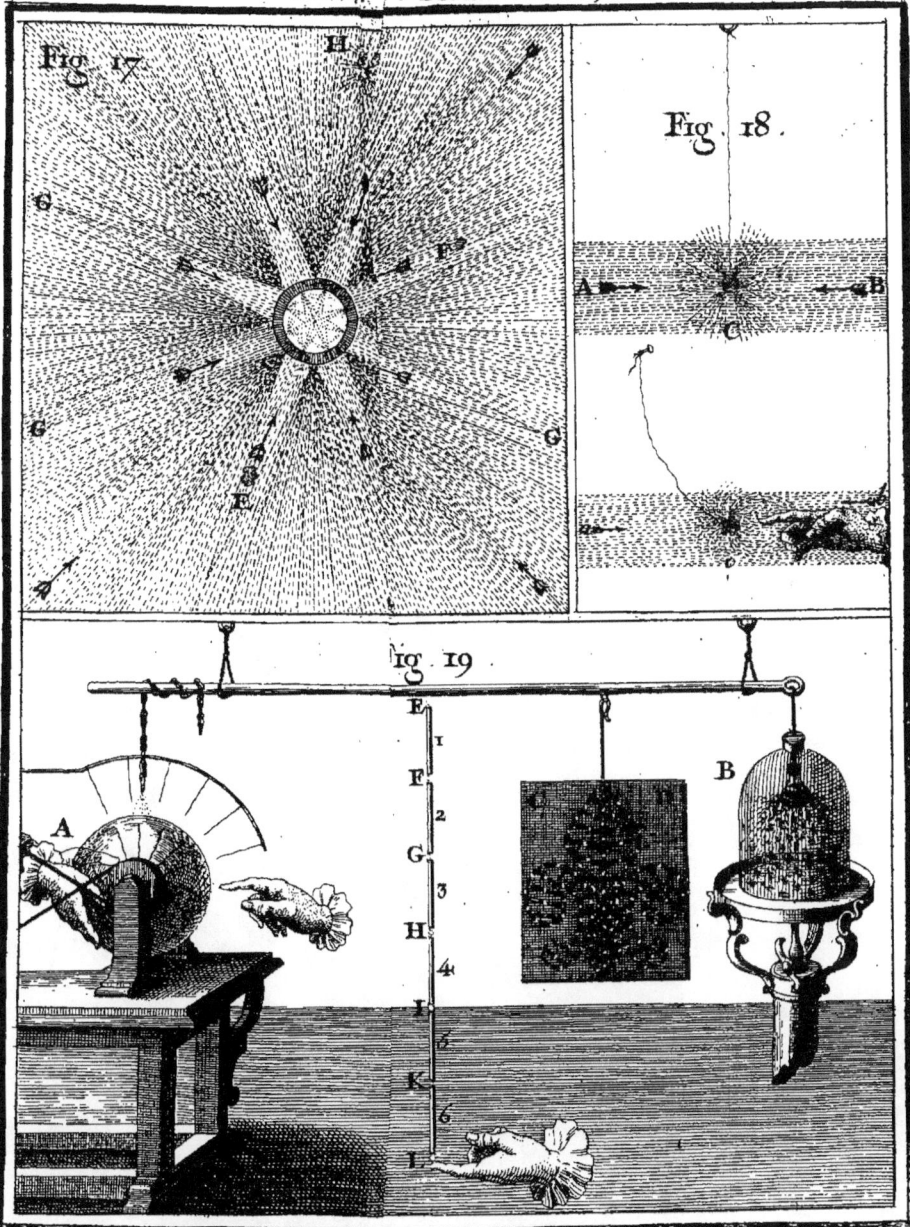

Gobin del. et Sculp.

or cette matiere quand elle eſt animée d'un certain degré de mouvement, & qu'elle eſt armée, pour ainſi
dire, *de quelque matiere plus groſſiere
qu'elle-même* [3], devient capable d'entamer les autres corps, de les pénétrer, & de les réduire en flamme &
en fumée. L'étincelle qui naît par le
choc des deux matieres effluente &
affluente, augmente juſqu'à cauſer
l'inflammation d'une liqueur qui s'y
trouve toute diſpoſée par ſa nature,
& par un certain degré de chaleur
qu'on lui a fait prendre.

Je ne crois pas ce degré de chaleur
préparatoire d'une néceſſité abſolue
pour le ſuccès de l'expérience ; dans
le cas d'une Electricité très-forte, on
enflammera peut-être l'eſprit-de-vin
qui n'aura que la température ordinaire d'une chambre fermée, dans
une ſaiſon moyenne : mais pour
ſentir pourquoi l'on rend cette inflammation électrique plus facile en
chauffant un peu la liqueur, qu'on
ſe ſouvienne que l'étincelle qui produit cet effet, doit naître du choc
des deux matieres ; ſavoir, de celle
qui s'élance du doigt électriſé, & de

celle qui vient de la liqueur en sens contraire : or *toute matiere électrique sort difficilement d'un corps solide ou fluide qui est gras, résineux, ou sulfureux comme l'esprit-de-vin, &c, à moins que ce corps n'ait été chauffé ou frotté* [7].

C'est encore pour cette raison qu'il vaut mieux tenir la liqueur qu'on veut enflammer, dans une cuillier de métal, ou dans le creux de la main que dans du verre, de la faïance, &c; car comme *la matiere électrique sort des métaux & des corps vivants avec plus de force que des autres* [7], celle qui viendra de la cuillier ou de la main, après avoir pénétré à travers la liqueur, donnera lieu à un choc plus violent, à une étincelle plus brûlante.

L'effet est toujours le même, soit que l'esprit-de-vin soit tenu par la personne électrisée ou par l'autre; car de l'une ou de l'autre maniere on conçoit aisément qu'il y a conflict des deux matieres effluente & affluente à la surface de la liqueur, & cela suffit pour l'inflammation. Ce qui prouve bien que cet effet dépend essentiellement du choc de ces deux matieres , c'eſt qu'il manque totalement , quand au lieu du doigt, on préſente un bâton de cire d'Eſpagne, ou un morceau de ſoufre, d'où l'on ſait qu'il ne ſort point de matiere électrique [7] , ſinon quand elle eſt excitée par le frottement.

VI, FAIT.

Si l'on tient dans une main un vaſe de verre ou de porcelaine en partie plein d'eau , dans lequel ſoit plongé le bout d'une verge de métal électriſée , & qu'on approche l'autre main de cette verge pour exciter une étincelle : on ſent une violente & ſubite commotion dans les deux bras , & ſouvent même dans la poitrine , dans les entrailles , & généralement dans toutes les parties du corps ([a]) (fig. 20).

EXPLICATION.

TOUT nous indique , & nous porte à croire que *la matiere électrique eſt*

Comment ſe fait la commotion dans l'expérience de Leyde.

(a) On connoît maintenant ce fait ſous le nom d'*Expérience de Leyde* , parce que c'eſt dans cette ville qu'elle paroît avoir été faite pour la premiere fois.

un fluide très-*fubtil*, très-*élaftique*, qui *réfide* par-tout au-dedans comme au dehors des corps[4]. Il eft par conféquent au-dedans de nous-mêmes ; & fi nous en jugeons par la facilité avec laquelle il y entre & en fort, par l'extrême fineffe de ces parties, par la porofité de notre matiere propre, nous n'aurons pas de peine à comprendre qu'il jouiffe en nous d'une parfaite continuité, & que fes mouvements y puiffent être au moins femblables à ceux des autres fluides que nous connoiffons mieux. Or, qu'arriveroit-il à un tonneau, fi la liqueur qui le remplit étoit frappée par quelqu'endroit ?

Tous ceux qui ont quelque idée de Phyfique, conviendront que le choc feroit réparti à toute la maffe liquide, & que tous les points de la furface intérieure du vaiffeau s'en reffentiroient ; on m'accordera encore que fi la liqueur, au lieu d'un feul choc, en recevoit en même temps deux par des parties oppofées, la commotion générale dont je viens de parler, en feroit plus forte. Hé-bien, l'homme qui fait l'expérience

rience de Leyde, est dans un cas semblable à celui du tonneau. La matiere électrique dont il est rempli, & intimement pénétré, se trouve frappée ou répercutée tout à la fois par deux côtés opposés, dans le moment qu'il excite l'étincelle au conducteur ; & c'est ce qu'il est important de prouver.

Comme la matiere électrique devient lumineuse quand elle est choquée, faisons entrer des corps diaphanes dans notre expérience, & voyons si la commotion s'y rendra sensible par une lumiere interne ; dans cette vue, au lieu d'une seule personne, j'en emploie deux, dont l'une tient le vase rempli d'eau, tandis que l'autre excite l'étincelle ; & je leur fais tenir à chacune, par un bout, un tube de verre rempli d'eau. Lorsque l'explosion se fait, & que les deux corps animés ressentent la secousse, le tube intermédiaire qui les unit, brille d'un éclat de lumiere aussi subit & d'aussi peu de durée, que le coup qui saisit les deux personnes appliquées à cette épreuve ; n'est-il pas tout-à-fait probable qu'on verroit en nous la même chofe, fi nous étions tranfparents comme le verre & l'eau ?

Au lieu du tube plein d'eau, fi les deux perfonnes qui font l'expérience, fe préfentent mutuellement un œuf crud l'une à l'autre, à la diftance de quelques lignes ; au moment de la commotion, fi c'eft dans la nuit, ou dans un lieu obfcur, on voit étinceller l'extrémité de chacun des deux œufs, & tous les deux paroiffent également remplis de lumiere, (*fig. 21*).

Mais ce qui prouve inconteftablement que dans cette expérience, comme dans toutes les autres de ce genre, le feu électrique agit en deux fens oppofés, c'eft que fi on lui donne à percer des corps filandreux ou mols, comme du papier, des feuilles d'étain battu, &c, il forme de part & d'autre des bavures, par lefquelles il eft aifé de juger que les trous ont été faits par des agents directement oppofés. *Voyez ma cinquieme Lettre fur l'Electricité*, page 121, &c. & *le quatrieme Mémoire de M. Symmer*, *traduit & imprimé en*

François , chez Guérin & Delatour , pag.
90 & fuiv.

Mais d'où vient ce double choc de la matiere électrique ? & pourquoi eft-il plus violent dans le cas dont il s'agit , que dans les autres ?

C'eft un fait , que les étincelles qu'on tire d'un conducteur garni de verre par celle de fes extrémités , qui eft oppofée au globe , font plus fortes , plus fenfibles , que celles qu'on tireroit du même corps fans cette circonftance ; j'en appelle au témoignage de tous ceux qui , voulant faire l'expérience de Leyde avec une verge de fer aboutiffant dans une bouteille en partie pleine d'eau , ont préludé en approchant le doigt de ce conducteur feulement , avant que de tenir le vafe : ils conviendront que les étincelles en pareil cas , pincent tout autrement qu'à l'ordinaire. Et en voici , je crois , la raifon ; c'eft que la matiere électrique pouffée par le globe , ayant peine à percer à travers l'épaiffeur de la bouteille , reflue en partie par le conducteur , & fe précipite avec d'autant plus de force fur le doigt

qu'on y préfente ; *ce doigt étant*
pour elle un milieu de facile accès [7] *;*
delà naît un choc plus violent entre
le courant de matiere électrique qui
va du doigt au conducteur.

Mais ces deux courants, (celui
qui vient du conducteur & celui qui
coule du doigt) fe répercutent mutuellement ; & fuivant la loi des
corps à reffort, le reflux du premier
s'annonce par un éclat de lumiere,
qui remplit ordinairement la bouteille : & celui du fecond deviendra
fenfible par une étincelle, fi la perfonne qui fait l'expérience, au lieu
de toucher la bouteille, approche
fon doigt d'un morceau de métal,
ou de quelque autre corps femblable
non ifolé.

Si l'on fuppofe maintenant que la
perfonne en tirant l'étincelle du conducteur, ait fon autre main appliquée à la bouteille, on concevra
aifément qu'en cet endroit il doit
y avoir un violent contre-coup caufé
par la rencontre des deux courants,
devenus rétrogades par le premier
choc. Je dis violent, parce que l'expérience nous montre que le verre

électrifé donne à la matiere électrique qui le pénétre , une énergie qu'elle n'acquiert pas en traverfant les conducteurs ordinaires , foit qu'il réagiffe fur elle par le mouvement inteftin dont il s'anime en s'électrifant, foit que fa porofité , par quelque qualité particuliere & fecrete , lui procure une plus grande vîteffe.

VII. FAIT.

Il faut , pour réuffir dans l'expérience que j'ai rapportée pour fixieme fait , que le vafe qui contient l'eau foit de verre , de porcelaine , de grais (ª). Un vafe de métal , de bois , ou de quelque autre fubftance propre à faire des conducteurs, n'auroit pas le même fuccès.

EXPLICATION.

C'EST une chofe indifpenfablement néceffaire que la main qui touche , avant qu'on excite l'étin-

Pourquoi dans cette expérience le vafe qui contient l'eau doit être de verre , ou de quelque matiere vitrifiée.

(a) J'ai reconnu depuis que le cryftal de roche , le talc , & quelques autres matieres dures & tranfparentes du regne minéral , peuvent tenir lieu de verre dans l'expérience de Leyde.

celle, ne faſſe pas perdre à la verge de fer ſon Electricité; car ſi cela arrivoit, ce ſeroit fort inutilement qu'on eſſaieroit de faire étinceller cette verge avec l'autre main; & c'eſt un fait connu depuis long-temps, *qu'on déſélectriſe aiſément*(a) *& promptement une barre de fer en la touchant avec la main* [17].

Un autre fait qui eſt auſſi conſtant, mais plus nouveau, c'eſt que le vaſe de verre rempli d'eau, lequel s'électriſe par communication dans cette expérience, ne ceſſe pas d'être fortement électrique, pour être touché ou manié par la perſonne non iſolée qui le ſoutient; cet attouchement fait au vaſe ne change donc rien à l'état de la verge de fer qui lui tranſmet l'Electricité: ainſi l'on pourra toujours faire étinceller cette verge, & par conſéquent exciter la commotion qui eſt le réſultat ordinaire de cette épreuve, tant que la verge de métal qui conduit l'Electricité ſera plongée dans un

(a) J'appelle ici *déſélectriſer*, ôter au conducteur les ſignes d'Electricité, qui ſe manifeſtent ſur ſa longueur quand il eſt iſolé.

vase de verre ou de porcelaine, parce que les matieres vitrifiées, ou à
demi-vitrifiées, lorsqu'elles deviennent fortement électriques, *continuent de l'être assez long-temps, quoique touchées par des corps qui ne le font
pas* [18].

La bouteille électrisée pour l'expérience de Leyde, perd son Electricité peu-à-peu, mais elle est très-
long-temps à la perdre entiérement :
je lui en ai trouvé des signes encore
très-sensibles après un espace de
temps de plus de 36 heures ; & ce
qu'il y a de singulier & de très-vrai,
quoi qu'en disent quelques Auteurs,
c'est que cette Electricité se conserve
mieux & plus long-temps, quand la
bouteille est posée sur des corps électrisables par communication, que
quand elle est isolée, ou posée sur
du verre : apparemment parce que
dans le premier cas le support fournit des *affluences* de matiere électrique, & reçoit en lui les *effluences* de
la bouteille, *ce que ne peut pas faire
aussi bien une matiere telle que le verre
qui n'a été ni frotté, ni chauffé* [7]. Voyez
sur cela mon *Essai sur l'Electricité des
corps*, pag. 203.

REMARQUES.

L'EXPÉRIENCE que je viens d'expliquer, n'a été connue en France qu'au commencement de l'année 1746, par deux lettres datées de Leyde, l'une de feu M. Muſchenbroek à feu M. de Réaumur, & l'autre de M. Allaman à moi, leſquelles nous l'annoncerent comme une nouvelle découverte, & dans des termes capables d'effrayer. Ces Meſſieurs ne nous ayant point marqué expreſſément par qui elle avoit été faite pour la premiere fois, je pris le parti de la nommer l'*Expérience de Leyde*, nom qu'elle a toujours porté depuis. Je m'appliquai particuliérement, & par ordre de l'Académie, à revoir ce ſingulier phénomene, à l'examiner dans toutes ſes circonſtances, pour être en état de dire en quoi il conſiſte eſſentiellement, & quelles en ſont les cauſes immédiates, ou du moins les plus prochaines. Au bout de trois mois, j'en rendis compte par un Mémoire (ᵃ), où l'on trouve

(a) Mémoires de l'Académie Royale des Sciences 1746, *pag.* I *& ſuiv. Pl.* I, *fig.* I.

à

à ce sujet beaucoup de détails dont voici les principaux articles :

1°, La qualité du verre qu'on emploie dans cette expérience, ne tire point à conséquence ; le plus commun comme le plus fin m'ont paru réussir également , toutes choses égales d'ailleurs.

2°, Le verre n'est point la seule matiere avec laquelle on puisse faire l'expérience ; j'y ai substitué , avec un certain succès , la porcelaine , l'émail , le grais , le crystal de roche , le talc , &c.

3°, Quand la bouteille est d'un verre mince , elle vaut mieux que s'il étoit plus épais.

4°, Une grande bouteille vaut mieux qu'une petite ; jusqu'à un certain point cependant ; car quand la surface du verre est excessivement grande, elle ne procure point un plus grand effet , que si elle étoit moindre.

5°, La figure est une chose fort indifférente ; on peut se servir d'une capsule ou d'une jatte , aussi-bien que d'une bouteille (*fig.* 22).

6°, Il est nécessaire que le vaisseau de verre soit bien sec & bien

XXI.
LEÇON.
Résultat de l'examen qui en fut fait par ordre de l'Académie Royale des Sciences.

effuyé au-dehors ; & même au-dedans, à la partie qui n'eft point remplie d'eau.

7°, Car c'eft une attention qu'on doit avoir de ne le point remplir entiérement.

8°, L'eau qu'on met dans le vaiffeau ou dans cette bouteille , peut être froide ou chaude : il m'a paru que l'effet pouvoit devenir plus grand avec l'eau chaude ; mais comme elle s'exhale en vapeur , elle mouille la partie du vaiffeau qui doit refter vuide & feche , & c'eft un inconvénient.

9°, J'ai fubftitué à l'eau, du mercure , du menu plomb à giboyer, des broquettes, de la limaille de fer, de cuivre , &c , avec un plein fuccès ; cependant il m'a femblé que l'eau faifoit encore mieux.

10°, Les huiles, le foufre fondu, l'efprit-de-vin , & généralement toutes les matieres graffes ou fpiritueufes , m'ont mal réuffi.

11°, L'effet eft plus grand & plus fûr, quand la bouteille repofe fur la main d'un homme , ou fur un fupport électrifable par communication, que lorfqu'on la laiffe ifolée ; mais il eft sûr que dans ce dernier cas elle s'électrife affez pour donner la commotion.

12°, Une chofe abfolument effentielle, c'eft qu'il s'établiffe une communication non interrompue entre la furface extérieure de la bouteille, & le conducteur qui y tranfmet l'Electricité.

13°, Cette communication peut fe faire par une feule perfonne qui ait une main appuyée à la bouteille, tandis qu'avec l'autre main elle excite une étincelle au conducteur ; mais on peut auffi former cette communication avec plufieurs qui fe tiennent par la main ou autrement, & dont la premiere tienne la bouteille, tandis que la derniere fait étinceller le conducteur ; j'en ai employé jufqu'à 300 avec une pleine réuffite.

14°, Cette même communication peut être formée avec toute autre chofe que des corps animés ; mais il eft de toute néceffité que les corps qu'on emploie à cet ufage foient de ceux qu'on nomme *Conducteurs*, c'eft-à-

dire, électrisables par communication.

15°, Il n'est pas nécessaire que ces
corps, qui forment la communication, soient isolés.

16°, Les autres corps qui touchent ceux par qui la communication est formée, ne participent
point à la commotion que ceux-ci
éprouvent.

17°, Les corps qui forment la
communication, & en qui se passe
la commotion, ne donnent extérieurement aucun des signes ordinaires d'Electricité ; ils n'attirent & ne
repoussent point les corps légers qui
sont autour d'eux.

18°, La commotion, dans l'expérience de Leyde, se transmet par
les matieres fluides comme par les
solides.

19°, Cette même commotion s'é-
tend à des distances prodigieuses, en
un clin d'œil.

20°, Elle peut être assez violente
pour tuer des animaux : & ceux qui
périssent ainsi, se trouvent après la
mort, dans l'état de ceux qui sont
foudroyés par le tonnerre.

21º, Il n'eſt pas beſoin d'employer un vaiſſeau creux, ni de l'emplir d'eau ; un carreau de verre enduit de quelque métal de part & d'autre, peut être mis en place de la bouteille : mais alors il faut laiſſer à l'une & à l'autre ſurface 2 pouces de bords qui ne ſoient point enduits (*fig.* 23).

22º, Un bout de tuyau de verre, enfilé ſur le conducteur, m'a ſouvent fait réſſentir la commotion, lorſque j'y penſois le moins.

23º, En 1747, je fis voir, que l'expérience de Leyde peut ſe faire très-bien avec un vaiſſeau de verre qui ne contienne ni eau, ni métal, mais qui ſoit ſeulement bien purgé d'air : *Mémoires de l'Académie des Sciences*, 1747, *pag.* 24. Enfin je ſais de bonne part, qu'une perſonne a reſſenti une commotion ſemblable à celle qui caractériſe l'expérience de Leyde, en frottant d'une main le dos d'un chat, tandis que l'autre main étoit à une très-petite diſtance du nez de l'animal ; cet effet eſt rare, parce qu'il faut un temps très-favorable à l'Electricité, un chat très-électriſable ; & si l'on en fait l'essai, on doit le tenir sur quelque étoffe de soie, & le frotter un certain temps avant que de porter le doigt à son nez (*fig.* 24).

De tous ces faits bien constatés, il y a 16 ou 17 ans, j'ai tiré la conséquence suivante dans laquelle je persiste, savoir :

Que dans l'expérience de Leyde, tout consiste à électriser fortement par communication un corps, de telle espece qu'il puisse être, (pourvu qu'il soit de ceux qu'on peut toucher pendant un certain temps sans les défélectriser), ce corps touchant d'une part au conducteur isolé, par où il s'électrise, & de l'autre à un conducteur, isolé ou non, qui tire une étincelle du premier.

VIII. Fait.

Un globe ou un tube de verre, dont on a ôté l'air par le moyen d'une machine pneumatique ou autrement, devient tout lumineux en dedans, lorsqu'on le frotte par dehors, & ne donne aucun signe un peu considérable d'Electricité ; c'est-

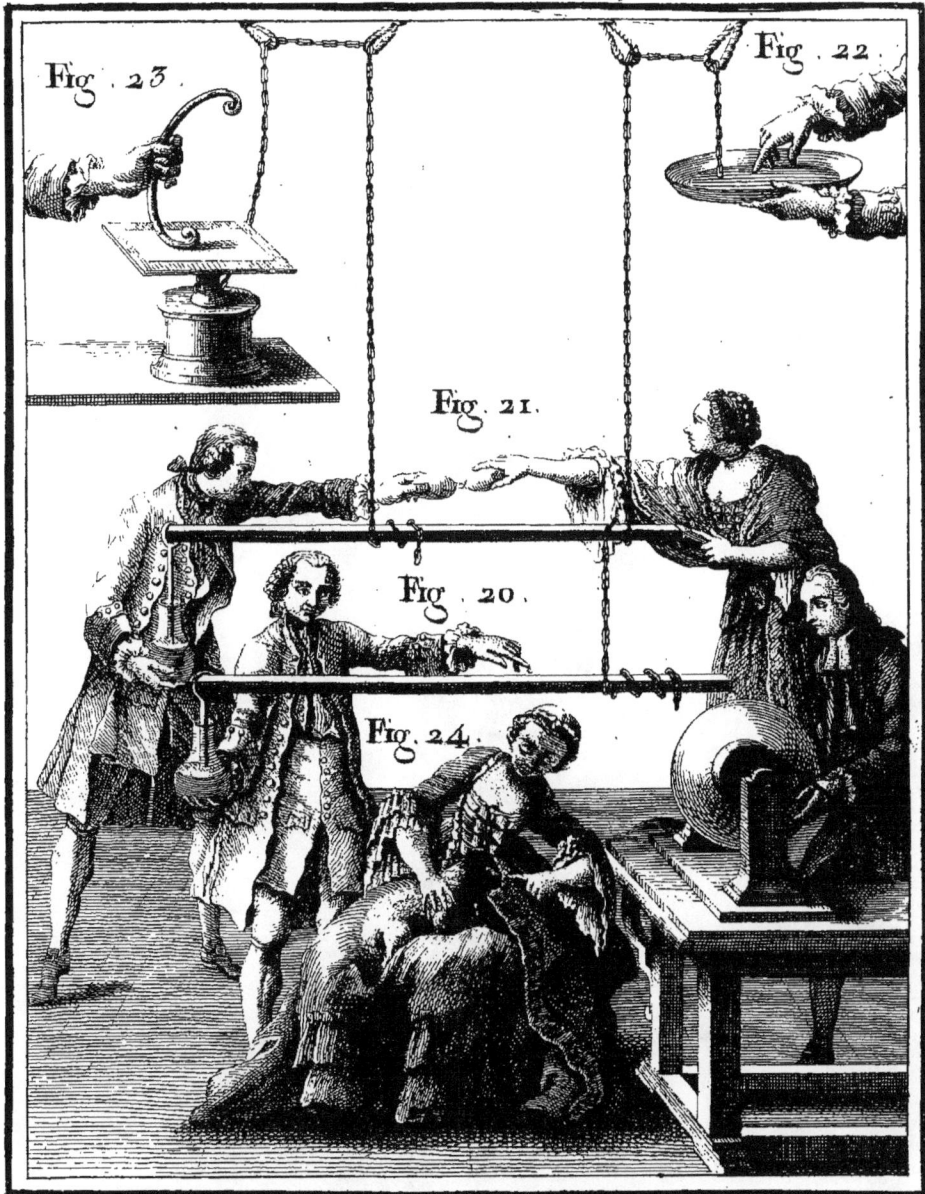

Fig. 23

Fig. 22

Fig. 21

Fig. 20

Fig. 24

Gobin del. et sculp.

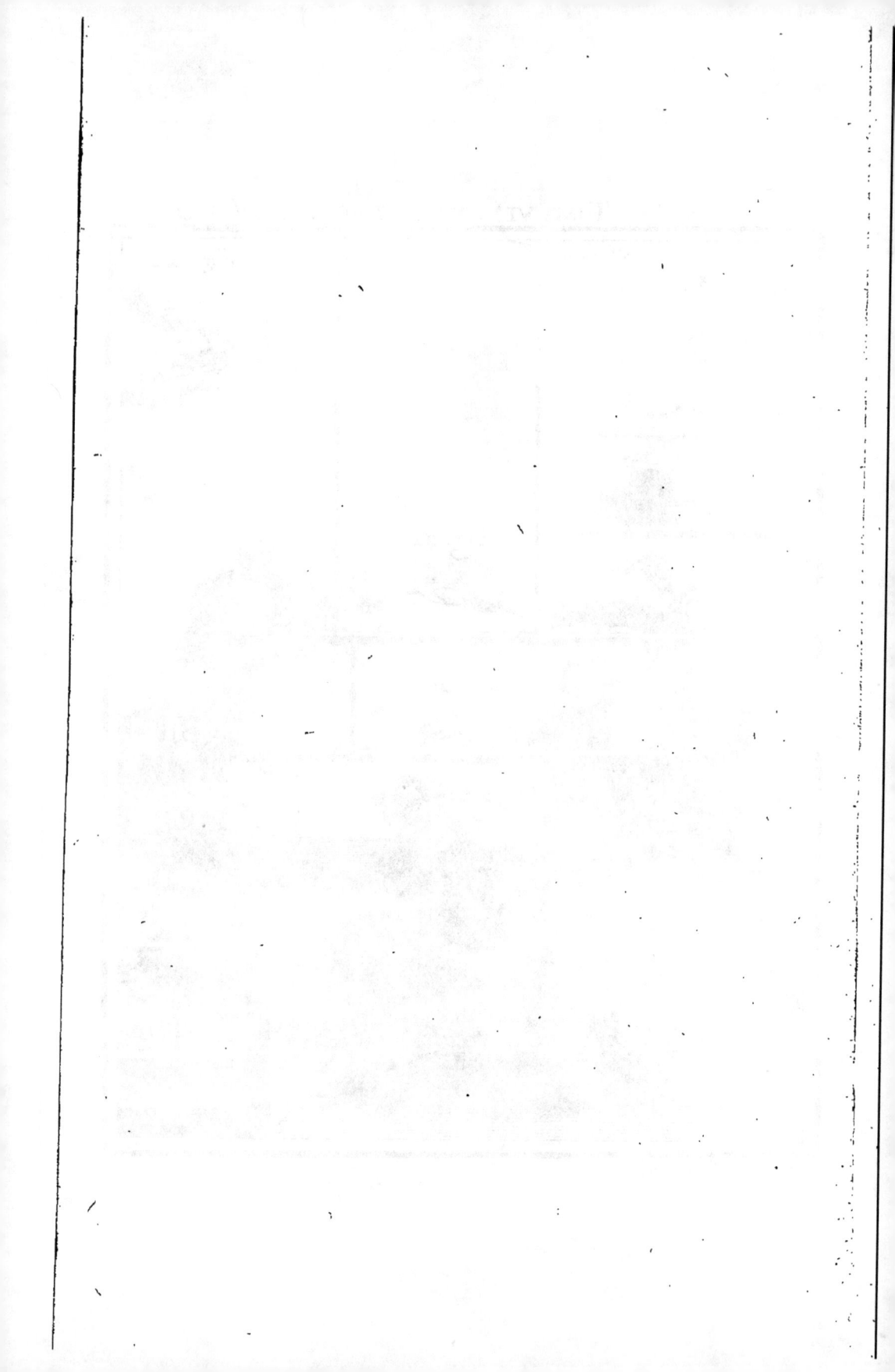

à-dire, qu'on ne lui voit attirer ni repouffer fenfiblement les corps légers
qu'on lui préfente, & qu'on ne reffent
& n'apperçoit autour de lui aucune de
ces émanations qui s'y font fentir,
quand il eft frotté dans fon état ordinaire.

Il fe préfente ici deux effets ; le
premier eft cette lumiere diffufe
qu'on voit briller dans le vaiffeau
purgé d''air ; le fecond eft la priva-
tion de l'Electricité, occafionnée
par le vuide.

EXPLICATION.

L'ÉLÉMENT du feu, ce fluide
fubtil, qui felon toute apparence,
ne laiffe aucun efpace vuide dans la
nature, remplit feul la capacité du
vaiffeau purgé d'air : il jouit d'une
mobilité parfaite, parce qu'il n'eft
embarraffé par aucune fubftance
étrangere, & que la continuité de
fes parties ne fouffre aucune interruption : dans cet état il reçoit avec
autant de facilité que de promptitude,
les fecouffes réitérées que lui impri-
ment les parties du verre agitées par
le frottement ; or le feu purement

D'où naît cette lumiere diffufe qui brille dans les vaiffeaux de verre qu'on élec- trife après les avoir purgés d'air.

S f iv

élémentaire, & qui n'eſt uni à aucune autre matiere capable de retarder ſon expanſion, s'allume au moindre mouvement, mais ſon inflammation ſe termine à une ſimple & ſubite lueur.

QUANT au ſecond effet, il vient de ce que la matiere électrique, *que le verre frotté a coutume de lancer dans l'air qui l'environne, ſe porte de préférence dans l'intérieur du vaiſſeau où l'on a fait le vuide* 8 & 10, parce qu'elle y trouve moins de réſiſtance : dès qu'il n'y a plus d'effluences au-dehors, les affluences n'ont plus lieu, non plus que les attractions & les répulſions, qui ſont les effets ordinaires de ces deux courants.

La matiere électrique devient toujours lumineuſe dans le vuide, ſoit que le vaiſſeau ſoit frotté par dedans ou par dehors ; elle le devient également par l'action même des parties du verre frotté, ou par le choc d'une matiere ſemblable introduite par un conducteur, ou tamiſée à travers l'épaiſſeur du vaiſſeau ; c'eſt pour cela qu'un barometre qui a été rempli au feu, paroît tout lumineux dans ſa partie ſupérieure, lorſqu'en faifant balancer le mercure, on excite un frottement contre la furface intérieure du tube : c'eſt encore par la même raiſon qu'on fait naître des élancements de lumiere dans un matras purgé d'air, quand on le frotte extérieurement, ou quand on agite un peu de mercure qu'on y a renfermé à deſſein. Enfin on produit un effet aſſez ſemblable dans un globe de verre dont on a épuiſé l'air, en le faiſant tourner vis-à-vis, & à une petite diſtance d'un autre globe qu'on électriſe à l'ordinaire par le frottement ; dans ce dernier cas, ce ſont les effluences du globe frotté, qui pénétrant dans l'autre, allument par leur choc la matiere électrique qu'il renferme.

IX. FAIT.

Un globe de verre enduit de cire d'Eſpagne par-dedans, & que l'on frotte après l'avoir purgé d'air, devient lumineux intérieurement comme dans le ſeptieme fait ; mais ce qu'il y a de plus remarquable, c'eſt qu'en regardant par un des poles (que l'on a ſoin de ne point enduire comme le reste), on apperçoit la main & les doigts de celui qui frotte, nonobstant l'opacité naturelle de la cire d'Espagne.

EXPLICATION.

Pourquoi dans l'expérience d'Hauksbée on apperçoit la main qui frotte le globe, à travers la cire d'Espagne dont il est enduit intérieurement.

La matiere électrique qui sort de la main [14], contre celle qui fait effort pour sortir du verre frotté [10], s'anime d'un mouvement qui la rend lumineuse ; des morceaux d'agathe ou des cailloux qui se heurtent, paroissent tout brillants de lumiere dans l'obscurité : pourquoi la matiere électrique, plus dure & plus élastique que ces corps, ne produiroit-elle pas un pareil effet par le choc de ses parties ? Les doigts se distinguent donc, & se dessinent par la lumiere qui naît entr'eux & le verre ; & cette lumiere qui n'est autre chose que la matiere électrique enflammée, se communique de proche en proche, & suivant l'ordre des parties frottantes, *à la matiere électrique résidente dans la couche de cire d'Espagne qui enduit intérieurement le globe* [4] ; & donne par-là à cette cire naturellement opaque, assez de transparence

pour tranſmettre l'image de la main
appliquée au vaiſſeau.

X. FAIT.

Le conducteur électriſé par un globe de verre, lance des aigrettes très-grandes & très-épanouies; & les pointes de métal qu'on y préſente, ne produiſent que des feux beaucoup plus courts (des points lumineux) (*A, fig. 25*).

Avant que d'entrer dans l'explication de ce fait, il eſt à propos de remarquer, 1°, Qu'il n'a lieu que quand le corps non iſolé qu'on préſente au conducteur, eſt terminé par une pointe fort aiguë; car, quoique pointu, s'il eſt fort mouſſe, il produit une aigrette ou une gerbe de rayons lumineux, dont l'éruption n'eſt point équivoque.

Obſervations importantes.

2°, Qu'aux pointes mêmes les plus aiguës, le point lumineux bien obſervé, eſt une véritable aigrette qui s'élance vers le conducteur, comme il a été prouvé dans la ſeconde Section.

3°, Que ces feux plus ou moins marqués, ſuivant la nature, la gran-

XXI.
LEÇON.

deur, la forme, le degré de proximité du corps non isolé qui les produit, font toujours moins grands, moins continus, que ceux qui viennent du conducteur contre eux.

EXPLICATION.

Pourquoi la pointe non isolée, qu'on préfente à un conducteur électrisé par le verre, ne montre qu'une très-petite aigrette, un point lumineux.

Après les trois remarques que je viens de faire, on doit confidérer que *des deux courants de matiere électrique, d'où dérivent tous les phénomenes de ce genre, il faut prefque toujours en fuppofer un plus fort que l'autre* [12] : fans cela les effluences ne pourroient s'élancer au-dehors, ni les affluences s'avancer vers le corps électrifé : fans cela le choc qui rend ces deux matieres lumineufes, les réduiroit auffi au repos, ou les feroit rétrograder toutes deux; fans cela il n'y auroit ni attractions, ni répulfions, ces mouvements apparents n'étant que l'effet fenfible de la matiere invifible qui entraîne les petits corps d'un côté ou de l'autre.

On attribue, avec beaucoup de vraifemblance, les émiffions électriques (les effluences) au mouvement

de vibration, que le frottement excite dans les parties du corps qu'on
électrife. Or le verre ayant plus de
roideur & de reffort que toutes les
autres fubftances qui font électrifables comme lui, eft plus fufceptible
qu'aucune d'elles, de cette efpece
de mouvement ; il doit, par conféquent, lancer avec fupériorité la
matiere électrique, ou dans l'air, ou
dans les conducteurs qui font à fa
portée.

Auffi l'expérience eft-elle tout-à-
fait d'accord avec ce raifonnement.
Autour du verre nouvellement frotté,
autour d'une barre de fer qui reçoit
de lui l'Electricité, on fent, & plus
fortement & de plus loin, les émanations électriques, qu'autour du
foufre, de la cire d'Efpagne, &c ;
les feux électriques lancés par ces
dernieres fubftances, font toujours
beaucoup moins apparents que les
aigrettes d'un conducteur électrifé
par le verre.

Plus les effluences font fortes, foit
par la vîteffe de leur mouvement,
foit par la denfité de leurs rayons,
moins les affluences trouvent de fa-

cilité pour fe porter au corps électrifé : celles-ci doivent donc déboucher difficilement du doigt d'un
homme non ifolé, ou d'une pointe
qui fe trouve vis-à-vis d'un conducteur qu'on électrife avec le verre ; &
c'eft par cette raifon, fans doute,
qu'un corps très-aigu ne produit en
pareil cas qu'une aigrette très-mince
& très-courte, & que d'un corps
plus mouffe, le même feu, quoique
plus ample & plus nourri, ne fort
que par des éruptions interrompues.

XI. Fait.

Si le couffin ou l'homme qui frotte
le globe de verre eft ifolé, & qu'il
ait quelque partie faillante & poin-
tue qui fe porte dans l'air ; au lieu
d'une aigrette femblable à celle du
conducteur A (fig. 25) on ne voit
à cette pointe B, (fig. 26) qu'un
feu très - court, un point lumineux.

Mais obfervez que ce point lumineux vu à la loupe, fi la vûe fimple
ne fuffit pas, eft une véritable aigrette, qu'il a un mouvement progreffif en avant, ce qu'on reconnoît

aisément en lui préfentant la fumée d'une chandelle nouvellement éteinte, la flamme d'une petite bougie, ou le revers de la main, pour fentir le foufle qui fort de la pointe lumineufe.

EXPLICATION.

CE feu électrique eft court, parce que ce font des effluences foibles dans leur origine, & retardées dans leur mouvement par des affluences accélérées.

La force des effluences vient principalement, comme nous l'avons dit, des vibrations libres des parties du verre : fous le couffin, ou fous la main qui frotte, ce mouvement eft gêné par l'attouchement ; & les pores du verre plus dilatés en cet endroit que par-tout ailleurs, font plus difpofés à recevoir la matiere électrique, qu'à la pouffer au-dehors. Il ne peut donc naître delà que des émiffions foibles & languiffantes ; & une preuve que les affluences profitent de cet affoibliffement, pour entrer en plus grande abondance dans le couffin qui frotte, c'eft que fi

Pourquoi la pointe d'un couffin ifolé qui frotte le verre, ne montre qu'une très-petite aigrette, un point lumineux.

l'on y préfente une lame mince, ou une pointe de quelque métal à la diftance d'un pouce ou environ, on en verra couler un feu plus ample & plus alongé, que fi on la préfentoit au conducteur ou au globe. (C, *fig.* 26).

XII. Fait,

Quand on électrife avec le globe de foufre, un conducteur terminé en pointe, au lieu d'une belle aigrette comme dans le dixieme fait, on n'apperçoit qu'un point lumineux à l'extrémité la plus reculée du globe, (D, *fig.* 27); & fi l'on y préfente une pointe non ifolée, elle produit une aigrette E, plus alongée que le point lumineux qu'on y verroit, fi elle étoit vis-à-vis le conducteur élec-trifé avec du verre.

Explication.

Pourquoi l'on ne voit qu'un feu très-court, un point lu-mineux, à la pointe d'un conducteur électrifé par le foufre.

Dés qu'il eft bien prouvé par les expériences que nous avons rappor-tées dans la feconde Section, que les points lumineux font de vérita-bles effluences de la matiere électri-que, le fait dont il eft ici queftion, nous

nous indique par l'infpection même
des feux qu'on obferve en *D* & en *E*,
& encore en obfervant les écoulements lumineux qui fe répandent en
F du conducteur fur le globe, que
les effluences excitées par le foufre
font moins fortes que les affluences
auxquelles il donne lieu, quand il eft
frotté : j'en vois une raifon affez plaufible, en obfervant que ce minéral,
quoique dur & élaftique, ne l'eft
pas à beaucoup près autant que le
verre, ce qui fait qu'il ne peut pas
lancer avec autant de force que lui,
le fluide électrique qu'il a reçu dans
fes pores. Mais s'il a moins de reffort
& de réaction, il fe dilate davantage
que lui : le moindre frottement, le
moindre degré de chaleur, ouvre
fes pores jufqu'à faire craquer toute
la maffe, & même jufqu'à la brifer :
il eft tout fimple qu'avec cette qualité, il reçoive & abforbe, pour
ainfi dire, plus aifément la matiere
électrique, qu'il ne la pouffe au-dehors.

Mais, dit-on, puifque cela arrive
toujours ainfi avec le foufre, la cire
d'Efpagne, le couffin ifolé qui frotte

XXI.
Leçon.

le verre, & que l'on voit toujours le contraire avec le globe de verre, n'est-on pas bien fondé à admettre deux especes d'Electricités, l'une appartenante au verre, & l'autre aux matieres résineuses?

La différence qu'on observe entre les feux électriques produits par le souffre, & ceux que le verre fait naître, ne suffit pas pour établir l'existence de deux électricités essentiellement différentes.

A PARLER exactement, je ne pense pas qu'on puisse dire qu'il y a dans la nature deux Electricités *essentiellement différentes* : parce que dans l'Electricité produite par le verre, comme dans celle qui naît du soufre & des matieres que nous nommons *résineuses*, c'est le même fluide qui agit, & qu'il agit toujours de même ; c'est-à-dire, en se partageant en deux courants dont les directions sont opposées ; & parce que les différences qu'on remarque dans ces deux Electricités, ne font que des *plus* & des *moins*, ou de simples accidents qui ne touchent point à la nature des choses : mais à cela ne tienne que je ne sois d'accord avec ceux qui s'obstinent sur la nécessité d'admettre ces distinctions ; je dirai, tant qu'on voudra, que l'Electricité du verre se distingue de celle du soufre, par la grandeur & l'arrangement des feux

qu'elle produit ; j'appellerai la premiere Electricité *en plus*, & la seconde Electricité *en moins*, pourvu que
l'on convienne que dans celle-ci &
dans celle-là, il y a toujours deux
courants de matiere qui vont en sens
contraires l'un de l'autre.

XIII. Fait.

Un conducteur isolé entre deux
globes, l'un de verre, l'autre de
soufre, que l'on électrise le plus
également qu'il est possible, n'acquiert, dit-on, *aucune* Electricité, ou
perd *entiérement* celle qu'il a.

C'est ainsi que ce fait est énoncé
par quelques auteurs qui admettent
dans la nature *deux Electricités essentiellement différentes, & qui se détrui-
sent mutuellement dans le même sujet.*
Mais pour dire les choses comme
elles sont, il est vrai que les signes
ordinaires & extérieurs de la vertu
électrique diminuent sensiblement
dans toute la longueur d'une barre
de fer disposée comme je viens de
le dire ; je conçois même comme
possible qu'ils disparoissent tout-à-
fait : je dis que je le conçois comme

Correctif à
mettre dans
l'énoncé de
ce fait.

Observation importante à faire dans cette expérience.

possible, parce que je ne l'ai jamais vu complétement, quelque peine que je me sois donnée pour cela, & quelque intérêt qu'on eût à me le montrer. Mais ce qu'on ne manque jamais de voir aux deux extrémités du conducteur dont il s'agit, ce sont deux écoulements très-sensibles de matiere électrique enflammée, dont l'un plus foible G, se répand sur le globe de verre, & l'autre plus fort & plus marqué F, sur le globe de soufre. *Voyez* la *Fig.* 26.

Ces deux écoulements de matiere électrique venant sur-tout d'un corps isolé, prouvent, je crois, d'une maniere incontestable, que ce corps n'est point *entiérement* dépourvu d'Electricité ; ils prouvent encore aussi clairement, que l'une des deux Electricités ne détruit pas l'autre, puisqu'elles résident en si bonne union dans la même barre de fer.

Il me reste donc à expliquer ce qui reste de vrai dans le fait, c'est-à-dire, la diminution, ou même si l'on veut, l'extinction des signes d'Electricité sur la longueur de cette barre, les écoulements lumineux qu'on ap-

perçoit aux deux extrémités, & la
différence de grandeur qu'on remarque à ces feux.

EXPLICATION.

UN globe de verre ou de soufre,
qu'on fait agir sur un conducteur isolé,
fait deux choses en même temps : *il*
reçoit de lui un courant de matiere élec-
trique [16] ; c'est ce qu'on apperçoit
en G ou en H sous la forme d'une
frange ou d'une aigrette lumineuse :
Il pousse une pareille matiere qui se ré-
pand dans toute l'étendue de ce même
conducteur, & qui en sort de toute part
pour se répandre dans l'air [15].

Mais comme l'air grossier *n'est*
point un milieu de facile accès pour
ces effluences [8], elles cessent de s'y
jetter aussi - tôt qu'elles trouvent un
corps plus aisé à pénétrer ; & comme
ce sont elles qui déterminent les affluences, il n'y a plus de celles-ci
par-tout où celles-là viennent à
manquer.

Si l'on considere maintenant que
le verre & le soufre, lorsqu'on les frotte,
peuvent offrir à la matiere électrique
des passages plus libres que l'air ne

lui en présente ?, on comprendra aisément pourquoi la barre de fer isolée entre nos deux globes, n'exerce plus ni attraction , ni répulsion ; pourquoi elle ne donne plus d'étincelles : car si chaque globe frotté avec une certaine proportion , dilate ses pores autant qu'il le faut , pour absorber justement la quantité de matiere électrique , dont l'autre peut charger le conducteur , les deux courants de matiere électrique s'établiront uniquement dans l'intérieur de la barre de fer , ne sortiront que par les deux extrémités , & rien ne refluera dans l'air ambiant ; il n'y aura donc ni attraction, ni répulsion, ni étincelles , parce que ces effets supposent des effluences & des affluences.

Je suppose ici que les signes d'Electricité disparoissent entiérement sur toute l'étendue du conducteur ; s'ils n'étoient qu'affoiblis ou diminués , comme cela arrive ordinairement , il est aisé de voir d'où cela vient. Si l'un des deux globes pousse vers l'autre plus de matiere que celui-ci n'en peut recevoir, le reste produira

des effluences , mais en moindre
quantité qu'il n'y en auroit fans l'action du globe abforbant.

Si le courant de matiere qui arrive
au globe de foufre , eft plus marqué,
plus abondant que celui qui fe répand fur le globe de verre ; c'eft,
comme je l'ai déja dit , *que le foufre frotté ou chauffé , eft plus propre
à recevoir qu'à lancer le fluide électrique* ? , la dilatabilité de fes pores
étant plus grande que la réaction de
fes parties ; le verre eft difpofé tout
autrement , & les deux courants s'ac-
commodent aux difpofitions refpectives & actuelles des deux globes.

Je ne puis m'étendre davantage
fur l'explication des phénomenes
électriques , fans groffir exceffivement ce volume ; je crois avoir com-
pris dans cette Section les plus difficiles & les plus intéreffants ; le
Lecteur qui prendra la peine de bien
entendre les principes que j'ai employés , en pourra faire de lui-même
une application plus étendue , fe
rendre raifon des faits dont j'aurai
omis de parler , & trouver la folu-
tion des difficultés que je n'aurois
pas prévenues.

Conclufion.

XXI. LEÇON.

J'en ai dit assez sur cette matiere pour assortir mes Leçons de Physique, qui ne sont qu'un ouvrage élémentaire ; un plus grand détail surchargeroit le commun des Lecteurs, & ne doit avoir lieu que dans un Traité *ex professo :* au reste, si l'on en veut savoir davantage, on pourra lire mon *Essai sur l'Electricité des corps* ; mes *Recherches sur les causes particulieres des Phénomenes électriques* ; & sur-tout mes *Lettres sur l'Electricité*, où l'on trouvera les dernieres découvertes qui ont été faites dans cette partie de la Physique, leur appréciation, & les différentes opinions qu'elles ont fait naître.

FIN.

TABLE

Fig. 25.

A

Fig. 27.

E D

Fig. 26.

Globe de
Verre

G B
C

H F

Globe de
Soufre

Gobin del et sculp.

TABLE
DES MATIERES
Contenues dans ce Volume.

Tome *VI.* 　　　 * V v

XIX. LEÇON.

Sur les propriétés de l'Aimant.

XX. LEÇON.

Sur l'Electricité, tant naturelle qu'artificielle.

II. SECTION,

XXI. LEÇON.

Sur l'Electricité tant naturelle qu'artificielle.

III. SECTION,

Sur la cause générale & immédiate des Phénomenes électriques.

Fin de la Table des Matieres
du Tome ſixieme.

Fautes à corriger.

*P*AGE 52, *en marge* , d'égale diftance ; *lifez :* à égale diftance.

Page 182, *en marge*, qu'on les faffent ; *lifez :* qu'on les faffe.

Page 213, *ligne* 19 , à travers ; *lifez :* au travers.

Page 237, *dans la note*, en 1743 ; *lifez :* en 1753.

Page 242 , *ligne* 18 , *A & B* ; ajoutez : *Fig.* 1.

Page 277, *ligne* 29 , quant la maniere ; *lifez :* quant à la maniere.

Page 283 , *ligne* 5 , & le fait ; *lifez :* & le font.

Page 292 , *ligne* 14 , par les moyens ; *lifez :* par le moyen.

Page 358, *ligne* 12 , *B , C* ; *lifez : B , D*.

Page 400, *ligne* 10 , qui paroît ; *lifez :* qui pourroit.

Page 416 , *ligne* 17 , affluente ; *lifez :* effluente.

Page 431 , *ligne* 25 , **VII.** FAIT , *ajoutez une * pour remédier au double emploi qu'on a fait de ce chiffre.*

Page 439 , *ligne* 22 , le titre manque ; *suppléez* EXPLICATION.

Page 449 , *ligne* 25 , s'évpore ; *lifez :* s'évapore.

P.ge 461 , *dans la note*, car s'il eft, *lifez :* car s'il étoit.

Page 463 , *ligne* 13 , attribuées ; *lifez :* atttibués.

Page 476 , *ligne* 3 , entre ; *lifez :* contre.

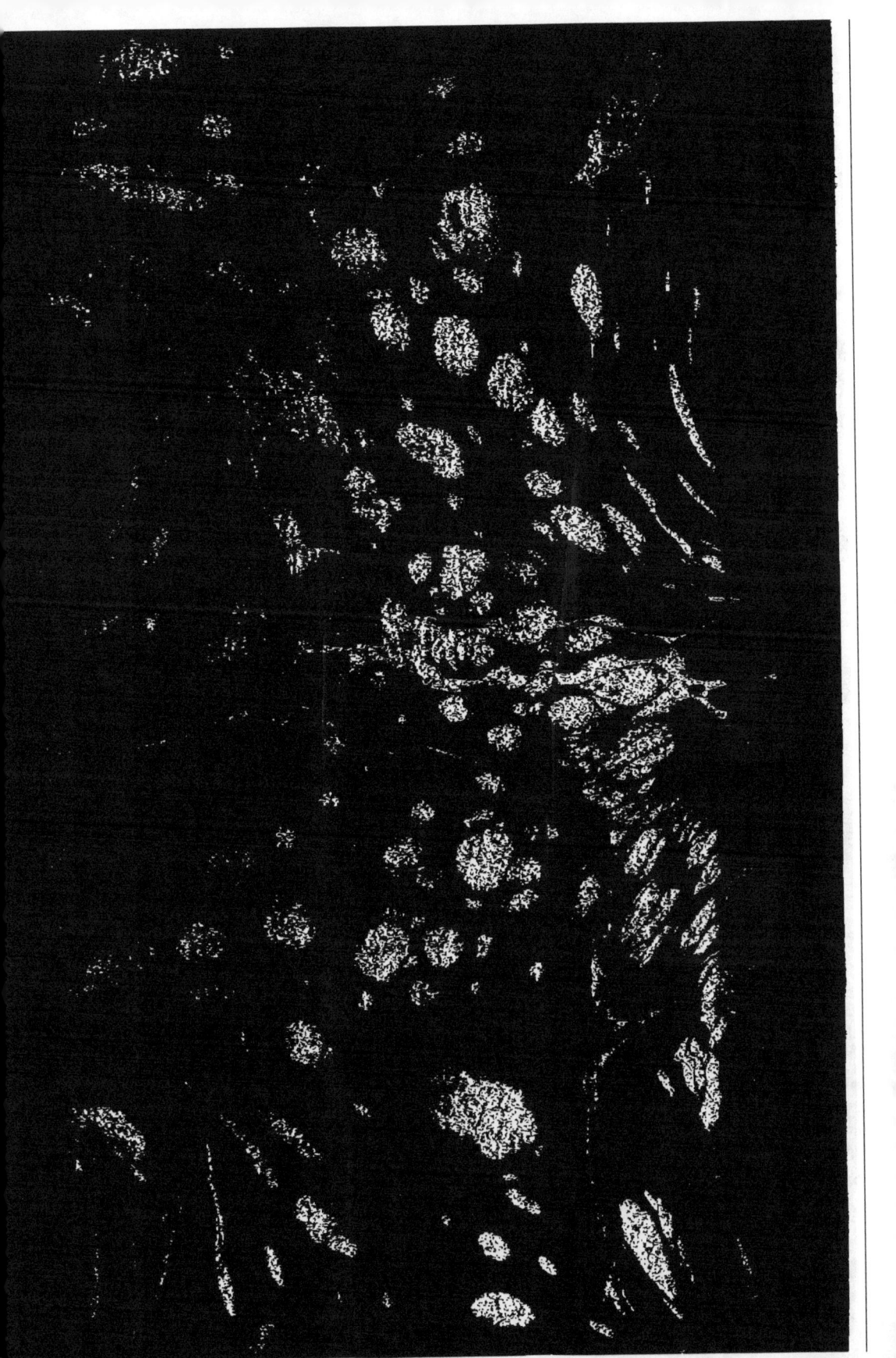

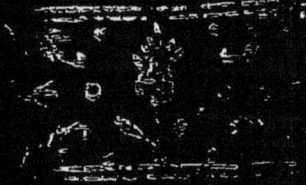

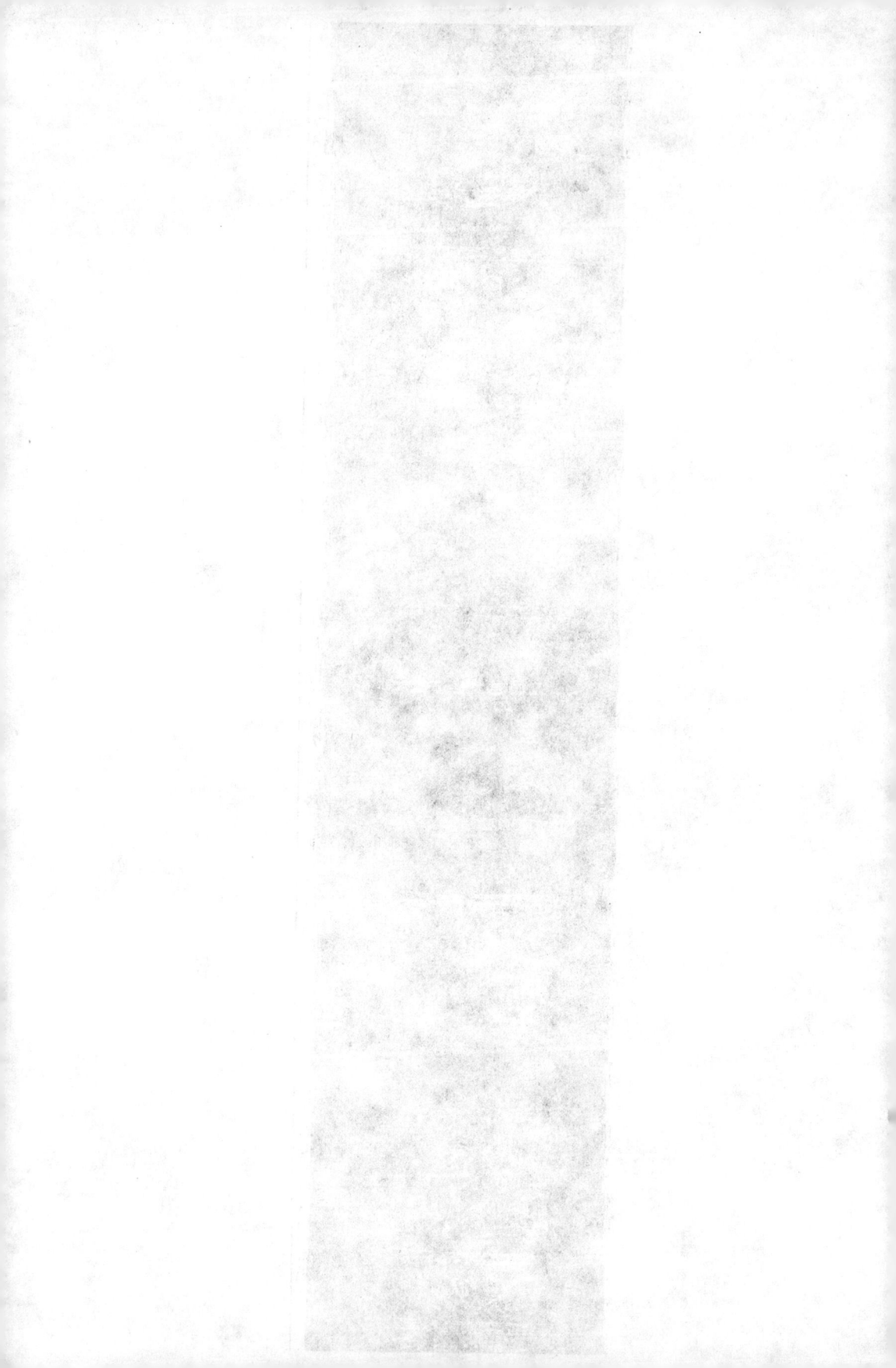